前　言

"学伦理可以知廉耻、懂荣辱、辨是非"是2013年3月1日习近平总书记在中央党校建校80周年庆祝大会暨2013年春季学期开学典礼上发出的倡议。

"当代人类也面临着许多突出的难题，比如，贫富差距持续扩大，物欲追求奢华无度，个人主义恶性膨胀，社会诚信不断削减，伦理道德每况愈下，人与自然关系日趋紧张"是2014年9月24日习近平总书记在纪念孔子诞辰2565周年国际学术研讨会暨国际儒学联合会第五届会员大会开幕会上讲话中表露出的重大关切。

"大力推进中国的伦理建设，是时代的迫切需要"是2015年12月5日中宣部副部长王世明在以"伦理学与中国发展"为主题的中国伦理学大会致辞中的呼吁。

多年来，笔者一直遵循职业教育跨界发展的理念，关注研究产教融合、校企合作以及企业员工思想教育工作，大中专院校学生德育工作，总觉得提升的空间很大，苦于找不到切入点，成体系地进行实践性研究。在全面贯彻落实党的十九大精神、促进企业转型升级、深化职业教育改革的今天，"伦理"一词的高频率出现为我们的文化伦理道德建设打开了一个崭新的渠道、全新的视域、自洽的体系，指引我们从人性的本然、成长的应然、活动的德性、行为的正当、人生的价值等维度重新思考企业员工和职业院校在校生的成长发展规律。

——从概念上看，伦理是对道德现象的哲学思考，是关于道德问题的理论，是在处理人与人、人与社会相互关系时应遵循的道理和准则。在新时代，我们不应该再简单粗暴地让员工和学生怎么做，而应该基于他们个人的发展和时代进步，讲清楚必须这样做的原因，理直气壮地对员工和学生进行有效的教育和规训。

——从日常用法上看，伦理更具客观、外在、社会性意味。伦理蕴含着理性、科学、公共意志等属性，强调的是应然性的社会关系，这些关系是外在的、客观存在的，不以人的主观意志为转移的，运用到员工和学生规训上更有可操作性。

——从价值上看，伦理的核心是正当（适当、合适、合宜等）。伦理更关注的是和谐，讲辩证法、方法论，讲因地制宜、因时制宜、因人而异，具体情况具体分析，更能贯彻我们党一直遵循的实事求是的思想方法。

——从规范上看，伦理具有普遍性。只要是一个具有社会属性的人，都必须遵循这些普适性的规律，这为我们探寻新时代职业伦理研究建设体系提供了理论研究的可能。

——从评价上看，伦理的尺度是对与错。相对于主观色彩较为强烈的善与恶来说，对与错或许更能让员工和学生接受，但是错误的道路和方法有千条万条，正确的却只有一条。在引导他们追求正确道路的过程中，伦理教育要让他们把自己向未来打开，形成一个知行合一的实践系统，进而赢得无限光明的未来。

现代职业人的心灵滋养方案

大中专院校的育心育德课程

职业伦理与人文关怀

——决胜职场的48颗“心”

（试行本）

郭素森　编著

首都师范大学出版社

图书在版编目(CIP)数据

职业伦理与人文关怀：决胜职场的48颗"心"/郭素森编著. — 北京：首都师范大学出版社，2019.3

ISBN 978-7-5656-4980-6

Ⅰ. ①职… Ⅱ. ①郭… Ⅲ. ①职业伦理学 Ⅳ. ①B822.9

中国版本图书馆CIP数据核字(2019)第039643号

职业伦理与人文关怀

——决胜职场的48颗"心"

编　　著　郭素森

责任编辑　曹亮亮　王慕飞　　　封面设计　惠美子

开　　本　787mm×1092mm　1/16

印　　张　17

字　　数　190千

版　　次　2019年4月第1版

印　　次　2019年4月第1次印刷

印　　刷　河南黎阳印务有限公司

定　　价　39.80元

出版发行　首都师范大学出版社

地　　址　北京市西三环北路105号

邮　　编　100048

电　　话　010-68418523(总编室)　　010-68982468(发行部)

网　　址　http://cnupn.cnu.edu.cn

从伦理的视角再出发，我们试图立足职场工作实际，遵循企业发展、个人成长、教育教学规律，将道德规范的外在约束性转化为个人发展的应然性，并努力从人性的角度将外在的道德规范转化为职业人的内在自觉，通俗地说，就是变“要我干”为“我要干”，为“工匠精神”的培育和凝聚开辟一条可行之路。

本书以习近平新时代中国特色社会主义思想为指导核心，以“职业伦理和人文关怀”为命题，以服务现代企业转型和现代职业教育改革为主要目的，以人性和职业活动的基本特征为研究对象，从人的活动属性、目的与选择、实践与德性、快乐与幸福的根源出发，研究职业活动、职业价值、职业理想、职业良心、职业纪律、工匠精神与人生目的、生命意义、人生境界、人文精神、个人修养、人文素养之间的应然性关系，论证思想（意愿、梦想、理想）、行动（实践、研究、选择）与结果（目的、快乐、幸福、价值、德性以及人生实现）之间的必然性关系，彻底回答“为什么这么做”“怎样做才能成才成功”的问题，确立人在职业活动中的主体地位，把生命向未来打开，激发潜能，发自内心地爱岗敬业、精益求精、专注执著、创新创造，让伦理道德从企业员工和职业院校学生的心里生长出来，让社会主义核心价值观春雨润无声地内化于心、外化于行——工匠精神本质上就是职业伦理，是职业者理性德性成长的必然规律。

本书以“现代职业人的心灵滋养方案、大中专院校的育心育德课程”为主题，以期在伦理道德建设上实现产教融合；每一章节对应一颗“心”，旨在强化用心学习、用心思考、用心做事、知行合一、心想必然事成这一核心理念；采取喜闻乐见的形式撰写，以期方便企业员工和大中专院校在校生阅读；每一章节采取“微案例”“大讨论”“新思维”“再拓展”的结构描述，以方便企业培训师和大中专院校教师实施课程化再造；大量引用中国古代优秀哲学思想，以深化中国传统文化教育；每篇引用习近平总书记言论，以引导读者潜移默化地学习习近平新时代中国特色社会主义思想。

在本书研究、撰写、论证过程中，潍柴、歌尔、万声等企业同仁，山东化工职业学院、山东科技职业学院、贵州水钢技师学院、西安外事学院、潍坊商业学校等院校同志提供了大量的材料和极大的支持，尤其是山东海事职业学院专家团队的逐字逐句的修改帮助，济南书香天下图书有限公司在出版过程中的鼎力支持。在此表示衷心的感谢。

鉴于本人伦理研究不够深透，书中难免有偏颇或不当之处，也鉴于目前现代职业伦理研究的参考资料不多，我们不敢奢望初次成稿就达到完美的程度，所以定性为“试行本”，先期在山东海事职业学院等院校试行，边讲授边研究边实践边完善边修订。恳请各企业和大中专院校相关专家给予批评指导，让我们的“修订本”更完善，使职业伦理在培育实践中不断完善并发扬光大。

如您有所指教，请致信 wfydjy@163.com，谢谢。

目　录

作者简介

郭素森，副教授，山东海事职业学院、山东化工职业学院研究室主任，全国职业教育混合所有制办学研究联盟秘书长。

第一章　职业活动与人生目的

第二章　职业价值与生命意义

第四章　职业良心与人文精神

第五章　职业纪律与个人修养

第六章 工匠精神与人文素养

第一章　职业活动与人生目的

◎现象不是问题，做法不是方法，神马根本就不是浮云。拨开浮云看天日，透过现象看本质，人应该理性地看待人生，理性地辩证认识职业活动与人生目的的关系。

◎纵观人类的历史，不管是孔子、孟子、荀子，还是苏格拉底、柏拉图、亚里士多德，他们的贡献基本上都来自职业活动，他们的终极人生目的都在职业活动中实现。

◎职业生涯既是人生目的的载体，也是培育人生目的的“花圃”，而花匠只有也只能是自己。

◎没有什么事情比漫无目的的徘徊更可怕，一味地醉心晒出今天的逍遥自在，明天的路还怎么走？如果今天的你还没有任何目标和方向，那么明天的早晨，你用什么理由把自己唤醒？

第一节　忠“心”永驻：咬住“目的”不松口

◎目的“无处不在”，伴随并指引人的一生。自我模糊甚至放弃了目的的人，就如“盲人瞎马”，不管是四处溜达，还是纵马驰骋，都很危险。

◎目的“因我而存在”，放在自己心中才有意义。你的人生你负责，你的目的你当心，只有自己才能对自己的人生目的负责。

◎目的“海枯石烂”，金刚不可夺其志才有价值。只有明确目的，时时刻刻不忘目的，不断纠正和升华目的，坚定地走下去干下去，才能达到目的。

【微案例】

一天,两位俄国工人在莫斯科郊外的公路上干活。一个工人在前面不停地挖坑,每间隔3米就挖好一个坑,跟在后面的另一个工人不停地把刚挖好的坑填埋起来,两者的速度保持着均衡一致。

这时,走过来一位中国旅行者,他感到十分好奇,忙上前去与第一位工人打招呼。当他发现对方不懂英语的时候,就用蹩脚的俄语问道:“你们是干什么工作的?为何你刚挖好的坑就被后一个工人填埋起来了?”

这位俄国工人回答说:“我们是在绿化道路。我的任务是挖洞,后面那位的任务是填坑,还有一位今天请假没来,他的任务是栽树……”

【大讨论】

这个案例有些寓言式的戏谑感,挖洞与填坑的人都忘记了他们的目的是栽树,在我们的现实生活中呢?“我们已经走得太远,以至于忘记了为什么出发”,忘记了工作乃至人生的目的。“目的”到底是个褒义词还是贬义词,或者中性词?现在很多人可能为这个事情纠结。有的人为了个人“目的”不择手段,这个“目的”就带着强烈的贬义;同学们明确学习“目的”,端正学习态度,“目的”就是褒义词。但不可否认,在人类活动的宏观大背景下,“目的”具有绝对的正向作用和价值。

其一,事物的活动与活动的意义

活动是世间万物的本质特征,不活动就没有了价值和意义。每一种生物都有各自特有的活动,不活动就不能彰显生命的存在。植物的活动在于生长与发育,正因为它们的发芽、长高、成熟、结果,才诠释了它们的生命意义;动物的生命意义在于动物性的感觉和运动,失去了活动,就不能称之为动物了。人作为高级动物,与其他动物、植物的相同之处在于,必须在活动中表现自己的存在。人类活动是人类为了生存发展和提升生活水平,不断进行改造自然的过程,包括农、林、渔、牧、矿、工、商、交通、观光和各种工程建设等。人类所有的工作都属于活动,正是一代又一代人的活动,才创造了人类文明的历史。法国著名的微生物学家巴斯德,用一生的研究开创了微生物生理学,极大地降低了人类死亡率,19世纪中叶以来,世界大多数地区的人口预期寿命大约翻了一番,他的观点是:“立志、工作、成功,是人类活动的三大要素。”人的活动在于理性的活动与实践,本质就是理性实践自己的生命，只有在活动中，生命才得以舒展、绽放，以至成就伟大的事业。

其二，活动的目的与目的的价值

马克思曾明确指出："追求利益是人类活动的最根本的目的。"斯大林说："伟大的精力只是为了伟大的目的而产生的。"爱因斯坦说："在一个高尚的目的支撑下，不断地工作，即使慢，也必定会获得胜利。"不管是宏观的人类活动，还是具体的职业行为，都必然有一个要素真切地存在，那就是目的。没有目的，谈不上活动；凡是活动都有目的。跑步是为了强身健体，吃药是为了治病，种庄稼是为了吃饭，做小买卖是为了过上好的生活，学习是为了得到更多更实用的知识。世界上没有一种社会实践活动不以目的为指引。商鞅废井田、重农桑、奖军功、统一度量衡和建立郡县制等一整套变法求新的发展策略，目的是让秦国尽快强大，结束天下纷争的局面。中国古代的读书人的目的是"修身、齐家、治国、平天下"，通俗一点讲，就是"学成文武艺，货于帝王家"，帝王看上或看不上，是一回事，但目的是很明确的。人类策划活动时，必然要有一个目的；在活动进行时，目的就是方向和目标；活动结束时，必然要用目的来检验活动的成果。在封建科举时代，同是读书人，范进等人中举了，就是合了目的性，是成功的活动；孔乙己等人一辈子没有中举，就不合目的性，就是失败的活动。在现实生活中，往往有些人不太去思考或者懒得去思考活动的目的，习惯随波逐流。父母让学习就蹲在教室里，天天遵守着纪律上课，但就是不用心学习，每天混日子，结果当然整个学习活动就不合目的了；有些职业人也是如此，按部就班地上下班，也不犯错，就是工作的目的不明确，等下班、等放假、等退休，导致自己一辈子一事无成；项目已经确定，就要有强烈的目的性，有些人目的性不明晰，就会导致项目的不成功。对每个人来说，干什么事情都有一个目的，问题是有的清晰，有的模糊，有的坚定，有的游移。

其三，目的性与正能量

英国有句谚语："巨大的目的组成巨大的心灵。"车尔尼雪夫斯基认为："没有目标，哪来的干劲？"每个人都盼望着自己策划实施的活动"合目的性"，也就是心想事成、事事顺心、万事如意。在现实生活中做不到的，往往不是目的的错误，而是执行实施过程中出现了问题，是执行的人不坚定、不彻底、不到位导致的。但反思这个过程，自己也并不是一无所获，还是或多或少地收获了些东西。在人生成长的过程中，目的无处不在，贯穿人的整个人生历程，每一天、每一事都有目的的存在。大而言之，拥有第一流目的的人，才能够创出第一流的事业，这是成功者必需的心态。王阳明问私塾师傅："什么是人生第一等要事？"师傅答："当然是读书做官了。"王阳明却说："我看能称为人生第一等大事的，是读书做圣人。"正是做"圣人"的人生目的，让王阳明穷尽一生探索，创立了"阳明心学"，为明代社会的理学发展做出了突出贡献。换言之，目的对人的阶段发展意义重大，三年、五年、十年，持续为一个目的努力，"精诚所至，金石为开"，一般都会做成一件让社会刮目相看的大事情。小而言之，每做一件事，哪怕很小的一件事，也要突出目的性，"合目的性"的小事情日积月累，集腋成裘，就会成就一件大事情，大事情就是大成功，就是大贡献。

其四，"心想"与"事成"

称心如意、天遂人愿、如愿以偿、万事如意，是人类生活的理想状态，也是一种美好的祝愿。周恩来总理从小立志"为中华之崛起而读书"，一生持之以恒地忘我努力，虽然他在世时没有看到中国经济的腾飞，但几十年后，中国经济赶超了英国、法国、德国、日本，成为世界第二大经济体，周恩来总理中华之崛起的"心想"终于"事成"，足可告慰他在天之灵。英国著名的物理学家牛顿说："无论做什么事情，只要肯努力，没有不成功的。"曾国藩的人生格言是："坚其志，苦其心，勤其力，事无大小，必有所成。"其实，坚定一个目的，天天想，天天琢磨，天天努力地做，在做中用心思考，不断改进做法，持之以恒地去做，按照事物发展的规律推进，没有不成功的，这就是"心想"为何必然"事成"的道理。进一步讲，人的思想是了不起的，只要专注于某一项事业，就一定会做出使自己感到吃惊的成绩来。在做的过程中，在目的达成之时，人们往往会产生新的思考、新的想法、新的目的，甚至发现新的领域，这就是职业的飞跃、人生的蝶变、境界的提升。"心想事成"这个词，如果仅仅作为一种寒暄的祝福语，没有多大的价值；如果作为一种信仰，那就成了人生凤凰涅槃的"法宝"。

【新思维】

凡属人的活动，不管生活还是工作，都有一个目的的存在和指引，很遗憾的是很多人沉溺于具体的琐碎的事务，而忘记了目的的存在，忽略了初心，就难得始终，所谓"灵魂跟不上前进的脚步"。

目的"无处不在"，伴随并指引人的一生。自我模糊甚至放弃了目的的人，就是“盲人瞎马”，不管是四处溜达，还是纵马驰骋，都是很危险的。

目的“因我而存在”，放在自己心中才有意义。你的人生你负责，你的目的你当心，只有自己才能对自己的人生目的负责。

目的“海枯石烂”，金刚不可夺其志才有价值。只有明确目的，时时刻刻不忘目的，不断纠正和升华目的，坚定地走下去干下去，才能达到目的。

目的与目标不同，有些目标是手段，达到目标是为了实现目的。譬如我们可以争取“先进生产者”为目标，但终极目的却是提升自己。很多人被目标迷障，忘记了目的。

人生的终极目的是有幸福的好生活，它蕴含在生命实践的整个过程中，而非一时一地的得失里。

汉朝刘向《说苑·修文》载：“故忠心好善而日新之。”忠心，指的是真诚、忠诚或者忠诚的心。本文题目“忠‘心’永驻”，指的是忠于自己的内心，紧紧咬住“目的”不松口，锲而不舍，持之以恒，直至心想事成，获得成功。

再拓展

1. 目的，通常是指行为主体根据自身的需要，借助意识、观念的中介作用，预先设想的行为目标和结果。人的实践活动以目的为依据，目的贯穿实践过程的始终。试梳理一下自己的学习或工作活动的“合目的性”。

2. 北宋第三位皇帝宋真宗赵恒在《励学篇》写道，“书中自有黄金屋，书中自有颜如玉”；北宋理学大师张载的名言是“为天地立心，为生民立命，为往圣继绝学，为万世开太平”。试分析古代读书人的人生目的及对现代社会的影响。

3. 2018年9月28日，习近平总书记专程察看抚顺矿业集团西露天矿矿坑，并到东华园社区同居民们一起唠家常，他说：“我们发展经济的最终目的，就是让老百姓的生活过得越来越好。大家的生活都要过好，全面建成小康社会，一个也不能落下，一个也不能少。”请谈谈对这句话的理解。

第二节 诚“心”以求:理性天然放光芒

◎理性,是每个社会意义上的人的本能存在,是天地之育化、大自然的神奇存在。

◎理性,是人的最宝贵的品质,浑然天成,时时刻刻运用它就能成人、成才、成功,放之不用,日久天长就会生锈迟钝,最后只能接受非理性的人生结果,就像一块玉石,天天把玩,玉石自然会散发出夺目的光芒。

◎理性是指人在正常思维状态下,为了获得预期结果,凭自信与勇气冷静地面对现状,并快速全面地了解现实,分析出多种可行性方案,再判断出最佳方案且对其有效执行的能力。

【微案例】

某公司人力资源(HR)部门来了一位新的人力资源总监(HRD),Lily和May都是前任HRD招聘进来的HR副经理,并且与前任HRD合作愉快、惺惺相惜。

新的HRD一来就三把火,对一些制度及工作方式作了变动,Lily和May都觉得不适应,压力很大。

Lily开始向其他部门和下属抱怨新上司:“什么都不懂,那些方式根本不可行。”而May选择和新上司沟通,将现有的资料数据收集整理,提供给新上司,在得知HRD中午不外出就餐的时候,甚至请HRD助理收集公司附近的外卖单整理在文件夹中。

有人告诉May,Lily背后说你只会拍马屁。May笑笑,继续她的工作。

3个月后Lily觉得不开心离职了,May晋升为人力资源管理(HRM),兼管Lily的部门。

【大思考】

面对同样的不适应和压力,May和Lily的区别在于是否理性地处理问题。人的任何活动,都是有理性的,只是看处事方式是否正确,是否正当,是否适合,是否更符合规律而已。当然,理性有积极和消极之分:积极的理性更符合逻辑,更能让活动“合目的性”,譬如May;消极的理性不一定符合逻辑,感情用事,可能会导致活动的失败,达不到完全的目的,譬如Lily。

其一,人类活动与理性价值

除人以外的一切生物都没有理性,有的仅仅是生物的本能,它们的活动也仅仅限于功能性。有些动物可以完成一些规范性的动作,甚至与人有情感上的交流,但也是机械驯化的一种结果,达不到理性的程度。理性是人区别于其他生物的本质特征,正是这个理性,让人类创造了大量的物质文明和精神文明,与此同时,让人的头脑更加灵光,更加富有创造力,更加发达。理性在人类生活中无处不在,现在的种植技术比远古时期不知发达了多少倍,正是理性发展的结果;现在的交通比秦始皇时代不知发达了多少倍,也是理性发展的结果:所有现代文明的发展,都是理性发展的结果。理性在现实生活中也是无处不在的,我们要到某一个地方去,什么时间出发合适,使用什么交通工具,规划一个什么样的路线,都是理性思考的结果。我们学习科学知识，也是从已知到未知的过程，是按照大前提、小前提的逻辑推导出的。没有理性就谈不上学习。人类活动的“合目的性”，都是理性策划、实施的必然结果。真理的本质就是理性，只有理性的研究，才能探求到真理。正因为有理性这一高贵的品质存在，人才能真正成为一个社会意义上的人，虽然有些非理性的行为存在，但也是在一定理性的基础上形成的非理性举止，譬如一些不礼貌的行为，实施者也是作了一番思考的，只是没有达到文明理性的程度。纵观人类历史，横观大千世界，每个人都有自己的逻辑，都有自己的理性，即使万恶不赦的罪犯，也有自己的一套逻辑，无非正确与错误而已。秦桧有秦桧的逻辑，岳飞有岳飞的理性，作为人的存在，理性总是人类活动的必备要素。

其二，理性发育与人生智慧

从很大程度上说，理性一般是人们利用已有的正确的知识和经验，对事物进行判断、分析、综合、比较、推理、计算等的能力。智慧基于人的理性本能，是生命所具有的一种高级创造思维能力。智慧往往使个人做出成功的决策，有智慧的人被称为智者。人的学习和实践的最终目标就是做一名智者，做一个明白人，做一个有智慧的人。人的学习过程，基本上是理性发育的过程；人的工作过程，基本上是理性学习和工作实践的过程。在现实生活中，我们发现不是所有人都可以称之为“智者”，有些甚至还称之为“糊涂蛋”，因为他们做了非理性的活动，譬如不按正常思维行事的“人性”，再譬如不经大脑思考的“无意识”，等等，更多的是不深思熟虑、不深度思考、没有达到理性程度而付诸行动的人和事，人云亦云、人趋亦趋的比比皆是，这都不是理性的过错，都是没有独立思考的结果。一台高级电脑放在那里束之高阁，自然发挥不了作用；一把锋利的战刀，放上几十年，也会生锈。人的理性也是如此，经常不用，理性也就没有了价值，更重要的是经常非理性地活动，非理性就成了习惯。理性只有经常使用，才会更加理性，人生也就有了智慧，才能称之为智慧的人生。

其三，职业理性与创新创造

理性往往通过论点与具有说服力的论据来发现真理，通过符合逻辑的推理而非依靠表象而获得正确的结论。理性的高级意义在于对自身存在以及超出自身却与生俱来的社会使命负责，也就是发明创造。当前，社会提倡创新创业，大中专院校也大规模地组织创新创业教育，“如何创”是我们必须要解决的问题，而理性是其中必不可少的素质和能力。现代科学技术的高度发展，都是理性的产物，都是讲逻辑讲规律的，就像我们开车，挂上挡踩油门，汽车必然前进或者后退，这是必然的。如果没有必然性作支撑，就谈不上科学技术，就谈不上发明创造。理性的职业活动，必须先把机器工具的效能搞清楚，这是理性发挥的第一步。在这个基础上，发挥理性的光辉，对技术、管理、知识、流程、营销的某一点或者几个点进行创新创造。尊重理性，一般就是一个合格的员工。时时、事事、处处反反复复用理性来验证、矫正整个的操作流程，日积月累，一般就会形成创新创造的想法和方案，这就会让自己的职业富有创造性。当创新创造成为一种习惯，就是创造性人才。

其四，理性力量与人生升华

有人说“没有深思的生活没有价值”，也有人说“理性是罗盘，欲望是暴风雨”。当前，社会倡导理性生活、理性消费、理性婚姻，但有很多人仍始终处在非理性的状态，也就是相对于理性的一种情绪化的发泄。他们见到一件事，往往不去辩证思考，或者懒得思考，就机械地做出判断，甚至付诸行动。快节奏、跨越式，必须要经过深思熟虑才能做出决策，否则很可能会违背事物发展的规律；当然，长时间的跨越式本身就是违背规律的。解决这个问题的方法就是实事求是，用辩证的方法看，从历史的角度思考。从原则上说，任何行动都会有后遗症，这就需要深度思考，把事情搞明白，把问题想清楚，把效益最大化，把损害降低到最低限度直至消除。在现实生活中，我们发现往往理性的人才会选择自己主动地去适应社会，而非理性的人则坚持让社会适应自己，这是很让人啼笑皆非的事情，就如人们往往只关注到故事中的王侯将相如何发号指令，却没有注意到王侯将相也有很多的制约。我们如果一味地玩个性，就会被大家所抛弃，没有人能完全让社会适应自己。

【新思维】

有人说“人是有理性的动物”，也有人说“人是肉身化的理性，有思考的生物”。事实上，作为万物之灵长，人的活动都有理性的支持。

我们发现，社会上的有些人太浮躁，要么想一夜暴富，要么想一夜成名，问题就出在非理性上，这不符合事物发展的规律。也有人整天地怨天尤人，羡慕嫉妒恨“星二代”“富二代”，想一夜之间赶超他们，这也是非理性的。更普遍的是有些人往往把智商当作智慧，把聪明当作明智，总想着如何投机取巧，占到小便宜，这也是非理性的。因为天上一般不会掉馅饼，掉下来的往往是铁饼。

理性，是每个社会意义上的人的本能存在，是天地之育化、大自然的神奇存在。

理性，天然的存在，并不能天然地运用，需要人的主观能动性。

理性，是人的最宝贵的品质，浑然天成，时时刻刻运用它就能成人、成才、成功，放之不用，日久天长就会生锈迟钝，最后只能接受非理性的人生结果。就像一块玉石，天天把玩，玉石自然会散发出人性的光芒。

《后汉书·张酺传》载："张酺前入侍讲，屡有谏正，訚訚恻恻，出于诚心，可谓有史鱼之风矣。"诚心，指诚恳的心意，真心诚意。元朝宫大用《范张鸡黍》载："皇天有意为斯文，教人从诚心正意修根本，以至齐家治国为标准。"诚心正意，指的是心意真诚恳切，形容对人十分真挚诚恳。本文题目"诚'心'以求"，指的是从自己心灵出发认清一个道理，即人的理性是天然存在的，要努力让理性光芒投射到个人活动中。

再拓展

1. 理性是指人在正常思维状态下，为了获得预期结果，凭自信与勇气冷静地面对现状，并快速全面地了解现实，分析出多种可行性方案，再判断出最佳方案且对其有效执行的能力。以自己一天的学习和工作为例，分析哪些是理性的行为，哪些是非理性的行为，有没有深度思考才实施的活动？

2.《礼记·大学》载："致知在格物，物格而后知至。"《大学章句》载："所谓致知在格物者，言欲致吾之知，在即物而穷其理也。""格物致知"是中国古代儒家思想中的一个重要概念，试分析此种思想对现代社会的影响。

3. 2013年5月4日，习近平总书记同各界优秀青年代表座谈时说："广大青年要勇敢肩负起时代赋予的重任，把理想信念建立在对科学理论的理性认同上，建立在对历史规律的正确认识上，建立在对基本国情的准确把握上；勇于到条件艰苦的基层、国家建设的一线、项目攻关的前沿去经受锻炼、增长才干，不断提高与时代发展和事业要求相适应的素质和能力。"请谈谈对这句话的理解。

第三节 宅“心”仁厚:实践本能出真知

◎一个不实践、不工作的人,一个不劳而获的人,本质上就是一个尸位素餐的“寄生虫”、一个不尊重生命的人、一个放弃精彩人生的人。

◎有的人往往习惯想而不习惯干,不去落实不去干,纵然夜来千条妙计,次日不去行动,也是“语言的巨人,行动的矮子”,终将一事无成。

◎经历过两万五千里长征的老红军,与其他人对待生死、对待困难的态度肯定有所不同;度过金婚的老夫妇与新婚燕尔的新郎新娘对婚姻的理解可能大相径庭。

【微案例】

2001年，19岁的江勇从一名高校毕业生成为了四川省川威集团有限公司的一名炉前工，并和几名同事一道被选派到武钢集团学习50t转炉的操作技术。

从此，他和“炉火”结下了不解之缘，一路潜心钻研，创新冶炼技术，用短短的4年时间，实现了从炉前工到炼钢转炉炉长的角色转换。

15年来，从一名最艰苦、最基层的炉前工，到合金工、操枪工、炼钢工，再到全面主持炼钢操作的炼钢转炉炉长，江勇已熟悉炼钢厂内每一个岗位的工作，掌握了每个岗位的专业技能。为此，江勇被同事们誉为勇于实践、善于创新、敢于啃硬骨头的“钢神”。

他参与和主持各类技术攻关及科技项目50余项，确保了各项生产、成本指标均处于同行业的前列。

他先后荣获“全国钢铁行业技术能手”“国家级技能大师”“四川省五一劳动奖章”“全国五一劳动奖章”等荣誉，2015年被授予全国劳动模范称号。

他说：“通过自己的实践和努力，解决一个个技术难题，扫除一个个‘拦路虎’，是最有成就感的事情。”

【大讨论】

江勇的成功首要来自于实践，每一个具有社会意义的人，每天都在进行实践，有学习的实践、工作的实践、生活的实践。它无处不在，无所不能，或许正是因为它的普遍存在，才让很多人没有意识到它的价值和意义。

其一，人生实践与生命精彩

平心静气地想一想，道理很简单，人的活动本身就是实践自己生命的活动。“实”，就是真实、踏实、诚实、朴实；“践”，就是践行、践诺、践履，简单地理解，就是踏踏实实地干事情。俗话讲，“勤劳是个宝，一生离不了”“不怕家里穷，只怕出懒虫”“一勤生百巧，一懒生百病”，生命就在于不断地有目的地实践，在实践中创造价值。对此，法国著名波兰裔科学家、物理学家、化学家居里夫人也有切身感受，她的名言是：“在捷径道路上得到的东西绝不会惊人。当你在经验和诀窍中碰得头破血流的时候，你就会知道：在成名的道路上，流的不是汗水而是鲜血；他们的名字不是用笔而是用生命写成的。”希腊剧作家沙孚克里斯说得更直接：“上天绝不帮助坐而不动的人。”在现实生活中，我们发现，一个人假如不脚踏实地去做，他所有的希望、所有的梦想都会彻底落空。人一生下来，作为一个人的存在，就开启了人生实践的旅程，这种实践或许从人的本能活动开启，但随着活动的深入，社会性会越来越强，实践的层次会越来越高，直至完全成长为社会意义上的人。人生，就是生命在活动、在实践、在创造，失去了实践，人生可能就会不复存在，起码是放弃了人生的目的和意义。一个不实践、不工作的人，一个不劳而获的人，本质上就是一个尸位素餐的"寄生虫"，一个不尊重生命的人，一个放弃人生精彩的人。

其二，实践功能与学识运用

人的聪明才智从哪里来，从哪里养成，这是一个必须要思考的问题。有人说，聪明与生俱来，其实这是违背人性发展规律的，《西游记》中的孙悟空还得向菩提祖师拜师，学了七十二变和筋斗云，才能捉妖除怪。深一步讲，学了不一定就会了，要日习月练，变成自己的东西，才能算是会。如果仅仅是背过了、记住了就算OK的话，就不会出现赵括"纸上谈兵"的贻笑大方。其实，在现实生活中，赵括式的人物大有人在，只记住了些理论知识，而不去实践，就张口专家闭口大师。《荀子·劝学》载，"不登高山，不知天之高也；不临深溪，不知地之厚也"；古罗马政治家小塞涅卡讲，"一个人，只有在实践中运用能力，才能知道自己的能力"；俄国唯物主义哲学家车尔尼雪夫斯基说得更彻底，"凡在理论上必须争论的一切，那就干脆用现实生活的实践来解决"。一方面，才学如果不用就会永远埋没，学不致用等于没学，不被实践的理论永远没有价值。另一方面，实践是标识个人能力和素质的唯一标准。你是一个钢琴大师，弹一曲才能标识；你是一个厨艺大师，做一道菜才能标识；你是一个改革家，做一件事才能标识。古今中外，人类需要的是善于实践的人，这种人能从他们的工作中取得最大利益。

其三，实践法则与创新创造

陆游有句诗，叫作"纸上得来终觉浅，绝知此事要躬行"，"纸上"是理论，"躬行"是实践，有了知识并进行了实践，才是"知行合一"，才能算是"真知"。知道了就必须做，这是另一个层面的问题。实践和创新创造有什么关系？第一，创新创造源于实践，服务于实践，没有实践，创新创造就无所依附，就如无源之水、无本之木，实践也是创新创造的目的所在；第二，创新创造必须来源于社会实践，它不会从天而降，凭空而来，人们只有在社会实践中才能有所感悟，有所启发，才能产生创新创造的因子；第三，创新创造只有在社会实践中验证，才能证实或者证伪，不经实践检验的所谓发明，顶多只是猜想、幻想或者假说，不能算是真理。总之，所有的理论法则都依赖于实践法则，所有的创新创造均来源于社会实践，实践是理论之母。在现实社会生活中，我们本质上缺的不是所谓的“点子”，而是实践精神。有的人往往习惯想而不习惯干，不去落实不去干，纵然夜来千条妙计，次日不去行动，也是“语言的巨人，行动的矮子”，终将一事无成。

其四，实践价值与心灵滋养

鲍乌维说：“智慧因为用得过度而毁坏的不多，大多都是因为不用才生锈。”心灵也是如此，心灵的圆满、滋润程度，从某种意义上决定了人对幸福的感知能力和对苦难的忍受能力。经历过两万五千里长征的老红军，与其他人对待生死、对待困难的态度肯定有所不同；度过金婚的老夫妇与新婚燕尔的新郎新娘对婚姻的理解可能大相径庭。人们常说，读万卷书不如行万里路，行万里路不如阅人无数，心灵的滋养渠道主要还是应该来自社会实践。有人说“腹有诗书气自华”，这有一定道理，书中的知识确实能够升华实践中的感性认识，但一味闭门读书，就成了死读书，读死书。书读得懂，重要的是与著作者产生心灵碰撞，如果没有著作者那样的社会实践，怎能产生共鸣？中国古代文化中，有一种注重知而轻视行的不良倾向，他们以知为最高目标。但是，知了不行，知就没有了意义。我们必然要在丰富的、鲜活的实践中，不断地壮大自己的内心，滋润自己的心灵，这样，幸福自然来敲门。

【新思维】

实践出真知。人类所有的知识、理论、学问、学术、技术均来源于实践，但对于现代人来说，系统的知识、理论却来自书本或者老师的言传身教。

这种学习模式，效率虽高，但也存在着一个致命的问题，就是重知识轻实践。久而久之，也就形成了一种惯性的思维方式、行为方式，甚至对感知世界、改造世界的路径产生依赖。

研究一个事情、做一个项目，首先考虑的是书本上怎么教、专家怎么说，时时事事处处“吃别人嚼过的馍”，自我人格矮化，自废武功，就没有了创新的意识和精神，就陷入了机械操作的“泥沼”。

“微案例”中的江勇就是一个实践派，这也告诉我们要在实践中学习，在实践中提升自己的人生境界。它要求我们：

首先，要把社会实践作为人生的第一要务。学习就是为了更好地实践，实践机会越多的岗位越有意义。劳动光荣,实践伟大。

其次,理论与实践相结合才能体现出价值和意义,才能在实践中验证所学。没有经历过自身实践的知识和理论,不能算是你真正掌握的知识和理论。

最后,在实践中激发创造发明。举一个极端的例子,一个具有强烈创新意识的清洁工,在工作中时时刻刻想着改进清扫方法或者流程,一天想一个点子,并在实践中验证和改进,一年下来一般就会形成一个令人眼前一亮的创造发明。

人人都可以在实践中创造发明,而我们的创造发明却如此之少。原因很简单,很多人不重视实践,也不善于改造和创造,这在本质上是社会资源的最大浪费。

实践是个宝,世人不知晓;真知经火炼,创新其中找。

陆机《汉高祖功臣颂》载:"万邦宅心,骏民效足。"宅心,指的是居心,存于心中,归心。宋陆游《上赵参政启》载:"此蓄伏遇某官造德精微,宅心忠厚。"宅心忠厚,指人忠心而厚道,居心仁爱而待人宽容。本文题目"宅'心'仁厚",就是要大家把实践的意识时刻存于内心,用仁厚之心对待它。

再拓展

1. 一般来说,实践就是人们能动地改造和探索现实世界一切客观物质的社会性活动。找出在自己成长过程中起到重大作用的5个社会实践活动,分析实践的本质特征。

2. 知与行的关系是中国古代学术界争论的一大焦点。朱熹认为,知难行易、知先行后;王阳明认为,"知之真切笃实处即是行,行之明觉精察处即是知,知行功夫本不可离",即"知行合一"。请你结合自己的学习和社会实践经验,谈谈自己的见解。

3. 2015年1月23日,习近平总书记在主持中共中央政治局第二十次集体学习时发表讲话:"要学习掌握认识和实践辩证关系的原理,坚持实践第一的观点,不断推进实践基础上的理论创新。我们推进各项工作,要靠实践出真知。理论必须同实践相统一。"请你谈谈对这句话的理解。

第四节　倾"心"相待：在职业中激扬生命

◎回顾这段历程，你会觉得感慨总在成果取得的那一瞬间或者几天里产生，而这个过程也更让人持久地感动，世界上还有什么比感动自己更幸福的事情呢？

◎很多人把学习所获的文凭作为人生成败的标识，或沾沾自喜、妄自尊大，或自暴自弃、妄自菲薄，这种行为的本质是在浅薄地曲解人生的成长。真正的成长和学习是在火热的社会实践中的，只有在社会实践中的学习才更合乎目标，更有价值，更容易出色。

◎一班同学，几十年后发展的结果总是让人"跌破眼镜"：原先学习优秀者"泯然众人矣"，甚至穷困潦倒；而不起眼的平庸之辈，居然获取了极大的人生成就。

【微案例】

他只是一个一无学历二无技术的外乡农民合同工，令人想不到的是，经过15年的打拼，却由一名普通的电焊工人成长为了高级技师、山东省劳动模范。他就是中国人民解放军第四八〇八工厂电焊工吕俊江。

“军企职工就是不穿军装的兵。”在工作中，吕俊江就是这样要求自己的。2004年，工厂接到某舰船板换新任务，正在家中休息的吕俊江接到电话后，迅速与同事一起赶赴工地。登舰后发现，待换船板部位横跨两个房间，上方有一大扎电缆线，如不小心发生损坏，后果将不堪设想。本来两个小时即可完成的旧板割除工作，却因所处部位特殊，整整用了6个多小时。吕俊江站在高达18米的作业架子上，承受着岛城少有的近-10℃的低温，顶着凛冽刺骨的寒风，经受着高温辐射，尝尽冰与火的考验，最终圆满完成了任务。经X光射线拍片检验，焊缝质量全部达到一级，保证了该舰的按时出海。

“很多情况下舰艇的操作空间很狭小，身体蜷缩在里面要不停地变换姿势才能找到最佳的焊接位置。”吕俊江说。身体扭曲成S形、蜷缩成三角形……各种千奇百怪的姿势他几乎都做过，他们经常开玩笑说都赶上练瑜伽了。有的时候，焊接工程要一气呵成。“这时候就是火花迸落在脸上，也不能停下来！”吕俊江的脸上就留下了不少灼伤的疤痕。

从电焊门外汉，到船舶电焊工状元，再到山东省劳模，吕俊江吃别人不能吃的苦，干别人不想干的事，他凭着一股永不服输的韧劲，在职业中激扬出了生命的火花。

他说：“恋上这一行，几天不摸焊钳就手痒，在这个岗位上干活觉得光荣。”

【大讨论】

职业活动的过程在很大程度上就是实践自己生命的过程，像吕俊江这样的成功故事比比皆是。有人说：“人生的价值，即以其人对于当代所做的工作为尺度。”这很有道理。如果生命仅仅为了自身的吃喝拉撒，没有作为、没有贡献就谈不上价值，就不是真正的自我，生命就平淡无奇，如一潭死水，甚至枯萎，乃至腐朽。

其一，小菜鸟与大蝶变

职业，通常指个人服务于社会并作为主要生活来源的工作。其实，对生活抽丝剥茧地看，其最本质的，往往也是最重要的东西，就是生活的来源。对于还没有走到工作岗位上的人来说，他们的生活来源基本上来自父母，也就是间接地获取生活来源，因此，他们就认为这些是唾手可得的，不再珍惜、感恩。一个人只有走上工作岗位后，通过自己的劳动获得足够的报酬，使自己的生活来源得到保障，自己能够养活自己，才算是真正地成人，成为一个具有伟大意义的社会人。从这个意义上讲，干好一份职业就是走上社会人生道路的第一步，职业就是人生固本培元的基础，万丈高楼平地起，其基础就是这个职业。当然，从学校门踏入社会门，从需要家庭、学校、社会万般呵护的天然受保护者到顶天立地、独当一面的社会人，都要经历凤凰涅槃，浴火重生，经历很多的痛苦，这是一个挣扎的过程，没有挣扎就不可能成功，这是基本的规律。职业发展的第一步，要求内心要足够强大，要有足够的忍耐力、适应力。对于职场“菜鸟”来说，在新人期首先做到的就是把理论转化为实践，按照单位的规章制度，培育好自己适合单位发展的基本职业观。这个时期，成功的标志就是完全独立地、完美地干好一项工作或者一件事情。记得印度诗人、哲学家泰戈尔曾经写了一部以儿童生活和情趣为主旨的散文诗集，其中有一篇名字就叫《职业》，它通过小孩的视角看职业，意在培养人们热爱生活、甘于奉献的精神，让人们在平凡的工作中发现美和正确的职业观，很有启迪意义。

其二，挺得住与稳得住

新人期的长短因人而异：适应能力强的会迅速地脱颖而出，甚至受到提拔重用；有的却可能在很长时间里都不成熟，农村有句俗话叫作“一岁不成驴，到老是驴驹子”，用来比喻人的成长，就是说在一年之间驴驹练不成活儿，就永远不会是能干活的好驴了；有的则彻底不适应职场生活，要么跳槽，要么彻底对工作失去信心，躲在家里不敢面对人生。从新人期到成熟期，一般都有个奋斗的目标，目标越明确，干劲越大，工作越有意义。这个时期，提高了自己的工作技能娴熟度，积累了一定量的业务知识和技术知识，固化了自己的职业观。这是职业的第一次升华，从“挺得住”到“稳得住”的重大转折。此时的你获得感强烈，成就感永伴，你的人生进入了崭新的境界，完全可以担负起一个社会人的责任。从此，你对父母家庭有了交代，对自己的爱人也敢于承诺未来。你在卿卿我我中感觉到天的蓝、云的白，在不知不觉中体验到生活的诗意和美好。然后，你的心中会充满着激情和创意，从从容容地朝着更高的目标奔跑。

其三，深里钻与大潜力

到一定阶段，你会问自己，我的人生就是如此吗？我已经在同事中成为骨干，再努力的人生会是什么样子？你会寻找人生提升的榜样并发现高层次的榜样，这些榜样往往基础并没有自己好，却靠自身的努力创造了骄人的业绩。当你也启动自己的努力的时候，恭喜你，你光荣地进入了职业发展期。人生不能四面出击，你开始对辩证法感兴趣，学会了舍得，聚焦自己最感兴趣、最有资源、最有未来发展价值的方向和领域，全力挺进。这时候，你会开始体味艰难，挖井和耕地不是一个概念，你会搜集众多的资料学习钻研，渐渐觉得科技发展的无极限，你会为自己发现这个领域而庆幸，你会竭尽全力去突破，你会昼思夜想调动所有的智慧，你会发现自己的潜力被一点一点地开发，直至无穷无尽、绵绵不绝，就像一泓山泉。这时候，不管你搞技术还是搞管理，你的成果在不断涌现，原先梦寐以求的职位、荣誉、薪酬几乎在一夜之间不知不觉地降临到你的头上，搞得你内心怦怦乱跳。回顾这段历程，你会觉得感慨总在成果取得的那一瞬间或者几天里产生，而这个过程也更让人持久地感动，世界上还有什么比感动自己更幸福的事情呢？更重要的是在这个过程中，你会不知不觉地总结并形成自己的方法论，完善自己的价值观，使自己的人生境界陡然提升。

其四，大创造与无极限

实践中，你会发现，每个人都有巨大的潜力。任何平凡的人，只要将潜力适当地发挥，就会形成巨大的潜能，就能做出一番惊人的事业。这时候，你的职业观将得到大幅提升，到达事业的层面，你的工作的目的将不再是仅仅解决自身谋生的问题和发展的问题，而是更加具备了各种责任，对单位的责任、对事业伙伴的责任、对社会的责任、对国家和社会的责任。单位会急切地需要你传经验，带队伍，当然你的事业也需要团队的力量。于是你开始带着团队发展，带领一个或多个专业方向的团队，创新创造，将技能转化为实际生产力。这时候，“释放自己，创造价值”成为你的人生目的，你在不断地输出你的价值观、方法论，从而影响其他人。看到团队中的人因你而成长，因你而进步，因你而实现人生的价值，你内心的欣慰会油然而生；看到自己的工作推动了社会的进步、文明的发展，你更是会幸福满棚，“俏也不争春，只把春来报。待到山花烂漫时，她在丛中笑”。

【新思维】

有时候，我们总在思考，人生真正的成长在哪里？课堂上、书本中还是社会实践里？这几乎成了人世间一个永恒的话题。

在现实生活中，我们只能用工作业绩来标注人生的价值，所有的出身、学历、资历都是附庸的东西。

一个初中毕业的数学家和一个博士研究生出身的数学家，谁的社会贡献大？如果初中毕业的那个是华罗庚呢？

人生确实比较漫长，但我们不能用过程的结果来诠释人生的全部，在校学习的过程是基础，漫长职业生涯才是人生的目标。

实际上，很多人把学习所获的文凭作为人生成败的标识，或沾沾自喜、妄自尊大，或自暴自弃、妄自菲薄，这种行为的本质是在浅薄地曲解人生的成长。真正的成长和学习是在火热的社会实践中的，只有在社会实践中的学习才更合乎目标，更有价值，更容易出色。

一班同学，几十年后发展的结果总是让人"跌破眼镜"：原先学习优秀者"泯然众人矣"，甚至穷困潦倒；而不起眼的平庸之辈，居然获取了的巨大的人生成就。北大西语系80级的绝大部分同学，当时应都不看好俞敏洪；杭州师范学院外语系84级的绝大部分同学，当时也应不看好马云，其实可能连他俩自己做梦也想不到自己会有今天的成就。是职业成就了他们，是职业促成了他们的成长。

《后汉书·皇后纪上·章德窦皇后》载："后性敏给，倾心承接，称誉日闻。"倾心，指的是尽心，诚心诚意。本文题目"倾'心'相待"，指的是职业人尽心、真心，像爱人一样对待自己的职业，在职业中激扬生命，让生命之火在职业中点燃，极大地挖掘和发挥生命的潜力，在职业中创造独一无二的、无与伦比的人生价值。

再拓展

1. 潜能一般是指人具有的，但又未表现出来的能力，人的潜能是无极限的，就看开发出多少。认真地想一想，在学习、实践、工作中，你是否有爆发出令自己诧异的能量？

2. 屈原在《离骚》中写道"路漫漫其修远兮，吾将上下而求索"，请你思考：中国古代先贤在人生"路"上"求索"什么？"求索"对生命的意义是什么？

3. 2013年3月17日，习近平总书记在十二届全国人大一次会议闭幕式上说："生活在我们伟大祖国和伟大时代的中国人民，共同享有人生出彩的机会，共同享有梦想成真的机会，共同享有同祖国和时代一起成长与进步的机会。"请你结合社会实践谈谈对这句话的理解。

第五节　秉“心”相随:目的就像北斗星

◎世界上没有将来才实施的目的,目的只有作用在当下才有意义,才有价值。

◎目的往往以目标为具体的实现形式,但目标的实现不一定是终极目的的达成,目标有时像青春美少女,目的才是少女心中那颗善良晶莹的心。

◎目的,就是心里的阳光;目的,就是前进的动力。“心理缺氧”,本质上就是目的不“纯”、不发光了。

【微案例】

小柯初入职场的工资是一个月700元。单位没有宿舍,他在附近租了学生宿舍。这样,一个月只需要付一百多元的房租。

工作期间,小柯每个月都会补充两本专业书,趁着早上上班之前的一点儿时间翻上几页。等公交的时候,他也总是抱着本小日汉词典念念有词。他说,只是觉得多学门外语不是什么坏事。

三个月后,小柯结束了试用期,但工资仍没有提高多少。一年后,小柯终于有了真正的初级技术职位。此时,公司一项国家级项目进入研发阶段,而负责单位正是小柯所在的研发部,小柯也被委以重任。那时,小柯已啃完了一大摞厚厚的行业专业书,能将四十多篇日语课文倒背如流。

两年来,小柯一直工作勤勤恳恳,没有请过一次病假、事假。他曾向上司提起过工资的问题,但没有得到重视,几次不了了之。但他并没有把情绪带到工作中,仍然认认真真地完成每一项工作。当小柯向公司递交辞呈时,很多人都很意外,用同事的话说,他最不像要走的人。

但是小柯执意要走。或许在这时候,公司才真正意识到他的价值,就拿那项国家级项目来说,作为新人的小柯,出色地独立完成了所有的程序调试,为项目完成立下汗马功劳。老总找他谈话,以加工资和升职极力挽留他。但他去意已决,并不是因为钱,他大三以后就没向家里要过一分钱,他只想证明自己,而事实上他也做到了,只是他的公司看到这一点时已太晚了。

那700元每月的坚持,小柯没有白费,带着优秀的工作履历和一本一级日语证书,还有公司外籍专家的推荐信,他很快走进了顶尖日企的大门。现在,他已是那家日企研发部的高级工程师。他曾应邀回母校,跟许多学弟学妹们座谈,像老师又像兄长地说起当年的700元。"每个人成功的道路都不同,你们也可以从7元、70元或者700元开始。"他微笑着说,"重要的是,你们永远不要忘记最初的梦想。"

【大讨论】

在小柯的职业成长道路上,我们可以看出他是一个目的性很强的人,在眼前利益和长远发展中他选择了后者,他的目的坚定、明确,指引着他前进的步伐,一个一个小目的反映在他成长的脚印里,形成一串串珍珠,就像黑夜里的北斗七星。

其一，目的明确与人生的坚持

李白说“天回北斗挂西楼，金屋无人萤火流”；李商隐说“北斗兼春远，南陵寓使迟”；革命歌曲《红军战士想念毛主席》的歌词中有“抬头望见北斗星，心中想念毛泽东，想念毛泽东。迷路时想你有方向，黑夜里想你照路程”。繁星满天的北方夜空，有一组像勺子一样排列规整的七颗星，为在夜里活动的人提供了方位辨别的标识，在中国传统文化中具有很高的寓意价值。人的目的与北斗星有相似性，都是指引人的前进方向，但只要稍一懈怠，目的就变得模糊，甚至黯然无光，让人失去了前进的方向，原地打转或者四处乱撞。北斗星是真实的客观存在，但阴天下雨的夜晚就看不见，白天也看不见，目的也是如此，所谓“灵魂跟不上前进的步伐”，就是失去了目的的指引。在繁华喧嚣的都市，满街的灯光映亮了大地与天空，身处都市想看看北斗星成了一种奢侈，这也很有现代社会的寓意。就像这北斗星，人的目的也是真实的存在，但只有让她一直在自己心中熠熠发光，不管是柔和还是耀眼，循着她的光芒奋勇前进，人生的目的才能更好地实现。

其二，目的的精灵和心灵的滋润

与北斗星不同的是，人生目的变幻无穷，像精灵古怪的蓝精灵，随着人生阅历的增长，不断发生变化，当然有的是正向的变化，有的是反向的变化。即使有的人生目的几十年不变，也会随着发展逐渐丰满和完善，但“万变不离其宗”。阿里巴巴集团创始人马云，高考成功前的工作，可能就是为了填饱肚子；大学工作期间，人生目的可能就是当一名好老师，最高理想也就是当个校长；在创办阿里巴巴前，也就是想做一个有效益的企业；2018年9月10日，马云发出题为“教师节快乐”的公开信宣布，一年后不再担任集团董事局主席。之后他办慈善，办教育，人生的目的发生了重大变化，但不管怎么变，在中国改革开放进程中发挥积极的、有建设性的作用，促进社会进步，是他永恒不变的人生目的和社会情怀。目的的精灵在很多情况下，有“不可告人”的社会文化约束，有些目的可能永远保存在自己的心灵深处，等待实现的那一天才“昭告天下”，有些只在默默地去做，永远也不可说，属于个人隐私性质，但她弥足珍贵，滋润着人们饱满的心灵世界。

其三，目的的“道”与目标的“器”

目的与目标相近，但有明显的不同，目标强调行为的方向和终点，目的强调行为的原因和意图。目标蕴含着目的，目的指引着目标。目标可以物化为成果，感性而可量化，作为形而下的“器”而备受重视；而目的具有终极性的意义和价值，但因为其属于形而上的“道”的范畴而屡受忽视。如同目标，目的也必须有生长性、渐进性、阶段性。就像北斗七星，有逻辑性的排列组合，实现了一个目的，再去实现另一个目的，一个一个目的实现了，就达成了人生的终极目的。目的的达成，有未来的指引，有过去的基础，更关键的是当下的努力，活在当下干在当下，目的就有了实际的价值和意义。于是，德国物理学家爱因斯坦感慨“在一个崇高的目标支持下，不停地工作，即使慢，也一定会获得成功”；俄国批判现实主义作家列夫·托尔斯泰说得更彻底，“人活着要有生活的目标：一辈子的目标，一段时间的目标，一个阶段的目标，一年的目标，一个月的目标，一个星期的目标，一天、一小时、一分钟的目标”。

其四，目的的未来与行动的当下

目的作用在当下，但指向未来，这也就让人们拥有了无限美好的未来。目的作用在职场上，才有目标，才有动力。目的指向的是预先设想的行为目标和结果，清代文人陈澹然在《寤言二·迁都建藩议》中写道“不谋万世者，不足谋一时；不谋全局者，不足谋一域”，说的就是做任何事前都要先有一个目的。但你不能把目的看作是将来时，她永远是现在时，这就是当下所想、所学、所干、所感的目的，世界上没有将来才实施的目的，目的只有作用在当下才有意义，才有价值。同时，我们还应该注意到，就像北斗星不会每天都出现在北方的夜空中，乌云有时候会把北斗星与我们的视线隔开一样；就像贪嗔痴等不良倾向只要占据了整个心灵，本质的善良就失去了存在的空间，被挤压到暗无天日的角落里一样，目的也是如此，当人像孤魂野鬼一样漫无目的地瞎溜达，目的就被“漫无目的”所遮蔽，失去了她应有的作用。好比猫吃老鼠，猫会两眼死死盯住老鼠，目不转睛、心无旁骛，老鼠跑，猫就追，直至逮住，一个自身恍惚的猫只会让老鼠逃掉。在现实生活中，人心目中的目的也有打盹的时候，也会蒙上灰尘，这就需要像呵护夜明珠一样，定期擦拭，让她时刻熠熠放光，很多时候，我们要把她从潜意识里拿出来，把玩欣赏。一个宠物，你不亲它、疼爱它，它就与你建立不起感情，目的也是如此。

【新思维】

“合目的”的人生才是幸福的、快乐的、丰满的，也是符合人性的。遗憾的是，人们所干的事，不一定“合目的”，他们或随波逐流，或被现象所迷惑，自我模糊了“目的”。

目的往往以目标为具体的实现形式,但目标的实现不一定是终极目的的达成,目标有时像青春美少女,目的才是少女心中那颗善良晶莹的心。

现在,有一种职场动力不足综合征,就是在工作中缺乏挑战和动力,在工作的时候会出现沮丧、头痛和复发性感染等一系列症状,同时对工作提不起兴趣,对于生活状态也不满意,常常觉得疲惫、无力。这些问题的本质是目的、目标的不清晰。一个人的工作没有了目的性,在职场中也就失去了动力。

"漫无目的"只能浑浑噩噩地"混日子"的人,混来混去,到头来就会发现是"日子混了你自己"。无所事事,无的放矢,生活岂能充满阳光?

目的,就是心里的阳光;目的,就是前进的动力。"心理缺氧",本质上就是目的不"纯"、不发光了。

明太祖《封刘基诚意伯诰》载:"秉心坚贞,怀才助朕。"秉心就是持心。本文题目"秉'心'相随",指的是捧着自己的良心,让目的永远相伴自己,接受她的指引,走向人生的辉煌。

再拓展

1. 一般来说,目的比较抽象,是某种行为活动的普遍性、统一性、终极性的宗旨或方针。盘点自己的实践活动,分析实现目的的较好的实践活动的特点。

2.《孟子》载:"人皆可以为尧舜。"王阳明《咏良知四首示诸生》载:"个个人心有仲尼,自将闻见苦遮迷。"试分析孟子、王阳明等人的人生目的。

3. 2016年4月26日,习近平同知识分子、劳动模范、青年代表座谈时说:"青年的人生之路很长,前进途中,有平川也有高山,有缓流也有险滩,有丽日也有风雨,有喜悦也有哀伤。心中有阳光,脚下有力量,为了理想能坚持、不懈怠,才能创造无愧于时代的人生。"请你谈谈对这句话的理解。

第六节　潜"心"思考:技能的神秘面纱

◎技能本身就是一个可爱的蓝精灵,有时像明灯,点亮了才有价值;有时像"打不死的小强",坚持才有意义。

◎"有"与"无","升"与"降","优"与"劣",往往在转瞬之间,你方唱罢我登场,各领风骚就几天,时代潮流浩浩荡荡,永不停歇。

◎有没有国家承认的学历其实并不是很重要,重要的是有没有国家承认的技能。

【微案例】

1981年高黎明从部队退伍后,被分配到北京红都集团公司的后勤部门,负责开电梯。上上下下的过程中,高黎明有时候看到学徒们把做好的衣服整齐地挂在工作室内,特别漂亮,心里觉得羡慕,开始向往成为一名裁缝。

当时,红都著名服装技师田阿桐的工作室设在四楼,因为年纪大,田师傅常常乘坐电梯,一来二去,高黎明和他熟悉起来。闲聊时,田师傅建议他趁年轻,有机会到车间锻炼锻炼。高黎明的想法也十分简单,"只想多学门技术"。

一个没有任何制衣基础的电梯工人,能当好裁缝吗?高黎明提出申请时,领导也犯了难,车间实行计件工资,他调过去从零学起,收入肯定要受影响,留在后勤则是旱涝保收。不过,在高黎明的再三请求下,他终于如愿调到了流水车间。

高黎明从最简单的窝裤脚、缝扣子做起。为了抓紧补上自己基础的不足,中午其他人休息,他就偷偷练手艺,进步十分迅速,短短半年,就被调到技术含量高一些的小流水车间。

在小流水车间工作了十个月,高黎明成为幸运儿,来到了田阿桐工作室,依然负责制作裤子。1990年前后,在一次考试中,高黎明夺魁,如愿以偿留在了田师傅身边,正式成了他的徒弟,不仅开始制作上衣,也开始学习量体和裁剪。

从那时候起,高黎明跟着师傅开始了为国家领导人服务的工作。如今他是全国劳动模范、中华传统技能大师、为国家领导人制装的"全国最高端裁缝"……

【大讨论】

一个退伍军人,一个电梯工,居然能成为另一个行业的全国翘楚,这就是技能的巨大魅力和超然功能。如何比较全面地认识技能,这是本节我们要探讨的话题。

其一,技能的"显"与"隐"

有人说,能拿出看清别人能力的十分之一看清自己,已是最大的聪慧和运气,这包括对技能的认识和了解。俗话说,"行家伸伸手,便知有没有",不出手别人不知道你是不是行家;"出水才见两脚泥",不把脚抬出水面,永远看不到脚上有没有泥；一台高级电脑，只有在使用中才能彰显出它的高级，束之高阁弃之不用，连个低级电脑都不如，某些方面还不如一块砖头。就像周星驰执导并主演的电影《功夫》，武功不亮出来，不经过搏击，就不会彰显并且发挥作用。这就像人的视力，眼睛的功能一直存在，但不使用，不去看，功能就发挥不出来，技能也是如此。把一个技能大师放在人群里，找出来的唯一办法就是让他展现一下技能。我们说粟裕是常胜将军、战神，但如果没有苏中七战七捷、孟良崮战役、淮海战役，就看不出他的军事天赋。所以，深一步讲，真正的幸福包含了一个人技能与天资的完全运用，人可能在很多时候缺少的并不是能力，而是施展能力的战场。韩信没有刘邦，在项羽那里只能做个"治粟都尉"，最大的功绩就是做个优秀的粮草官；诸葛亮没有刘备，可能就一辈子"躬耕于南阳"，世上就无《出师表》。所以，人若是太幸运，则不知天高地厚，也不知自己能力究竟有多少，不会去努力地实践；若是太不幸，则终其一生，不去实践，默默无名。再深一步讲，很多失败不是因为能力有限，而是因为没有坚持到底。因此，技能本身就是一个可爱的蓝精灵，有时像明灯，点亮了才有价值；有时像"打不死的小强"，坚持才有意义。

其二，技能的"成"与"败"

德国物理学家爱因斯坦曾感慨："这个可怕的事实已经格外明显：技术已经超越人性。"德国是世界上首屈一指的制造业强国，诞生了2300多个世界名牌，在这期间，工匠精神起了决定性作用，他们信奉的是"手艺是黄金的园地"。技能这个蓝精灵，固然可以成就一个人，但也会毁掉一个人。你是一个什么样的人，是大家最关心的问题，这个问题的解决方法简单而残酷，就是看你做出什么事，通过这件事或者这些事来判断、评估你的能力和素质。这就是单位招聘特别关注成功案例的原因，你说你有经天纬地之才，不是靠嘴说，而是看你的作为。论口才，青年才俊赵括显然比老将廉颇强多了，但他没有战争经历，最后导致40万赵军被坑杀，赵国从此一蹶不振直至亡国。技能也是如此，常胜将军的技能靠战争来彰显，高级厨师的技能靠做菜来证明，这就是技能的"成"。"败"呢，也很简单，就是在实践中的失败，本来有胜算的战争失败了，本来很好的食材做得怪味齐出、不地道，本来是世界名曲却弹得一塌糊涂。英国有句谚语，"什么木匠出什么活"，说的就是这个道理。

其三，技能的"无"与"有"

简单一点讲，技能=技术+能力；通俗一点讲，"家有千金，不如薄技随身”。在现实生活中，我们真正想要的、能奏效的东西，都与技术有关，因为我们已经远离了茹毛饮血的原始社会。技能不是本能，本能是人与生俱来的学习技能的本性力量。在现实社会中，知识，是学来的；能力，是练出来的；能量，是修出来的；智慧，是觉悟出来的。在这个过程中，我们惊异地发现，劳动是具有神奇力量的民间教育学，给我们开辟了教育智慧的新源泉，只有通过有汗水、有强度的劳动，人的心灵才会变得敏感、温柔；通过劳动，人才具有用心灵去认识周围世界的能力；也只能通过劳动，才能让技能实现由“无”到“有”。壳牌企业战略经理盖亚斯说过一句话：“唯一能持久的竞争优势是胜过竞争对手的学习能力。”技能永无止境，这个“有”是一个动态性的发展概念，具体到某一项技术，人“无”我“有”，人“有”我“优”，哪怕就那么一点点，可能就是你核心的竞争力。在科技高度发展的今天，领先一点点就是成功，固然我们反对“单位离了你就不行”的自大自满，但这项技术你干得最好，尤其是比其他竞争对手要高明，你就是单位的核心竞争力。

其四，技能的“升”与“降”

英国历史学家托·富勒有句名言：“技能强于力量。”道理很简单，世界上任何一个大力士都不如千斤顶、塔吊有力量。中国静态的思维习惯总是想盖棺定论式地评断一个人的技能，这很不适合现代市场经济的发展。有的人大学毕业后就不再学习，靠吃老本混日子；有的人做成一件事，就不思进取；有的人学会了一门技术，就想吃一辈子：这些只适应于僵化的时代，不适应高速变革的时代。技术本身就具有万古不变的生命力，成长是它的本质特征。你把握了技能的前沿，万不可一劳永逸，不是你的已有技能会消逝，而是别人的技能会超过你，如此，你的技能就会由“有”到“无”，这残酷却现实。“有”与“无”，“升”与“降”，“优”与“劣”，往往在转瞬之间，你方唱罢我登场，各领风骚就几天，时代潮流浩浩荡荡，永不停歇。技能永远和曾经的付出成正比，谁有超乎常人的精力与工作能力，谁就是天才。

【新思维】

有时候，人往往被现象所迷惑，拨云见日看本质，有没有国家承认的学历其实并不是很重要，重要的是有没有国家承认的技能。

中国过去讲究“手艺是活宝，走遍天下饿不倒”；在新时代，技术更新换代一日千里，手艺的“活”，更要与时俱进。

人，很多时候不要高估自己的技能，更不要低估自己的潜力。技能依附时代而存在，推动时代进步，而潜力是保障技能发展的源泉。

天才就是无止境刻苦勤奋的能力，技能出于勤奋，天才在于积累。

往往，你所运用时间的能力和你的成功成正比。

《三国志·蜀志·向郎传》载："潜心典籍，孜孜不倦。"潜心，就是专心。本文题目"潜'心'思考"，就是提醒大家用心思考并解开技能的神秘面纱，把握技能生长的基本规律，挖掘自己的潜能，让自己始终站在技能开发的前沿，成为职场"常青树"。

再拓展

1. 技能是指个体运用已有的知识经验，通过练习而形成的一定的动作方式或智力活动方式，一般指掌握并能运用专门技术的能力。请你思考技能有哪些本质特征。

2.《周易》载："君子藏器于身，待时而动。"《荀子·劝学》载："锲而舍之，朽木不折；锲而不舍，金石可镂。"请你谈谈中国古代文化对技能培育的启示。

3. 2014年4月29日，习近平总书记冒雨到新疆生产建设兵团银丰现代农业装备股份有限公司调研。在一台精密播种机前，听说研制者是刚当选工程院院士的只有中专学历的陈学庚，总书记说，英雄不问出处，谁是英雄，要在"战场"上见分晓。请你谈谈对这件事的看法。

第七节　悉"心"努力:职场滋润心灵

◎用纯洁的心灵来描绘职业的愿景,用坚强如铁的精神对待工作中的困难,用极度认真的态度对待每一项工作,用积极进取的情怀对待创新活动,用与人为善的道德对待身边的每一个人,久久为功,持之以恒,就会拥有丰盈的心灵、顽强的意志、创新的思维、和善的风格。这个过程本身就是一种磨砺,一种修行。

◎所有的精彩都必须有一个充盈的、丰满的、阳光的心灵,心理不阳光,所有的精彩都黯然失色,没有价值和意义。

◎几乎所有的个人崩溃,都是心理的崩溃;所有的坚强,都是内心的坚强。

【微案例】

他是国家工艺美术大师，多次获得国家级工艺美术比赛金奖，他的作品被收藏于各大珍品馆、博物馆，他是徐文守。

徐文守自小喜欢陶瓷，十几岁便跟随父母从农村来到县城学习陶瓷雕塑，后来又到美院进修，得到了许多大师的指导，能力与心性也不断提升，雕塑的内容，也从简单的花花草草，到复杂庄严的佛像。

从艺近三十年，徐文守有一个始终不曾改变的习惯——在寂静的深夜寻找创作灵感。

有媒体曾经报道，徐文守赋予无言的瓷土以强大生命力，让白瓷变得精美、细腻、灵动。自小钟情于陶瓷雕塑的他，在几十年的创作生涯中，唯有坚持二字可以概括。

他说："我喜欢创作有灵性的作品，但这个创作过程非常艰难。有的作品需要半年，有的则需要两三年。所以，坚持的过程，其实也是自我修行的过程。"

【大讨论】

"心灵手巧"是大家常说的一个词，但心"灵"为什么会手"巧"？手"巧"为什么一定要心"灵"？日本著名实业家、哲学家稻盛和夫的定义是"人生的意义在于磨炼灵魂"。想要做到这一点，职场就成为了绝佳的场所。

其一，人生精彩与心灵饱满

有人说"心灵是其自身命运的主宰"；也有人说"心灵建造了天国，也建造了地狱"。快乐和幸福是人的天然追求，人生的精彩必然实现在人的活动中，有生活上的更有工作上的，工作精彩是生活精彩的基础，生活精彩会促进工作的精彩。所有的精彩都必须有一个充盈的、丰满的、阳光的心灵，心理不阳光，所有的精彩都黯然失色，没有价值和意义。在现实生活中，大多数人想要改造这个世界，却罕有人想改造自己，也就是自己的内心世界。世界上所有对社会做出突出贡献的人，心灵世界必然是丰满、滋润的，这是必然的逻辑。几乎所有的个人崩溃，都是心理的崩溃；所有的坚强，都是内心的坚强。很少有人是累死的，死掉的首先是内心。事实上，身累了，休息一阵总会恢复，而心累了，却很难治愈。很多时候，是心累大于身累，而心累则完全取决于内心的饱满程度，或者说是心理阈值。长寿的人必然心大，习惯钻牛角尖的人心理阈值必然很小。苏洵在《权书·心术》中写道："泰山崩于前而色不变，麋鹿兴于左而目不瞬。”这句话主要表达的是遇事要镇定自若，不受外界影响。王阳明说：“吾尽性至命中完养此身谓之仙，即吾尽性至命中不染世累谓之佛。”而达到“情顺万物而无情，终日有为而心常无为”，则是一种心灵修养的极高境界。心灵固然不能用精彩来界定，但心灵世界的饱满、晶莹、滋润、宽广、纯粹、坚定，却是人生精彩的前提。

其二，心灵滋养与职场培育

如果我们信奉“人之初，性本善”的话，人的内心世界则是一个动态的、不断扩张、不断磨砺的行动系统。孩提时期的滋养，是入门必修课，而职场则更能滋养人的心灵。就像一块铁矿石，烧结与冶炼仅仅是初步的过程，炼钢与精炼才是成为高级钢材的关键过程。有人形象地把职场比作心灵滋养的道场，是很有道理的。任何一项合法的工作，都为社会发展做贡献，社会情怀油然而生；任何工作，都讲纪律规范，心有所戒、心有规矩，行则规范；任何工作，只有拼全力才出好成果，人的潜力才得以开发；任何工作，都需要创新，灵感会在苦苦搜寻中不期而遇；任何工作，都会有奖惩，成就感会滋润人生使其美好。海底捞是国际知名的餐饮企业，其核心价值观是“双手改变命运”，但单纯只做菜的双手顶多是“机械手”。做菜更需要的是用心，同时使用双手和心灵做出的菜才是精品。职业需要心灵支撑，而心灵则要在工作过程中得到滋养和培育。人生需要磨砺，马克思说过一句名言：“生活就像海洋，只有意志坚强的人，才能到达彼岸。”坚强的意志不会从天而降，大多是在火热的职场生活中培育而成。人生的本质就是一种修行，在生活中的修行是基础性的，而职场中的修行则更理智。

其三，心灵纯粹与人生境界

“人不为己，天诛地灭”，解释为“如果人不修身，那么就会为天地所不容”，但现在人们往往从私利的角度去理解。做工作是为自己还是为他人，是人世间争论的焦点话题之一，“为自己”是个体价值，“为他人”是社会意义。个人工作的基本逻辑是服务他人，在服务他人的过程中获取个人的报酬。职场中的“为自己”和“为他人”很难截然分开，当“为他人”的目的成为职业追求，人就会更显得高贵、纯粹。俄国批判现实主义作家列夫·托尔斯泰说：“没有单纯、善良和真实，就没有伟大。”国外民间也有一句俗语：“纯洁的良心比任何东西都可贵。”等下班、等放假、等退休的人，当然一切“为己”，他们在等、在靠、在熬、在混，注定不会做出让人刮目相看的业绩，因为他们的人生的格局太小，为人做事不纯粹。当我们的职场段位到了一定程度，主流思想基本上抛开个人利益的时候，我们主要的价值追求就是身心合一的事业，一切为社会进步而努力。这时，我们的人生格局就无限阔大，视野无限宽广，“会当凌绝顶，一览众山小”，我们就会拼上一切力量，调动一切心智，运用一切智慧去实现它、突破它。当“为他人”成为一种信仰，其本身就会具有无限的力量。毛泽东主席在《纪念白求恩》一文中写道：“我们大家要学习他毫无自私自利之心的精神。从这点出发，就可以变为大有利于人民的人。一个人能力有大小，但只要有这点精神，就是一个高尚的人，一个纯粹的人，一个有道德的人，一个脱离了低级趣味的人，一个有益于人民的人。”

其四，心灵健康与意志磨炼

俗话说：“靠山山会倒，靠水水会流，靠自己永远不倒。”最根本的还是靠自己心灵的强大。苏联著名教育实践家和教育理论家苏霍姆林斯基说：“把自己培养成为人，这是头等重要的事。五年寒窗固然能培养出工程师，但学会做人，则需要一辈子。要培养自己具有人的心灵。”健康的心灵在人的一生中比健康的身体、舒适的生活更重要，身残志坚的比比皆是，心理崩溃的也比比皆是，浮躁抑郁的更比比皆是。心灵的健康，需要了解自己、接纳他人、热爱生活、面对现实、控制情绪、完善性格、勤于动脑、乐观进取，需要在生活和工作中培育和滋养。英国唯物主义哲学家培根说：“经得起各种诱惑和烦恼的考验，才算达到了最完美的心灵健康。”“经得起”就是磨炼，“心灵”就是人在内心的一面镜子，一切行为都是心灵在“主宰”，不当的行为必然表示这面镜子上有了灰尘，这就需要我们去擦拭，即用正确的行为去改正，恢复人性本质的、本来的光辉。《左传》载：“人谁无过，过而能改，善莫大焉。”俗语也说：“浪子回头金不换。”改“行”必先改“心”。健康心灵的滋养无非两个方面：一是坚持正确，二是改过从善。

【新思维】

有人说，职场就是我们的另外一个修行场，而工作本身就是最好的修行。

人生的精彩基于职场，而最终体现在职场。人生的幸福在很大程度上取决于心灵的饱满度，灵动而现实；人生的智慧在最大程度上取决于心理阈值的大小，“白发渔樵江渚上，惯看秋月春风”，没有强大的心理，就没有这种情怀。

在职场中，我们用纯洁的心灵来描绘职业的愿景，用坚强如铁的精神对待工作中的困难,用极度认真的态度对待每一项工作,用积极进取的情怀对待创新活动,用与人为善的道德对待身边的每一个人,久久为功,持之以恒,就会拥有丰盈的心灵、顽强的意志、创新的思维、和善的风格。这个过程本身就是一种磨砺,一种修行。

"形而上"的道的修行,远离世俗生活,往往有玄而又玄的苦涩;"形而下"的器的修行,根植于工作实践,更接近生活的本质。

一个人只要有纯洁而丰盈的心灵,一般无愁无恨,他的青春时期定可因此而延长;而超越个人利益、淡泊名利永远是成功者的专利,对一般人来讲,个人私利才是生存下去的救命稻草。

这是一种修行的境界,对职场人来说,也是如此。

宋司马光《言御臣上殿札子》载:"悉心致力,以治其职。"悉心,指的是尽心、全心。本文题目"悉'心'努力",指的是尽心全心地投入到工作中,就会滋润出充盈、饱满的心灵。

再拓展

1. 心灵,并非灵魂或精神,而是将动物在生物学的层面上与植物区分开来的分界线。有人说,心灵是一个生命场,它是以"场"这样的一种形式与我们的其他器官发生相互作用的;心灵也是一个能量场,它的能量是通过人体对食物的消化吸收后转化而来的,并且,这部分能量只会在履行其自身的功能以及在其成长发育的过程中被消耗掉;心灵更是一个情感场,它通过各方面的情感表现出来,心灵不是捉摸不透的。请你选取实践经历中的有意思的三件事,说说自己的心灵感受。

2.《孟子·离娄下》载:"大人者,不失其赤子之心者也。"王阳明在剿灭宁王叛乱中说过:"此心不动,随机而动;此心妄动,随性而动。"请你查阅资料,研究中国古代社会对"心"的理解。

3. 2013年5月4日,习近平同各界优秀青年代表座谈时讲:"青年时期多经历一点摔打、挫折、考验,有利于走好一生的路。要历练宠辱不惊的心理素质,坚定百折不挠的进取意志,保持乐观向上的精神状态,变挫折为动力,用从挫折中吸取的教训启迪人生,使人生获得升华和超越。"请谈谈对这句话的理解。

第八节　应“心”对待:职业活动与人生目的的辩证关系

职业活动与人生目的的关系,是一个很宏观的大话题,但也是一个往往被忽略的话题,更是一个必须要搞清楚的话题。固然,有些人一直到老,都没有认真地思考过这个话题,也并没有影响他正常的工作与生活,被冠以“芸芸众生”的非理性色彩。理性的生活与工作,就必然要按规律走,就必须尽早地考虑清楚。

【小概念】

◎职业活动

职业是参与社会分工,利用专门的知识和技能,为社会创造物质财富和精神财富,获取合理报酬,作为物质生活来源,并满足精神需求的工作。职业具有社会属性、规范性、功利性、技术性和时代性。职业与人类的需求和职业结构相关,强调社会分工;与职业的内在属性相关,强调利用专门的知识和技能;与社会论理相关,强调创造物质财富和精神财富,获得合理报酬;与个人生活相关,强调物质生活来源,并涉及满足精神生活。

活动是由共同目的联合起来并完成一定社会职能的动作的总和。活动由目的、动机和动作构成,具有完整的结构系统。活动和动作都是以实现预定目的为特征的,但是动作受单一目的的制约,而活动则受一种完整的目的和动机系统的制约,是由一系列动作构成的系统。

职业活动是指劳动者在一定的时空条件下从事职业劳动的行为方式,是人们社会生活中最基本、最普遍、最主要的实践形式,为个人的自由全面发展提供了舞台,同时,也是个人全部才能自由发展的创造性表现。

◎人生目的

人生，就是人类从出生至死亡所经历的过程。人生的根本原理和智慧，是关于人生问题的哲学学说，是人生观的理论形式。它主要探讨人生的目的、价值、意义、态度等。它的功能是让人了解宇宙人生的根本原理和道理，对人们的生活起到指引作用。

目的，通常是指行为主体根据自身的需要，借助意识、观念的中介作用，预先设想的行为目标和结果。作为观念形态，反映了人对客观事物的实践关系。人的实践活动以目的为依据，目的贯穿实践过程的始终。

人生目的一般是指终生一切行为活动的终极目的，包含着（终生的）终极目标、终极目标的主体范围的友爱信仰、最大限度地实现关于自己个人利益的终极目标和其他主体的终极目标的原则以及友爱次序的友爱信仰。

【大讨论】

活动由目的、动机和动作构成。目的和动作比较容易理解，动机是什么？动机就是由目的所引导、激发和维持的内在心理过程或内部动力。也就是说动作是行为，属于知行合一的“行”；动机是心理，属于知行合一的“知”。人类的所有动作，都必须有心理因素做支撑。

下面，我们谈一下职业活动的要素：1. 主体，一定是人，职业人，在以人为本的时代，人力资源已经成为现代产业体系的重要组成部分；2. 客体，职业人认识和实践的对象，可以泛指产品；3. 条件，保证职业活动得以进行的基本环境条件，包括职业资源、职业活动工具、职业活动空间和职业活动时间；4. 素质，所具备的从事某种职业的生理、心理素质，包括身体状况、智力水平、知识储备、技术技能；5. 目标，这个目标一定是预先设定的，实现目标的水平决定了职业活动的质量。

从伦理角度看，制作是职业活动的主要形式，本质上是按照单位的要求，由职业人依据自身的想象付诸一定标准技术的行动，使职业对象（或者题材）形成符合愿景的改变。请注意，制造的题材是可变的、不必然的、不确定的，这样才能彰显出职业人的价值或者德性。由于职业活动的人为因素占据了相当的地位，所以才产生技术大师、发明大师等优秀人物。

职业活动的人为要素差异造成了职业成就的差异，我们的研究重点就在于如何挖掘、培育职业人的良好德性，使之成为一名德技双馨的优秀职业者。

这与人生目的相关联。

由职业活动的目标再来理解人生的目的就容易得多。古代人把眼睛作为"目"，把箭靶的中心确定为"的"，这就是"目的"这个词的来源。这很有意思，"目"一定是自身的，一定蕴含着心理活动，是"想"或者"知"；"的"就是要到达的地点或者境界；中间的过程，就是"行"，就是射箭。射出的箭直中靶心，就是神射手，我们用"百步穿杨""百发百中""箭不虚发"等高尚的词语去赞美；射出的箭远离靶子，脱靶了，我们就说技术能力不行，这就是技能的问题了。

人生目的也是如此，要常常思考，从自身出发，通过自己一生的行动最终要达到什么样的地点或者境界。人生目的存在着正确与否的问题和合理与否的问题，这个问题很宏观，也很有意义。

人生目的决定了人生道路，也就是人生活动的大方向，箭往哪里射，就会有不同的结果，对着野兔射，可能收获到猎物，漫无目的地射，不如"守株待兔"更有意义；人生目的决定了人生态度，有的人"为中华之崛起而读书"，有的人一生总想着破格获取、投机钻营、铤而走险、违法犯罪，臧克家在《有的人》中写道："有的人活着/他已经死了；有的人死了/他还活着。"人生目的决定人生价值标准，正确的人生目的会使人懂得人生价值在于奉献，从而在工作中尽心、尽力、尽责。

人生目的的终极分类还是"为自己"和"为他人"的问题，也就是"小我"和"大我"的问题。从自我的角度考虑，归根结底也就是物质和精神相统一。

人生的目的不会一成不变，它会随着社会实践的深入而发生嬗变。陶渊明早年的人生目的，一定也是当时主流的社会价值观，"修身齐家治国平天下"；官至彭泽县令，则觉得不该"为五斗米折腰"；归隐田园了，他人生的目的不再是“治国平天下”，只想把“修身齐家”发扬光大，这就成就了中国第一位田园诗人。2018年4月25日，第十五届(2018)中国慈善榜在北京发布，阿里巴巴集团董事局主席、马云公益基金会创始人马云荣获年度慈善家称号，创业之初他的人生目的一定不是成为慈善家，而是让企业生存下来。

【新思维】

现象不是问题，做法不是方法，神马根本就不是浮云。拨开浮云看天日，透过现象看本质，人应该理性地看待人生，理性地辩证认识职业活动与人生目的的关系。

其一，人生目的大多通过职业活动来实现

相比较其他文明古国来说，中国的先贤是幸运的，因为他们无论逝去多少年，都还在为社会做着贡献，还在启迪着人类的智慧。纵观人类的历史，不管是孔子、孟子、荀子，还是苏格拉底、柏拉图、亚里士多德，他们的贡献基本上来自职业活动，他们的终极人生目的都在职业活动中实现。胡适先生很有意思，关于人生的目的和意义，他认为，“生命本身没有意义，你能给他什么意义，他就有什么意义”，很辩证。很长时间孔子等人是芸芸众生心目中的精神图腾，他们在世时可能没有勇气让后世子孙顶礼膜拜，他们想到的可能是平凡，但平凡的人生也要明确一下目的。首要的是吃喝拉撒睡等生活来源，这需要职业的贡献；为父母尽孝、为子女尽心等物质保障，这需要职业的贡献。除了世俗生活，人还要有所追求，对社会感恩并有所交代，这都基本上靠职业活动来实现。社会关注的是谭旭光经营的潍柴红红火火，几十年经久不衰，多少年持之以恒地抓主业，为中国制造业作出了突出的贡献，而不关心他的家庭怎样；社会关注的是刘强东创办了京东集团，对“互联网+”的重大贡献，并不太关心他家阳台上的那株西红柿。如果生活的精彩超过了职业的精彩，任何人的精彩都将黯然无光。

其二，职业实践会提升人生目的的境界

有些人往往感慨，走得太远而忘记为什么出发，找不到回家的路。很对，也很矫情，其实心灵安睡处就是家。《三国演义》中的刘备，参军的原始目的肯定不敢设想建立一个王国；建国称帝后的人生目的，也将发生很大的变化。职业生涯既是人生目的的载体，也是培育人生目的的“花圃”，而花匠只有也只能是自己。人人都在追求公平，殊不知时间就是人世间最大的公平，如果能够交易，有人会花费巨额资金来购买，然而做不到。时间就像一台精准的天平，它能称量奋斗者成果的重量，也能改变人的命运和目标。随着时间的推移、阅历的加深、智慧的积累、资源的增多，人生目的就会发生嬗变。人生的愿望在很大程度上，就是把握自己的命运，主宰自己的时间，创造自己的快乐，追求自己的幸福。当源于职业的物质充裕实现后，人的快乐与幸福就要通过另一种方式实现。心有多大，舞台就有多大，事业就有多大，心的变化基于职业活动、作用于职业活动，那就是职业活动的新境界、人生目的的新境界。

其三，职业活动能够让人生“涅槃重生”

丹麦有句不人道的咒语式的谚语：“混日子的生活只是早死而已。”现在社会上有些负能量的人，也在诅咒自己的单位，抱怨“让员工加班的单位是没有人性的”。当人性被定义为非努力，人性就没有了价值。职场中所有的优秀成果，都需要夜以继日地工作作支撑，没有加班是完成不了的，因为有时间在公平地衡量。凤凰涅槃，需要一个艰难的痛苦过程，这才有了浴火重生；温水中煮的青蛙，倒也舒适滋润，结果是在不知不觉中死亡。人生最重要的事情，不在于你现在身处何地，而在于你正在朝着哪个方向走，只要找对路，就不怕路远。人生目的设计的前提是要确定好主体，这个主体就是我们自己，愿意并下定决心改变自己，才有人生目的的现实意义。实际上，没有什么事情比漫无目的的徘徊更可怕，一味地醉心晒出今天的逍遥自在，明天的路还怎么走？如果今天的你还没有任何目标和方向，那么明天的早晨，你用什么理由把自己唤醒？你用什么理由相信自己能改变命运？青年人有着大好的青春时光，毛泽东主席就说过：“世界是你们的，也是我们的，但归根结底是你们的。你们青年人朝气蓬勃，正在兴旺时期，好像早晨八九点钟的太阳。希望寄托在你们身上。”青年只要朝着大目标前进，时代巨轮就会转动，而职业活动就是这艘时代巨轮，踏上这艘巨轮，人生就会实现“凤凰涅槃”。

其四，职业实践让心灵更充盈

我们不认为整天游手好闲、无所事事、不务正业的人是幸福的，无聊和懒本质就是心灵空虚的代名词。有时候，我们会觉得较长时间里拼命干项目的时候，虽然有些累，但充实而快乐，滋润而幸福，因为这段时间是实践生命的完美期。结果是让人感慨，过程却更让人感动，世界上还有比感动自己更让人幸福的事情吗？“醉里挑灯看剑，梦回吹角连营”，想到的是“马作的卢飞快，弓如霹雳弦惊”；“更喜岷山千里雪，三军过后尽开颜”是快乐，“金沙水拍云崖暖，大渡桥横铁索寒”是感慨与豪迈。事实上，只有向自己提出伟大理想，并以自己全部的力量为之奋斗的人，才是最幸福的。历史往往把那些为了宏大的目标而工作，因而使自己变得高尚的人看作伟大的人，也是幸福的人。幸福是一种感受，源于内心的充盈与滋润，这就必须要求首先把内心充盈起来，不充盈就空虚，一个长期内心空虚的人，怎么能找到活着的价值和意义？

《庄子·天道》载：“不徐不疾，得之于手，而应于心。”应心，指的是随心所欲。本文题目“应‘心’对待”，旨在提醒职业者从心灵深处辩证职业活动与人生目的的关系。

第二章　职业价值与生命意义

◎一个成年人，一个独立的人，一个顶天立地的人，安身立命的根本是什么？人为什么必须要拥有一份职业？职业除了薪酬还能给予人什么？职业对于人的生命有哪些意义和价值？这些都是一名职业人必须要思考的问题。

◎我们终归要长大，带着一种无怨无悔的心情悄悄地长大。我们终究要成长，无比坚强地茁壮成长。年龄不是成长的标志，"巨婴"不是我们要的人生，生命的意义在于超越生命的长度、心灵的宽度、灵魂的深度，职业岗位就是擦亮人生的第一"道场"。

◎每个人的职业生涯起航，都是为了简单的温饱问题，而一路走来，慢慢发现生命在慢慢地舒展，生命的意义在不断地扩大，直到有一天他惊讶地发现除了温饱，生命还有更深刻的意义，但为了温饱的日子是最难以忘怀的，这是生命的基础。

◎积极的人在每一次忧患中都看到一个机会，而消极的人则在每个机会面前都看到某种忧患。在一个个业绩面前，在一个个奇迹面前，人的潜力得到极大的发挥，生命的意义就会不断地被扩大。

第一节 本“心”良善:人性光芒高万丈

◎平心静气地想一想,活动不但是生命的本质特征,更是生命的价值和意义。有活动,能活动,才算活着;不活动,就没有生命的意义。小活动,小价值;大活动,大价值:这就是“活动之本”。

◎宠物狗的形成并非狗的本性,只是人的需求,所以养一只宠物狗并不能代表就有了爱心,还有可能是控制欲。以人类自身的需求出发,去观察和评价,万物就有了善恶或者价值。

◎世界上任何的科学都可以用程序来表达,唯有人的命运不能机械地安排,因为人的心灵的丰富性、人的发展的多样性、人的理性的个性化,如此种种才组成了大千世界,才有了无奇不有,才有了“咸鱼大翻身”,才有了逆转的人生命运。

【微案例】

肖某2006年9月入职北京某科技有限公司，在食堂工作。2016年5月20日，公司领导接到员工举报，举报肖某在2016年1月13日用公司食堂洗菜盆清洗经期内衣裤。后公司经调查确认了此事，肖某对此也予以认可。

事件发生后，在公司引发恶劣影响，数名员工因此事前往医院进行身体检查，几十名员工写联名信要求彻查此事并开除肖某，公司食堂连续十多天无人用餐，公司只能临时给员工订餐来弥补肖某造成的影响。

公司认为，肖某在公司食堂工作多年，理应知晓食品卫生管理制度，其行为超出常人理解范围。鉴于上述多种原因，公司领导为了避免造成更大的负面影响，经讨论研究将肖某开除。

肖某不服，提起劳动仲裁，要求公司支付违法解除劳动合同赔偿金。仲裁委以公司未提供规章制度依据为由认定公司解除劳动合同系违法解除，裁决公司支付肖某违法解除劳动合同赔偿金7万余元。

公司不服仲裁裁决结果，将肖某起诉至法院，请求法院判决公司无需支付违法解除劳动合同赔偿金。

你认为法院该如何判决呢?

【大讨论】

这是个很敏感的案例，涉及企业管理、职业道德、社会伦理等方面，归根结底就是人性的问题。不管法院如何裁决，肖某彻底失去了这个职位，因为她惹了众怒，触犯了人性的底线。

其一，人性之根与活动之本

人性自古以来就是永恒的话题，是在一定的社会制度和历史条件下形成的人的品性。也可以解释为人类天生就具有的为人处世的共同属性，人所具有的或应有的区别于其他动物的属性。人与植物的相同之处在于营养与发育，与动物的相同之处在于感觉与活动，而与它们的不同之处在于人的活动是与心灵相呼应的、有理性的活动与实践，在于理性地实践自己的生命活动，在于人的主观能动性，而不仅仅局限于动植物的功能性。换言之，有理性的活动，基本上可定义为“人性之根”。在里约奥运女子100米仰泳半决赛中，中国选手傅园慧接受采访时说:“我已经用了洪荒之力。”她的话得到了广大网友的一致认同，也揭示了活动的本质意义，不活动就没有“洪荒之力”。所有的人类活动均具有三个性质,一是合目的性,二是理性,三是可选择性。“不劳动者不得食”曾经是一个非常响亮的口号,流行了很长时间,不管这句话是否偏颇,都揭示了人类活动的原则。平心静气地想一想,活动不但是生命的本质特征,更是生命的价值和意义。有活动,能活动,才算活着;不活动,就没有生命的意义。小活动,小价值;大活动,大价值:这就是“活动之本”。英国政治家和文学家切斯特菲尔德曾经说“虽然表现的方式和习惯有所不同,但人的本性都是一样的”,大抵如此。

其二,人性善与人性恶

马克思曾经说:“我是个人,凡是合乎人性的东西,我都觉得亲切。”所谓人性善恶争论是人类在行为心理上以利他为本还是以利己为本的争论,孟子主张性善论,荀子主张性恶论,告子主张性无善无恶论,扬雄主张性有善有恶论,如此等等,基本贯穿了整个中国社会的伦理发展史。美国小说家霍桑的“人的本性中决无行善或作恶的所谓坚定不移的决心,除非在断头台上”,也有道理。从人的活动的本质去思考,会有不同的理解。生物因活动而存在,以人的目的为善恶。植物本能地生长总体上是美好的,我们盼望着一望无垠的大沙漠都长满草,成为绿洲,但野草长在庄稼地里就是一件令人很讨厌的事情,必须除掉。水稻是美好的,但产量太低就不好了,所以出现了伟大的袁隆平;漫长的冬天没有新鲜的蔬菜,不能满足人们对美好生活的向往,山东寿光农民的反季节蔬菜大棚就成了很美好的东西。动物总体上是好的东西,猎杀到一头野猪挺好,让野猪咬去猎人的一只耳朵就不好。动物不仅为人所食,还要帮助人干活,才是好动物,于是马、驴、牛就被驯服、驯化,宠物狗的形成并非狗的本性,只是人的需求,所以养一只宠物狗并不能代表就有了爱心,还有可能是控制欲。以人类自身的需求出发,去观察和评价,万物就有了善恶或者价值。从“人之初”角度看,“恶”产生于利益的分配,利益的创造需要人的活动,所以“做蛋糕”永远比“分蛋糕”更重要。

其三,人性定理与目的导引

人性定理是指主体人自我肯定的原理,具有自我意识、自我决策、自我肯定、自我中心、欲望无限、自我异化等内涵。这一定理可以简单地概括为一句话:“任何一个健康的人的任何一个行为,都是服务于他自己的目的的。”德国哲学家康德说:“人就是现世上创造的最终目的,因为人乃是世上独一无二地存在着能够形成目的的概念,是能够从一大堆有目的而形成的东西中,借助于他的理性,而构成目的的一个体系。”换句话说就是,人的生命过程就是人的目的,人的一生就是理性地实践自己生命的过程。为此,他又做出解释:“人,实则一切有理性者,所以存在,是由于自身是个目的,并不是只供这个或那个意志利用的工具。”人性定理不管从积极的角度还是消极的角度去理解,关键看人生目的的正确与否与坚持与否。另一位德国哲学家黑格尔的观点是:“他是他自己本身的目的,他自身中有一种无限的价值、一种永恒的使命。”《论语》载:“士不可以不弘毅,任重而道远。仁以为己任,不亦重乎? 死而后已,不亦远乎?”这也是一种使命,一种人生目的的导引。

其四,人性发挥与职业贡献

德国哲学家、法学家费尔巴哈说过一句耐人寻味的话:“人是人的作品,是文化、历史的产物。”这当然需要在活动中体现。人的活动,潜力无限、智慧无边、贡献无量。狼的厉害,顶多是当个头狼,最大功绩顶多就是领着属下攻击几头牦牛,大快朵颐;老虎原先是森林之王,可以和武松、李逵等人摔跤,现在只能被关进铁笼子里与游人大眼瞪小眼。人的潜力、人的能量有多大? 看过万里长城的人都会感慨,看过金字塔的人都会赞叹,能上天,能下海,能入地,嫦娥奔月、精卫填海、夸父逐日等人类远古传说,都变成了现实。在科学技术高度发达的今天,我们充分地认识到了人的潜力、人的智慧、人的理性。如果说袁隆平小时候就想着当“世界杂交水稻之父”,马云小时候就想着创办阿里巴巴集团,莫言小时候就想着获得诺贝尔文学奖,基本上是“天方夜谭”“白日做梦”,但在人的无限潜力和伟大智慧面前,一切皆有可能。这就是人性的伟大之处,这就是人的本能的完美诠释,这就是我们伟大的人类。人的发展,有着无限的可能。中国历史上,出现过一个放牛娃,走投无路后又当了小和尚,后来他却成了大明王朝的开国皇帝,历史能这样安排“剧情”吗? 太狗血了吧! 但却是真实的历史。中国传统文化有时太可爱了,“王侯将相宁有种乎”,要知道在漫长的封建社会,都是讲世袭的,“龙生龙凤生凤,老鼠的儿子会打洞”。历史有时总是惊人地相似,汉高祖刘邦原先就是沛县泗水的亭长,纯粹就是一“派出所所长”,但最终却成长为西汉王朝的开国皇帝,开启了大汉王朝的历程。世界上任何的科学都可以用程序来表达,唯有人的命运不能机械地安排,因为人的心灵的丰富性、人的发展的多样性、人的理性的个性化,如此种种才组成了大千世界,才有了无奇不有,才有了“咸鱼大翻身”,才有了逆转的人生命运。

【新思维】

人性,并不仅仅只有“贪嗔痴”,起码不准确,甚至直接可以说是错误的。

从世间万物的本源出发,从生物的本质出发,从动物的本能出发,从人与动能的区别出发,我们惊愕地发现,“性本善”和“性本恶”不是人性的原始和终极的人性。

人性的本质在于有目的、有理性地活动,这些活动是人生的本源,而“性本善”和“性本恶”是人为的一种价值判断。

“恶”的出现只在于利益的分配,没有活动的价值,分配就无从谈起,“分蛋糕”必须先要做好蛋糕;只在纠结“善”与“恶”而忘记了人性的本来,本身就是“恶”;努力地进行创造性的活动,并创造了价值,才是伟大而崇高的人性。

生长在伟大的改革开放时代,梦想成真的可能性无限扩大。这个时代不在乎你的起点有多低,不在乎你的基础有多差,不在乎你的学历文凭有多低。只要你遵循人类活动的本质规律,只要你的内心足够坚强,只要你的目标足够坚定,只要你持之以恒、坚持不懈,一定会实现你的梦想,因为你有顽强的生物本能,你有高贵丰满的心灵,你有独一无二的人性光芒。

《后汉书·王符传》载:“虽有明察之资,仁义之志,一旦富贵,则背亲捐旧,丧其本心。”本心,指天性,天良。本文题目“本‘心’良善”,旨在提醒各位职业者,从人性的本源来说,你的心灵本质上就是善良光明的,万不可自我异化或者迷障。

再拓展

1. 人性一般是指人的本质心理属性,也就是人之所以为人的那一部分属性,是人与其他动物相区别的属性。你认为你人性的高贵的内容有哪些?

2. 春秋战国时期,孟子主张“人性本善”,荀子主张“人性本恶”,几千年来,芸芸众生对此争论不休,结合你的生活实践思考一下你的主张。

3. 2018年3月7日,习近平总书记在全国两会期间参加广东代表团审议时指出:“家庭人伦等值得珍惜的东西,在城镇化过程中,在农民进城的大迁徙中受到了冲击。这个冲击不可避免,但在这个过程中不能泯灭良知人性。”请谈谈对这句话的理解。

第二节　持“心”思索:职业精彩盖天下

◎神马都可以是浮云,唯有职业最真实。人们往往只关注了历史名人的成就,却忽略了名人赖以生存的职业。

◎职业与生命息息相关、血肉相连,失去职业的生命非但没有价值,谈不上意义,更谈不上幸福与快乐。

◎财富不是罪恶,资源没有过错,对与错的区别在于获取财富和资源的正当性。

【微案例】

潍柴集团的李英杰是技工学校的毕业生。

他1986年入厂，在机修钳工岗位上一干就是30多年，因为爱岗敬业、好学能干，入厂10个月就出徒，一举成名，主修X52K铣床。

在工作过程中，李英杰从不抱怨自己的学历低，坚持在工作中学习，在学习中工作，在工作中探索研究，他曾对上百项生产工艺进行了革新，其自主研制的二气门柴油机气缸盖导管自动压装机获山东省机械行业技术创新大赛二等奖，柴油机气缸盖导管孔自动铰装置设计制造获山东省机械行业技术创新大赛二等奖，柴油机曲轴、曲轴箱实现机器人智能化装配获山东省机械行业技术创新大赛三等奖……总的来说，他荣获过十几项省级创新奖，获得过多项专利，发明过三大高端制造设备，他主持设计制造的自动化设备多达十余台，为潍柴发展作出了积极的贡献。

近5年来，他带出9名技艺出众的徒弟，其中5人已晋升为技师，4人晋升为助理技师。自2013年起，李英杰还担任企业内训师，亲自设计制作培训课件3个，专门用来培训公司一线操作者、技术支持人员等，为潍柴培育了大批技术人才。

如今，这位技校毕业生已经成长为“山东省机械行业首席技师”“山东省机械行业优秀科技工作者”，在促进企业发展进步中实现了自己的人生价值。

【大讨论】

翻开人类发展的历史，我们不应该忽略一个基本的事实，就是绝大部分人类的进步、生产的发展、科技的创新、文化的繁荣基本上都是职业行为，起码与职业有关联。离开了职业活动，人类将不会进步，个人也将面对腐败的人生。

其一，职业实践与生命活动

作为一个人的存在，就要在活动上区别于其他一切生物体，不能仅仅吃喝拉撒睡，这些活动是功能性的，这是活着的基础，不是活着的精彩。自己不去获取生活资源，满足或者支撑功能性活动，就需要别人的帮助才能活下去，譬如不能工作的未成年人、老年人、病人、残疾人。人一出现，职业就应运而生，不管是狩猎还是采集野果，他们都是靠理性、靠思想、靠技艺获取生活资源。生命活动在于实践性，生命活动的终极目的在于获取人生的幸福和快乐，对绝大多数人来说，职业是唯一的道路，别无他途。有人说，"采菊东篱下"的陶渊明不是生活得很滋润吗？但本质上他的职业是农夫。国外的牧师、国内的修道之人似乎远离世俗生活，但他们的职业性和服务性却相当地明显。没有贡献价值，没有生活保障的人生是不能受到世人认可的。中国俗语"不怕事难，就怕人懒""双手是活宝，一世用不了""不怕天寒地冻，就怕手脚不动""冷天不冻下力汉，黄土不亏勤劳人"说明的就是这个道理。人活着的目的就在于实践自己，在生命的活动中创造价值，从而实现自身的价值，而自身社会价值的体现基本上靠职业活动来实现。职业与生命息息相关、血肉相连，失去职业的生命非但没有价值，谈不上意义，更谈不上幸福与快乐。

其二，职业活动与财富积累

财富不是罪恶，资源没有过错，对与错的区别在于获取财富和资源的正当性。应该说，自从人类诞生以来，财富就成为人们趋之若鹜的目标，当然，财富与生活资源相连才有价值。千百年来，富国强民、小康社会、藏富于民，都以财富为基础。试想一下，社会财富的获得、增长，哪些属于非职业行为？中华人民共和国成立，尤其是改革开放以来，中国经济得到突飞猛进的增长，综合国力取得长足的发展，靠的是什么？这是一代又一代的职业人辛勤工作取得的辉煌业绩。这其中，包括农民、工人，包括背井离乡闯荡社会的"农民工"，也包括起早贪黑的"小商小贩"。回顾这段历史，我们认为所有遵纪守法的职业行为都是值得尊重的，这是所有职业人的荣耀和价值。

其三，职业平台与人类进步

我们看历史，可能喜欢帝王将相的故事，本质上说帝王将相也是一种职业行为。陈胜、吴广、刘邦、朱元璋揭竿而起为自己找了一份职业，商鞅、王安石、晏婴、管仲、诸葛亮通过才华为自己找到了一份替别人打工的职业，在波澜壮阔的社会发展大潮中，他们要么攻城略地、血战沙场，要么老成谋国、进行社会变革，他们从根本上都是在工作，在工作中实现自己的社会梦想和人生价值。所有的政治家、军事家、改革家都是职业实践派。在这里要辩证一下职业平台与自身发展的关系，譬如管仲，孔子如此评价："管仲相桓公，霸诸侯，一匡天下，民到于今受其赐。微管仲，吾其被发左衽矣。"意思是说，管仲作了齐桓公的相国，使齐桓公称霸于诸侯，天下的人都听命于他，现在的人们都能得到他的恩赐。如果没有管仲，我们中原人都要变成披发与左扣衣襟的夷狄了。孔子对管仲的评价如此之高，但如果没有齐桓公的聘任，管仲一生很可能就“泯然众人矣”，甚至被作为囚徒处死。商鞅也是如此，没有秦国这个大舞台，他很可能不会在历史的长河中泛起浪花。

其四，职业贡献与文明发展

读古代的故事，有时候总觉得那个时代的人很傻很天真，顿时有些居高临下的智商优越感。如今有些人喜欢玩“穿越”，如果现在的人真的能够“穿越”到春秋战国时期，即使到清王朝，一半以上的人可能成为那个时代的“圣人”，或者当个小富商是绝对有可能了，除非得了“抑郁症”。因为当代人掌握的科学、知识、技术、文化已经远远高过那个时期，连慈禧太后都没有见过联想电脑。一个初中学生足以与墨子探讨一下“小孔成像”的原理，单单这一个知识，就远远超过那个时期，在这其中职业行为发挥了主导性、基础性的作用。智商的发育不会从天而降，而是在丰富的社会实践中逐步地培育成的。过去，我们学习历史人物，往往关注的是他的社会贡献、典籍经书，却忽略了他的职业特征。主张“有教无类”的孔子说：“自行束修以上，吾未尝无诲焉。”束修是什么？古代学生与老师初见面时，必先奉赠礼物，表示敬意，被称为“束修”，修，就是肉脯，束是个量词，一般是十条左右，也就是说，学生入学要主动献上十条肉脯，也就是学费；没有这些肉脯，老夫子就要整天地饿着肚子“诲人不倦”，又哪有财力修订《诗》《书》《礼》《乐》《易》《春秋》六经？梳理一下，古今中外具有重大贡献的思想家、文学家、哲学家、科学家，其成就基本上都是与职业行为有关，要么全职要么兼职。鲁迅笔下的孔乙己算是个搞学问的人，“听人家背地里谈论，孔乙己原来也读过书，但终于没有进学，又不会营生；于是愈过愈穷，弄到将要讨饭了”。理想太丰满，现实有些骨感，这样一个顽固不化的人也不能免俗，“幸而写得一笔好字，便替人家抄抄书，换一碗饭吃”，这就是他的职业。

《后汉书·韦彪传》载：“忠孝之人，持心近厚，锻炼之吏，持心近薄。”持心，谓处事所抱的态度。本文题目“持‘心’思索”，提醒职业者要捧着自己的良心思考职业的价值与意义。

【新思维】

神马都可以是浮云，唯有职业最真实。人们往往只关注了历史名人的成就，却忽略了名人赖以生存的职业。

名人也是人，只有吃得饱穿得暖，才能安享冷暖人生，才能施展抱负，有所成就。

职业的伟大，在于它除了实现人类功能性的活动外，还开启了群体认可的社会实践、发明创造，极大地丰富了人类的社会实践。

职业的普遍意义在于，让所有人在追求自己的梦想、快乐、幸福中挖掘潜力、激扬智慧、丰富人生，促进社会发展与进步。

职业的本质从来就不是罪恶，是幸福人生的重要组成部分。

历史是人民创造的。经济社会的发展，不仅需要顶端的科学家，也需要像潍柴李英杰这样的基层技术工人。只要是认真工作的人，都值得被尊重；只要在工作中敢于创新有所成就的人，都是社会发展的功勋人物。

再拓展

1. 职业是指从业人员为获取主要生活来源而从事的社会性工作类别。请仔细观察身边的各种各样的职业者，他们当中有哪些共同的优秀品质？

2. 在中国封建社会，皇帝一般每年都要举行“劝民农桑”的仪式，皇帝本人示范，亲自耕田。史书记载，这种文化传统最早可以追溯到伏羲时期；《史记》中记载，周武王每年也都会郑重其事地举行“亲耕”仪式；清朝雍正帝在位时，设了一个“一亩园”，就是由皇帝亲自耕种的一亩地。请从职业的社会意义分析这种文化现象。

3. 2013 年 4 月 28 日，习近平来到全国总工会机关，同全国劳动模范代表座谈并发表重要讲话时指出：“劳动是财富的源泉，也是幸福的源泉。人世间的美好梦想，只有通过诚实劳动才能实现；发展中的各种难题，只有通过诚实劳动才能破解；生命里的一切辉煌，只有通过诚实劳动才能铸就。”请谈谈对这句话的理解。

第三节 扪“心”自问：职业是安身立命之本

◎人的成熟度不能简单地用年龄来衡量，有些人心中总有一个“太子”“公主”梦，一直拒绝成长，一直长不大，40岁了还是一个“巨婴”，心理不成熟，经济不独立，没有自我生存能力。这种腐朽的人生，必然被主流社会淘汰。

◎人的精神不会凭空而来，从天而降，它需要在社会生活中磨砺。这些磨砺的机会和平台就在自己的生命活动中。

◎安身立命就是一个基础，一个必然的阶段，更是一块“试金石”。没有这个基础，人生的发展就是无源之水、无根之木，必然要跌一个大跟头，有的甚至永远也不能再爬起来。

【微案例】

有这样一个人。

少年时的他最喜欢的是舞蹈，渴望能成为一名优秀的舞蹈家。可是，因为家里很穷，父母根本拿不出钱来让他去专门的舞蹈学校学习，只能让他去一家裁缝店当学徒工。

他一点也不喜欢做裁缝，觉得这样下去是在耗费自己的生命，他为无法实现自己的理想而痛苦。

有一天，他突然想起了无比崇拜的一位舞蹈家，觉得只有这位舞蹈家能理解他热爱舞蹈艺术的心情，于是，他满怀希望地给那位舞蹈家写了一封信，希望对方能收他做学生。

3天后，他收到了舞蹈家的回信，可是，打开信一看，舞蹈家并没有说要收他做学生，而是告诉他，自己小时候的理想是做一名伟大的科学家，可是，因为家境贫寒，只好跟随一名街头卖唱的艺人四处卖唱。舞蹈家说："人活在世上，理想往往和现实之间有着很大的距离，但是，人首先要选择生存，只有先让自己生存下来，才会有机会去实现自己的理想，不能生存的人是没有资格谈论理想的。"

舞蹈家的回信深深震撼了他。

从此，他在裁缝店里勤奋学习各种缝纫和裁剪技术，在20多岁的时候，他在法国的时装之都巴黎开始向时装业进军，并成立了自己的时装公司，打出了自己的时装品牌。因为他的时装设计新颖，制作精良，很快就享誉世界。

他就是世界时装大师皮尔·卡丹。

他如今成就惊人，但他始终无法忘记那位舞蹈家的话："人首先要选择生存，只有先让自己生存下来，才会有机会去实现自己的理想。"

【大讨论】

梦想只有关照现实才有价值，不然只能"香菇蓝瘦"。一个没有自我生存能力的人，实现一个宏大的梦想几乎没有可能，下面我们从个人的安身立命说起。

其一，人生极致与柴米油盐

电视剧《闯关东》有个情节，船到大连因为战时不能靠岸，已经连续好多天了，夏老板随身带的金钱彻底失去了价值，小传杰给夏老板的一块煎饼，救了他一条命。中华人民共和国成立前，常常出现一筐萝卜换一个媳妇的荒诞故事，在那个物质资源极度匮乏的时代，一分钱难倒英雄汉的故事数见不鲜，小说中秦琼卖马、杨志卖刀就是现实生活的真实反映。在连续饥饿的年代，“饿死事小，失节事大”很苍白，事实上谁能让老百姓吃饱饭过上好日子，谁就是好人，这是个简单的逻辑。今天，我们进入小康时代、高等教育大众化时代、大众旅游时代，这都基于物质文明高度发达这个基础现实。重要的问题往往都是最根本的问题，最根本的问题就是柴米油盐酱醋茶。对刚刚成长起来的一代人来说，有时候容易形成一种错觉，他们认为现实生活就是从小吃得饱穿得暖、衣来伸手饭来张口、大手大脚花钱，这对他们是天经地义的事情，是父母家人的天然义务。这当然是社会的进步，但也往往让人忽视生活中最本质的东西，也就是这些财富资源从哪里来，自己应该怎样对待这些财富资源，自己的未来与财富资源是什么样的逻辑关系。

其二，自强自立与自我生存

《周易》载：“天行健，君子以自强不息；地势坤，君子以厚德载物。”世界上每个人在成年后基本上都想着自强自立，都不想过仰人鼻息的生活，这个“仰”的人不管是父母、哥姐、亲戚，还是救济你的社会机构。现在的孩子习惯玩个性，显然是一种社会进步，但这种个性能“走”多远，不好说，因为个性的巩固与丰满需要有一定的物质基础，饿上三天什么样的个性也会荡然无存。有的“富二代”可能不服气，认为自己爸妈有钱，足够自己挥洒激情，但要知道不是自己挣来的用的时候底气永远不足。当前社会上有一种“啃老族”的现象，自己父母有点地产有点财富，就不思进取，房子住父母的，孩子由父母养，自己任意挥洒青春，游手好闲，这种生活有多少的可持续性？人的成熟度不能简单地用年龄来衡量，有些人心中总有一个“太子”“公主”梦，一直拒绝成长，一直长不大，40岁了还是一个“巨婴”，心理不成熟，经济不独立，没有自我生存能力。这种腐朽的人生，必然被主流社会淘汰。

其三，个人生存与事业发展

人的惯性思维关注的往往是成功的光环，而不是成长或者发展的“底色”，个人生存能力不仅是一般职业人的基础，更是成功人士的基石。翻开战国时期秦国的历史，我们会发现一个特殊的现象，在诸侯争霸的关键时期，秦国的大多国君都具有极强的个人生存能力，秦献公从10岁开始经历29年的流亡生涯，回国继位后在秦国国内进行改革，为秦孝公时期的商鞅变法奠定了基础；秦孝公在随父母流浪时，养成了坚忍不拔的意志，他以霹雳手段启用商鞅变法，为秦统一中国奠定了基础；秦惠文王在太子时，一度触犯了禁条，被放逐山林多年，也养成极强的生存能力和强大的内心世界，当政期间，北扫义渠，西平巴蜀，东出函谷，南下商於，为秦统一中国打下坚实基础；秦昭襄王，早年在燕国做人质，也是历经磨难，在位时，秦国猛烈扩张，发动长平之战，奠定了秦统一战争的胜利基础。相反，同时期的其他强国的国君基本上都是在王宫里长大，锦衣玉食，娇生惯养，缺乏人生磨砺，很难养成坚忍不拔的意志和完善的人格，被灭国也就成了历史的必然。

其四，职业道场与精神培育

“宝剑锋从磨砺出，梅花香自苦寒来”，这句诗说的是要想拥有珍贵品质或美好才华是需要不断地努力、修炼，克服一定的困难才能达到的。人的精神不会凭空而来，从天而降，它需要在社会生活中磨砺。这些磨砺的机会和平台就在自己的生命活动中，它包括亲戚朋友间的迎来送往，恋人间的卿卿我我，但更重要的是在职业活动中。在职业活动中，全身心地投入，就培养了自己专注精进的精神；做出有竞争力的工作方案，就培养了自己敢于创新的精神；与同事协同做一个项目，就培养了自己的团队精神；如此等等。鉴于职业对生活的重要的基础性作用，且时间投入得多，精力投入得大，职业就成了个人精神修养的最大道场。

【新思维】

每个人都想成就一番大事业，扬名立万，流芳百世，这是积极的人生态度。但成功不可能一蹴而就，它需要有个过程，需要慢慢地积累，稳步地进行。

安身立命就是一个基础，一个必然的阶段，更是一块“试金石”。没有这个基础，人生的发展就是无源之水、无根之木，必然要跌一个大跟头，有的甚至永远也不能再爬起来。让人担心的是，在这个过程中，有些人总是想着走捷径，幻想“空手套白狼”，这是违背社会发展规律的。

如果有上苍，她会公平地对待每个人的付出，绝不会有任何的偏私。拿自己的命运“押宝”的人，就极大地玷污了自己的生命。机会是有的，但只会眷顾有准备的人。

人生起步的小目标完全可以比“一个亿”更小再小，只要能自己养活自己，就能安身立命。安身立命作为成人的一大标志，具备了成年人的基本条件。

当然，不会是每个人都能扬名立万的，但只要能安身立命，慢慢地发展，就会成就一个完美的人生。

保住根本，完美自身，再图发展。如果自我放弃安身立命的根本，好高骛远，那一切都会成为"水中月，镜中花"。

北齐颜之推《神仙》载："镜中不相识，扪心徒自怜。"扪心，指抚摸胸口，表示反省。北宋宋祁《学舍昼上》载："扪心自问何功德，五管支离治繲人。"扪心自问，用手抚摸着胸口向自己发问，表示自我反省。其实抚摸的不是胸，而是自己的良心。本文题目"扪'心'自问"，指的是基于自己的良心，来思考职业的价值。

再拓展

1. 安身：在某地居住和生活。立命：精神有所寄托。安身立命：指生活有着落，精神有所寄托。请你结合自身发展的实际，谈谈安身立命对个人发展的重要意义。

2.《景德传灯录》载："僧问：学人不据地时如何？师云：汝向什么处安身立命？"《论语·为政》载："吾十有五而志于学，三十而立，四十而不惑，五十而知天命。"在经济社会高速发展的新时代，青年人应该怎样安身？如何立命？

3. 2013年10月23日，习近平在十八届中央政治局第七次集体学习时讲："实现中国梦，最终要靠全体人民辛勤劳动，天上不会掉馅饼！特别是要加强对广大青少年的教育，让他们从小就树立起辛勤劳动、诚实劳动、创造性劳动的观念，不要养成贪吃懒做、好逸恶劳、游手好闲、投机取巧、坐享其成等错误观念。这是真正关系我们民族发展的一个长远大计，一定要抓住。"请谈谈对这段话的理解。

第四节 问“心”无愧:要做家庭的栋梁

◎你不可以选择容貌,但你可以选择用心灵修饰容貌;你不可以选择家庭,但你可以选择用奋斗改变家庭。人这一辈子,真正的成功或许就是家庭幸福。

◎中国孩子精神背负很重,主要是父母为自己付出的太多,不管你用什么“理所当然”的理由来排解,父母的付出在自己成长的每一步、每一天、每一时、每一刻都真切地存在,并深深地烙印在自己的心灵深处,形成一个巨大的精神图腾。中国人可以不相信上帝、佛祖,但无不滋润在母爱父爱的温暖中,这是一种终极的人文关怀。

◎ 一个整天混日子混工作的人,怎么有底气要求孩子努力学习呢? 一个整天怨天尤人的人,孩子的心里怎么能阳光灿烂呢?

【微案例】

重庆市城口县双河乡硝水坝村的李隆万，是个70后的农二代，高中毕业后一直辗转于各地矿山务工。

李隆万23岁成家，养育两个女儿，后来妻子患“甲状腺功能低下”，久治不愈，欠债17万元，成了村里的“建卡贫困户”。

当时，李隆万干的是低端工作，月工资2000多元，很难应对上有老、下有小、妻子生病的家庭重担。

家庭的责任让他背起行囊再次外出打工，这次的工作单位是中铁16局，负责公路工程试验检测。

虽然工资还是2000多，但他背负着家庭的巨大责任，埋头苦干，苦练技术。尽管工作辛苦，他还是参加了执业资格考试培训，考取了公路工程试验检测师职业资格。之后，他便应聘到重庆腾顺路桥工程有限公司，当了一名公路试验检测工程师。在工作期间，李隆万又考取了中级工程师职称、专职安全生产管理员证书等，由打工仔一跃成为工程师。

有了这些，李隆万的月工资提升到了5000多元，成了村里“第一批”脱贫户，甚至被大家评为“脱贫光荣户”。

【大讨论】

有些话题不被主流文化所重视，但在中国世俗文化中、精神世界里占据着重要的地位。2010年2月21日，在温哥华冬奥会短道速滑女子1500米决赛中，唯一进入决赛的中国选手周洋以2分16秒93打破奥运会纪录夺得冠军，赛后当记者问“奥运会冠军对你意味着什么”时，周洋回答：“获得这枚金牌以后，可能会改变很多，以后会更有信心，也会让我爸妈生活得更好。”这句话，不做作，不虚伪，实实在在，真实感人。一个人只有首先珍爱自己、挚爱家庭，才有可能是一个有益于社会、奉献于国家的人。周洋的真话里有大境界，还有什么是比改变自己、改变家庭更让人产生动力的呢？

其一，家庭伦理与精神家园

美国著名社会学家古德说：“家庭是一项社会发明，其任务是将生物人转化为社会人。”中国传统文化讲究“修身齐家治国平天下”，要做好人，首要的是完善自己的家庭，然后再是“治国平天下”。虽然传统的三纲五常已经被时代抛弃，但“家为本”的文化却保持着持久的生命力，历久弥新，成为当代中国人的精神家园和奋斗的源泉。虽然现代社会反对把父母作为天然的“债权人”，而是要看成自己的义务，但让年迈的父母过上幸福的生活总是人的朴素情怀。“家为本”是指家庭是中国人立言立德、建功立业的出发点。中国自古以来就倡导“老有所终，幼有所养”，形成了尊老爱幼的优良传统。父母对子女的爱，是伟大的、无私的，尤其是在教育子女方面，父母总是倾注了全部的心血。感恩，不是父母家人需要帮助之时的“爱莫能助”“无能为力”，而是有所作为，带领家庭走出困境。一个能让自己家庭幸福的人，本身就是对家庭有巨大贡献的人。若一个人的成功，是以家庭幸福来衡量的，那他的成功必然是真正的成功。你不可以选择容貌，但你可以选择用心灵修饰容貌；你不可以选择家庭，但你可以选择用奋斗改变家庭。人这一辈子，真正的成功或许就是家庭幸福。

其二，回报父母与精神动力

我们说，人的所有的活动本质上都以善为目的，都在追求幸福和快乐，除了自身的幸福和快乐，还有父母的幸福和快乐。父母的幸福和快乐，可能是物质上的，也可能是精神上的，更多的是两者兼有。中国的孩子精神背负很重，主要是父母为自己付出的太多，不管你用什么“理所当然”的理由来排解，父母的付出在自己成长的每一步、每一天、每一时、每一刻都真切地存在，并深深地烙印在自己的心灵深处，形成一个巨大的精神图腾。中国人可以不相信上帝、佛祖，但无不滋润在母爱父爱的温暖中，这是一种终极的人文关怀。固然我们反对片面的“为父母学”“为父母干”，但父母期待的眼神会鼓舞我们去努力，去奋斗。固然我们反对片面的“养儿防老”的陈旧思想，但想一想为家庭掏空了身体的父母，我们难道不应该让他们度过一个舒适的晚年吗？事实上，养儿育女从投资的角度看是很不划算的，回报率不到十分之一，但那是父母的一种精神寄托，一种社会责任，一种绵延不绝的爱。也正是这种精神图腾的万年存在，才让中华民族的不竭动力和源泉生生不息。

其三，安全稳定与父母挂念

从青年职业者的角度分析，可能每个人都想跨越式地发展，成名成家；从父母的角度看，安全稳定是他们对刚刚走上社会的儿女最大的期盼。在节假日走亲访友的过程中,你可能有对自己丰功伟绩表达的心理需要,但老人们最关心的却是你的安全与稳定。这当然有不在一个文化价值的频道,或对你工作环境、工作质量不熟悉的原因,但他们的生活智慧是:青年人步子要稳,在稳中求变,求发展。现在有些年轻人太浮躁,不是自己主动去适应企业,而是要找一个完全适应自己发展的企业,于是屡屡跳槽,不停地找工作,稳定不下来。这样的人知识得不到充分地运用,技术得不到充分地磨炼,人脉得不到充分地巩固,人生如浮萍,怎么安身,怎么立命?与其花费五年时间找工作,不如踏踏实实地五年如一日地干一项工作。路是一步一步走出来的,要脚踏实地,一步一个脚印。会飞的是鸟,不是人,鸟也总归要落地栖息。父母的经验不完全是陈旧的思想,他们的人生智慧历经沧桑,往往更关注本质的规律。"白发渔樵江渚上,惯看秋月春风。"没有足够的人生积淀,怎有"青山依旧在,几度夕阳红"?

其四,家庭担当与道义使命

不管你是踏踏实实地爱岗敬业,还是像没头的苍蝇四处撞壁,岁月的年轮总是在猝不及防中无情驶过,原先的毛头小伙子变成了"油腻大叔",原先的白雪公主必须直面"中年危机"。世界有时很残酷,千钧重担无穷数。即使自己没有职务提升的要求,但职务总会在不知不觉中安在自己头上。一方面,你的工作千头万绪,要出业绩,要创新思路,要节约成本,要提高效率,领导要求越来越高,年轻员工成长越来越快,前有标兵后有追兵,不敢有任何的懈怠。你突然觉得精力不济了,身体出状况了,走下坡路了。另一方面,父母年龄越来越大,天天与药物为伴,这个时候你必须挺起这个家庭,做好家庭的顶梁柱,父母的主心骨,不管是使命、责任还是道义,你必须这么做,没有任何逃避的理由。所有的尊老爱幼,都不是嘘寒问暖那么简单;所有的柴米油盐,都需要钱来解决。有人说,任何能用钱来解决的问题,都不是问题,但前提是必须要有足够的钱。父母生病,拿不起医药费,就得眼看着父母的生命受到威胁,无能为力。情何堪?心何甘?几乎所有的问题都指向了职业收入,这时候,你才真切地意识到职业的价值,爱也罢,恨也罢,总之,职业发展在很大程度上决定着家庭的幸福和未来。反过来说,父母是孩子的第一任老师,也是孩子成长过程中永不卸任的老师。父母的言传身教对孩子的影响巨大,自己对世界、对社会、对学习、对职业的态度,直接影响到孩子的成长，并且体现在时时事事处处的生活细节中，想一想也是很可怕的事情。你可以低调地在外面不做模范，不做标兵，但孩子天天眼巴巴地瞅着你呢。你必须坚强，为孩子撑起一片成长的天空，也必须积极，为孩子做出榜样。一个整天混日子混工作的人，怎么有底气要求孩子努力学习呢？一个整天怨天尤人的人，孩子的心里怎么能阳光灿烂呢？孩子是父母的影子，父母正，孩子才正；孩子是家庭这棵大树上结的果子，家庭健康，孩子才健康。

【新思维】

前几年，网上流传一组照片。安徽省淮北市一座煤矿上夜班的煤矿工人上井后，穿着工作服、头戴矿灯，每人与妻子拍摄一张照片。之后，煤矿工人洗澡结束后，换上干净的服装，再与妻子合影。煤矿工人前后判若两人，很多人由“黑脸包公”变成了“小白脸”。这个行为艺术很有寓意，真实地诠释了职业者对家庭的责任。

多年来，我一直主张不能用科学家、艺术家、企业家的人生目标来要求职业院校的学生，不是说职业院校的学生就完全没有可能成为科学家、艺术家、企业家，而是目标过高，会让这批学生失去信心，目标也就失去了价值。职业院校学生的目标应该定位为企业生产的骨干、家庭发展的栋梁，这更符合学生发展的现实状况，更有说服力，更能激发学生学习的热情。

“谁言寸草心，报得三春晖。”为了谁而吃苦受累，为了什么而努力拼搏，在每个人的心中都要有一个明确的目标。在每个人的心灵最柔软的地方，都会有父母孩子的影子，这是每个中国人的家国情怀，更是每个职业人的家国情怀。在家庭的责任、担当、期待、祝福中负重而行，顽强成长，让压力变成动力，是每个成功职业人必经的心路历程。

清朝黄六鸿《福惠全书·莅任·禀帖赘说》载：“问心既为勿欺。”问心，指的是反省、检查自己的良心。清朝纪昀《阅微草堂笔记·槐西杂志一》载：“君无须问此，只问己心。问心无愧，即阴律所谓善。”问心无愧，指的是自问内心没有惭愧。本文题目“问‘心’无愧”，就是要提醒每个职业人，自己的心都要对家庭负责，无愧于人生。

再拓展

1. 家庭美德，是指人们在家庭生活中调整家庭成员间关系、处理家庭问题时所遵循的高尚的道德规范，包括尊老爱幼、男女平等、夫妻和睦、勤俭持家、邻里团结等，养儿育女是其中一项重要内容。算笔人生账，父母为自己花费了多少钱？自己孝敬了父母多少钱？

2.《国语·楚语上》载：“勤勉以劝之，孝顺以纳之，忠信以发之，德音以扬之。”孝顺，原指爱敬天下之人、顺天下人之心的美好德行，后多指尽心奉养父母，顺从父母的意志。在中国传统道德规范中，孝道具有特殊的地位和作用，在弘扬传统文化的今天，我们应该怎样对父母尽孝？

3. 2016年12月12日，习近平在第一届全国文明家庭表彰大会中看望全国文明家庭代表时说：“中华民族历来重视家庭。中华民族传统家庭美德铭记在中国人的心灵中，融入中国人的血脉中，是支撑中华民族生生不息、薪火相传的重要精神力量，是家庭文明建设的宝贵精神财富。无论时代如何变化，无论经济社会如何发展，对一个社会来说，家庭的生活依托都不可替代，家庭的社会功能都不可替代，家庭的文明作用都不可替代。”请谈谈对这段话的理解。

第五节 虔“心”磨砺:职业造就人格

◎单位是所有人的切身利益的综合,是绝大多数人的精神家园,一个天天对单位横挑鼻子竖挑眼的员工,是得不到大家真正的情感认同的。根本的问题还是你可以表现你的个性,但不可以吃着单位的饭,砸着单位的锅。

◎人的一生实际上最大的敌人,就是自己,主要表现在意志不坚定、黑瞎子掰棒子,在不断地选择中耽误了大好的青春时光,最终一事无成,遗憾终生。

◎人格很贵,价值千万金,但买不来、借不来也换不来;人格不贵,不费金钱与生俱来,但带来的仅仅是人格的种子,这种子只能在鲜活的职业生涯中生根发芽,长成参天大树,这就是生命的伟大、人格的伟大、职业的伟大。

【微案例】

山东能源枣矿集团柴里煤矿机电科的副科长，名字叫何伟。

30多年前，父亲在煤矿木场工作时患病辞世，当时他只有15岁，刚上初二。作为长子，他辍学到煤矿机电修理厂当了一名学徒工，顶起了家庭的一片天。这份猝不及防的苦难，没有给他半点适应的机会，促使他迅速地成熟。

刚开始，他连最简单的图纸都看不懂，但他没有放弃，而是参加了文化补习班、技术培训班，很快地掌握了机电维修基本知识。

老师傅们回忆时说："他有股子钻劲，遇到弄不懂的问题连饭都不吃，非弄明白不行，没见过这么能吃苦的孩子。"

他坚持每天学习到深夜，硬是自学完成了初中、高中的全部课程，1986年他如愿以偿地考上了职工大学机电专业，毕业回矿工作之后又考上了山东科技大学在职硕士研究生，攻读机电一体化专业，于2012年顺利通过了山东科技大学的研究生课程，获得研究生学历及硕士学位，并取得了国家注册安全工程师、设备管理工程师、国家注册电气工程师资格。

2011年，他牵头成立了"创新工作室"，先后破解各种技术难题399个，推广应用新技术42项；实施成果转化，开发永磁拖动皮带机等新产品11个，年创效益800多万元。

近年来，他先后完成技术革新、技术改造、发明创造成果323项，年创效益5000多万元。

他先后荣获"全国五一劳动奖章"、山东省富民兴鲁劳动奖章，并获得"齐鲁金牌职工""山东省创新能手"、第三届"感动中国百名矿工"、山东省煤炭系统职工技术创新能手等称号。

【大讨论】

在从初中肄业生到技能大师的凤凰涅槃中，何伟完善了人格，完美了人生。"安能摧眉折腰事权贵，使我不得开心颜"是李白的人格；"千磨万击还坚劲，任尔东西南北风"是郑板桥的人格；"泰山崩于前而不瞬，卒然临之而不惊"是苏洵的人格。在当今社会中，为人处世的基本点就是要具备人格魅力。如何在职业活动中培育自己的人格？或者说职业活动对人格培育起到怎样的作用？这是下面我们要讨论的话题。

其一，阳光的心态与积极的精神

祥林嫂的絮叨是种病态，现实生活中很多的唠叨也都是充满了“负能量”。把问题作为工作创新的突破口是积极的，把问题天天挂在嘴边唠叨，而不去解决就是抱怨，就是怨天尤人。渐渐地抱怨就会郁结在内心，就像乌云遮蔽了太阳，心里没有了阳光。阴暗的心理尚且托不起一张阳光灿烂的脸，要如何对待现实？任何的工作环境都不会是完美的，这时候的积极的态度要么是想办法改变，要么是克服困难适应，更深一步是以苦为乐创造新的业绩。“苦不苦想想红军两万五，累不累想想革命老前辈”就富含着乐观主义精神。如何处理社会关系？与人方便自己方便，赠人玫瑰手留余香。电影《芳华》中的“活雷锋”刘峰，乐于助人、质朴善良，他的人格不一定多么高尚，但从历史的角度看，他得到了所有人由心的尊重。如何对待单位？单位是所有人的切身利益的综合，是绝大多数人的精神家园，一个天天对单位横挑鼻子竖挑眼的员工，是得不到大家真正的情感认同的。根本的问题还是你可以表现你的个性，但不可以吃着单位的饭，砸着单位的锅。如何对待工作？如果你把工作作为职业，你必须尽职尽责，圆满完成任务，否则你就是一个不称职的员工，一个长期不称职的人，在人格上很难圆满；如果你把工作作为事业，你就需要拼得上，豁得出，只有全身心地投入工作中并取得业绩，你才会赢得尊重。

其二，学习的品质与创新的能力

在实践的事务中，错误的道路可以说有千万条，但正确的却只有一条。所谓的正确，具有强烈的时代差异，你今天的技术放在100年前，肯定是一流的，放在100年后肯定是落后的。市场经济的竞争一般体现在同一时期横向比较上，你的技术超过同行一点点，可能就会迎来巨大的商机。这就要求个人在工作中不断地学习，不断地研究，不断地创新。在这个凤凰涅槃的过程中，需要你有敏锐的感知能力、丰富的想象能力和强烈的创新意识；需要挖空你的心思，激发你的潜力，挑战你的智慧。这样，才能最终展现出一个完美的结果。而在这个过程中，收获的不仅仅是创新的技术和产品，还能培养你的逻辑能力、抽象能力、想象能力、创新创造能力。应该说，每一次创新都是人格品质的一次锻炼和磨炼，在一次一次的磨炼中人格就会得到升华。为什么一个人第一次的发明需要10年甚至更多的时间，以后就层出不穷、成果频出？原因就是，在第一次的发明中，理论上得到突破，品质上得到锻炼，方法上蹚出了一条道路。在这之后，效率就会大幅度提升，即使转行到另一个领域，也会很快地进入状态。这就是“技不同道相同”，世上的道理都是相通的。

其三，稳定的情绪与豁达的心态

《中庸》载：“喜怒哀乐之未发谓之中，发而皆中节谓之和。中也者，天下之大本也；和也者，天下之达道也。”意思是说，人的内心没有发生喜怒哀乐等情绪时，称之为“中”。发生喜怒哀乐等情绪时，始终用中的状态来节制情绪，就是“和”。中的状态即内心不受任何情绪的影响，保持平静、安宁、祥和的状态，是天下万事万物的本来面目。而始终保持和的状态，不受情绪的影响和左右，则是天下最高明的道。人都是有个性、有脾气的，为什么一般年纪大的职业者总是看起来“和蔼可亲”，情绪稳定呢？因为经验和智慧告诉他们，发脾气可以解决问题，但后遗症大，完全可以折中处理慢慢消化，久而久之，他们就慢慢学会并习惯控制和支配自己的情绪了。工作中当然会遇到一些困难和问题，甚至是“灭顶之灾”，这很正常，符合人们的认知和事物的发展规律，这些困难和问题往往也最考验人的心理定力。遇到这种情况时怎么办？当然是天塌地陷也要坦然面对。还有哪些办法能够减少损失解决问题？如果有些问题目前不能解决，就搁置一下等水到渠成再解决，实在不行，中国智慧还有最后一种方案，叫作“留得青山在，不怕没柴烧”。人最终的目的就是幸福和快乐，工作的过程就是一个享受幸福和快乐的过程，尤其是在项目攻关的关键时期，压力山大，难免有痛苦的倾向，有身体方面的，更重要的是心理方面，这就要用快乐来调节自己和大家的情绪，使大家在攻关状态下，实现身体、心理等方面的新的平衡。所有的情绪、所有的心态，都具有强烈的感染力，在职业中，可以把自己培养成充满正能量的人，也会不小心成为负能量的人。1929年6月，当时红四军内部充斥着各种非无产阶级思想，毛泽东落选前委书记，离开军队指导地方工作，因为心情不好再加上长期以来积劳成疾，生了一场大病。10月大病初愈，恰好是农历重阳节，他在福建的上杭县临江楼写下了著名的《采桑子·重阳》：“人生易老天难老，岁岁重阳。今又重阳，战地黄花分外香。一年一度秋风劲，不似春光。胜似春光，寥廓江天万里霜。”这是何等的豪迈和达观。

其四，德性的自觉与坚韧的意志

“把握生命里的每一分钟，全力以赴我们心中的梦，不经历风雨怎么见彩虹，没有人能随随便便成功。”这是流行歌曲《真心英雄》里的歌词，周华健、成龙、黄耀明的倾情演绎让万千粉丝热泪盈眶。古往今来,凡是有所成就的人,都有着坚韧不拔的意志,就像《雍正王朝》中康熙临终前,对臣子们说的“我给你们选了一位金刚不可夺其志的主子”一样,这是有道理的。人的一生实际上最大的敌人,就是自己,主要表现在意志不坚定、黑瞎子掰棒子,在不断地选择中耽误了大好的青春时光,最终一事无成,遗憾终生。当下互联网思维中有一种极致思维,就是要把产品、服务和用户体验做到极致,逾越用户预期,打造“让用户尖叫的产品”。如何做到极致?有人说“极致就是把命都搭上”,这明显有些过,但也表现了一种精神、一种境界。战场上讲究“狭路相逢勇者胜”,商场上讲究拼上命豁出去,全身心地投入工作中,用心用力拼意志,这样才能出灵感出成就。让人“尖叫”的产品、优异的业绩,包含着职业者的心血和智慧,散发出职业者人性的光芒,伴随着一个个产品、项目一路走来,德性就一步一步深化巩固。职业本身没有德性,但能够充分地培育和展现德性。

【新思维】

金无足赤,人无完人。一个腐败的人生表现在人格上就是巨大的缺陷,一个人的弱点也往往会在人格上找到原因。

人格的完善与完美,是每个人一生追求的梦想,有的可能来自生活的磨难,更多的是来自职业的造就。

“微案例”中的山东能源枣矿集团的何伟,少年时期家庭突变,一个15岁的孩子,很难在人格上成熟,他是在职业奋斗中才磨砺了心性,磨炼了品格,造就了今天的人格。

人格在人的社会生活、职业生涯中发挥着巨大的作用,它会给你带来尊严,带来荣誉,这是人性中最宝贵的东西。

良好的人格从哪里来?天上不会掉馅饼,世上也没有救世主,人格是在生活中,尤其是职业活动中慢慢地培养,一步一步地造就的。

人格很贵,价值千万金,但买不来、借不来也换不来;人格不贵,不费金钱与生俱来,但带来的仅仅是人格的种子,这种子只能在鲜活的职业生涯中生根发芽,长成参天大树,这就是生命的伟大、人格的伟大、职业的伟大。

唐朝杨炯《梓州惠义寺重阁铭》载:“远览形势,虔心净域。”虔心,指的是诚心。本文题目“虔‘心’磨砺”，指的是恭敬、虔诚地工作，人格就会慢慢地养成，最终散发出无比灿烂的人性魅力。

再拓展

1. 人格具有自我意识和自我控制能力，这主要是指人所具有的与他人相区别的独特而稳定的思维方式和行为风格。职业人格是一个人为适应社会职业所需要的稳定的态度，以及与之相适应的行为方式的独特结合。请你选择3~5个熟悉的职业人，分析其人格特点。

2.《孟子·告子下》载：“天将降大任于是人也，必先苦其心志，劳其筋骨，饿其体肤，空乏其身，行拂乱其所为。”请你谈谈在职业过程中要想养成良好的人格，需要注意哪些方面？需要怎么做？

3. 2013年5月，习近平总书记在五四青年节参加主题团日活动时说：“我到农村插队后，给自己定了一个座右铭，先从修身开始。一物不知，深以为耻，便求知若渴。上山放羊，我揣着书，把羊圈在山坡上，就开始看书。锄地到田头，开始休息一会儿时，我就拿出《新华字典》记一个字的多种含义，一点一滴积累。我并不觉得农村7年时光被荒废了，很多知识的基础是那时候打下来的。”请你谈谈对这段话的理解。

第六节　洗"心"革面:敲响命运改变之门

◎如果个人拒绝主动适应和自我学习,就是拒绝长大、抗拒生长、回避人生的精彩。辩证地看待职场初期阶段,既不浮躁,更不好高骛远,踏踏实实地走好每一步,才是王道正途。

◎从某种意义上讲,职业就是性格培育的道场,在工作任务的激励下,只要个人投入进去,就会自然而然地培养出一定的创新的意识、创造的能力、坚韧的意志,有了这些,还不能改变自己的命运吗?

◎"命"是生命,"运"是运动,"命运"就是生命在运动、在活动。生命被动地活动,命运只能是随波逐流;生命主动地活动,命运就会与主动的目标相吻合。

【微案例】

2018年3月14日，斯蒂芬·威廉·霍金逝世，享年76岁，引发全球各界悼念。

霍金，1942年1月8日出生，曾先后毕业于牛津大学和剑桥大学，并获剑桥大学哲学博士学位。霍金曾受聘为英国剑桥大学应用数学及理论物理学系教授，是当代最重要的广义相对论和宇宙论家，也是本世纪享有国际盛誉的伟人之一，被称为“宇宙之王”。他1989年获得英国爵士荣誉称号，是英国皇家学会学员和美国科学院外籍院士。

1963年，霍金教授被诊断患有肌肉萎缩症，即运动神经病。被医生预言只能活两年的霍金，凭借强烈的使命感和极其坚强的意志，不仅支持到了生命的尽头，还取得了卓越成就。

霍金不愿意人们把他当作一个残疾人看待，他自己也在淡化残疾，但他的的确确是个残疾人，而且是个重度残疾人，我们不得不说他的魅力很大一部分正是来自于他的残疾。

人们在地球上各个角落里寻觅不见的东西，在太空飞行器上求索不尽的谜团，霍金坐在轮椅上回眸一望便可得知。他洞察到了时间和宇宙的起源，又极具前瞻性地预言到了它们的归宿。

霍金的一生，是人类意志力的记录，是科学精神创造的奇迹。

【大讨论】

按常理，霍金的命运应终止于他的21岁，但却没有，反而他的成就主要来自后来的岁月。纵观古今中外成功人士的成长史，他们的成功并不完全取决于他们的身体、学历和家庭出身，譬如刘邦、朱元璋，譬如马云、王健林，但他们的成功却完全符合历史唯物主义和辩证唯物主义的规律。命运到底是什么？谁在掌握着我们的命运之门？

其一，用心工作与身心变化

俗话讲“世上无难事，只怕有心人”。毛泽东主席曾说：“世界上怕就怕‘认真’二字，共产党就最讲认真。”有心和认真就成了人生成功的一大法宝。有人说，有人的地方就有些习惯投机取巧的人，这些人靠投机钻营或许会得到些许的成功，但漫长的历史证明，翘着腿走路总是走不了几步，就会露出马脚，继而贻笑大方。而有的人装出来的，做样子给人看的“认真”，也是不会走长远的。我们所说的认真,不是马马虎虎,不是对工作挑三挑四,不会计较一时之短长,我们所说的认真是把所有的心思都集中到当前的工作中,聚精会神、全力以赴,争取在最短时间内完成更多、更优的产品的认真。天道酬勤,有了努力必然有收获,这就是社会发展的规律。工作出了业绩,就会有回报,慢慢地也就热爱了工作,觉得工作有趣、有意思,甚至机器在他的眼里也有了生命,好似成为自己的朋友。对于职场"菜鸟"来说,对自己的第一份正式职业一定要珍惜。因为职业需要一个适应期,有的可能有轻度的职场恐惧症,开始慌乱、懵懵懂懂,总有一些不懂、不如意的地方,这就需要慢慢磨合,慢慢适应,一般需要两三年的时间,挺过这一段,才能成为一个真正的职业人。只有走到这一步,才算真正意义上的成人,这是一个伟大的开端,意味着自己能够独立地工作生活,能够拥有属于自己的世界,能够把命运掌握在自己手里。这个阶段很关键、很辛苦,有些人在这个阶段败下阵来,主要的表现就是总幻想着找到一个完全适应自己发展的单位和岗位,工作完全由着自己的性子来,更有甚者在工作中处处表现出"公主控""太子病",要求别的同事完全像爸爸妈妈一样顺着他,一不顺心就辞职不干。个别人三年内换了十几次工作,不是在求职就是在求职的路上,浪费了人生成长的黄金时期,如果安下心来在三年内干好一项工作,完全可以成为"行家里手",这就是辩证法。这个道理很好理解,如果职业活动完全像孩子玩耍,就不会有创造、有效益;如果没有工作经验的人不学习,那就不能适应现在的岗位。推而广之,如果个人拒绝主动适应和自我学习,就是拒绝长大、抗拒生长、回避人生的精彩。辩证地看待职场初期阶段,既不浮躁,更不好高骛远,踏踏实实地走好每一步,才是王道正途。

其二,职业实践与性格培育

有人说,性格决定命运,性格主宰人生,我们需要搞清楚性格是什么。性格是一个人对现实的稳定的态度,以及与这种态度相应的,在习惯化了的行为方式中表现出来的人格特征。在中国传统文化中,江山易改本性难移,性格是一成不变的,完全脸谱化。诸葛亮一出场就足智多谋、料事如神、忠贞不渝、意志非凡,刘备一出场就识人善用、坚韧不拔、宽以待人、心胸宽广,由此追溯到孔子、周公、姜太公亦是如此。其实不是这样,性格一经形成就比较稳定,但是并非一成不变,而是有可塑性、生长性的,往往在职业活动中会被慢慢地矫正和改变。当林肯还是肯塔基州哈丁镇的一个孩子时,他是一个性情腼腆、不善言吐的人;而当林肯成为美国总统时,他变成了一个性格开朗、幽默风趣的人。在这当中，林肯不仅学会以自嘲、调侃、讲大白话等幽默方式来营造内心的愉悦，还完善了自己捕捉生活中乖谬现象的敏感力，由此，林肯不仅改变了自己的人格，也改变了自己的命运。性格的改变，与每个人的主观努力息息相关。在投入地工作时，性格就会自然而然地发生变化；性格也可以通过新的自觉、新的自我教育，以及新的实践，加以改变。一种新习惯养成一般需要21天，而习惯决定性格，性格决定命运。从某种意义上讲，职业就是性格培育的道场，在工作任务的激励下，只要个人投入进去，就会自然而然地培养出一定的创新的意识、创造的能力、坚韧的意志，有了这些，还不能改变自己的命运吗？

其三，职业专注与灵感产生

当下，很多人主要的问题是浮躁，总幻想着一蹴而就、一夜暴富、一夜成名，他们天天把机会挂在嘴边，岂不知所有人都知道的机会，恰恰不是机会，而可能是“陷阱”。中国人常说“十年铸一剑”，凡是优异的能力、非凡的业绩、重大的成果，往往不是随随便便就可以得到的，任何唾手可得的事情往往没有多大的价值。机会也是如此，时时处处都在眼前，机会就没有意义了。机会往往对每一个人都是公平公正的，只准爱迪生发明电灯，不让别人发明是不可能的，而只有爱迪生专注这个领域，恰好与时代的科技水平、社会需求合拍，才让机会变成了科技现实。而有的人往往没有关注到成功人士在过往岁月里的艰苦准备，而只关注他们成功后的光环，从而怨天尤人，羡慕嫉妒恨。从客观规律上分析，一个人只要关注一个领域，反复地去学习、钻研、实践，一般就会有必然的成功。就像武侠小说中，打通“任督二脉”，没有长时间的练习是不可能达到这个境界的。正所谓“时候不到天不明”“只要功夫深，铁杵磨成针”“世上无难事，只要敢登攀”。发明和创作中的“灵感”也不会无缘无故地到来，很多人被苹果砸到头，都视若天经地义，只有牛顿发现了“万有引力定律”，原因是他为此苦思冥想了很长时间。很多人在澡盆里洗澡对水溢出来，都觉得司空见惯，只有阿基米德发现了浮力定律，原因是他此前冥思苦想了好长时间。不经历风雨怎么见彩虹，没有人能随随便便成功。

其四，命运把握与人生逻辑

“命”是生命，“运”是运动，“命运”就是生命在运动、在活动。生命被动地活动，命运只能是随波逐流；生命主动地活动，命运就会与主动的目标相吻合。如果把命运看成宿命和运气，那么人就不需要努力和奋斗，也不需要走南闯北，等着就行，无论是大富大贵还是穷困潦倒。而如果命运是人生或者事情的运行规律，那一定是有规律可循的，有必然性，有强烈的因果关系。命运是人类探讨的永恒话题，日本“经营之神”松下幸之助说：“命运是一件很不可思议的东西。虽人各有志，但往往在实现理想时，会遭遇到许多困难，反而会使自己走向与志趣相反的路，而一举成功。”德国著名教育学家洪保德说：“一个人怎样把握自己的命运比他的命运是怎样更加重要。”英国文艺复兴时期哲学家培根说：“一个人的命运主要掌握在自己手中。”如此等等，都在说明要把握住自己的命运，这是人生的一大境界。人的成就，主要取决于自我的努力，自己今天努力的“因”指向的是明天的“果”，有“果”必有“因”，有“因”必有“果”，因果顺利实现，就是命运。在因果的逻辑关系中，生命的活动有了方向，有了动力，有了乐趣。实现了自己的梦想，达到了人生的境界，就自己把握住了自己的命运，这是符合科学的精神、辩证的逻辑的。

【新思维】

为什么很多人在怨天尤人地抱怨自己的命运？追根究底是在为自己不努力寻找理由，拿自己心目中虚无缥缈的命运作挡箭牌。

俗话说：“龙生龙，凤生凤，老鼠生的儿子会打洞。”大家所说的改变命运，往往以家庭为参照。有的家庭像柏油公路，有的像羊肠小道，然而要想到达美好人生的彼岸，别人都不能替自己走，需要自己走，或徒步或开车，或一步一个脚印或留恋路边的野花野草，就像兔子和乌龟赛跑，谁先到达不一定。只要持之以恒地努力，逐渐使你们位于同一条高速公路上，高下自然见分晓。

人类最大的公平，从很大程度上就是命运的规律，它在生命活动实践中绝对平等，不管你“不劳而获”多少遗产，只要你不主动地实践，所有的遗产都可能在顷刻间化为乌有。世间万物为人所备，但只归附于勇于奋斗之人。

有句古话叫“苦尽甘来”，在现实中苦不尽，甘是不会自然而来的。只有启程，才会达到理想的目的地；只有播种，才能有收获；只有拼搏，才可能成功；只有奋斗，才能获得幸福的人生。

运气像空气一样，对任何人都是平等的。人生最重要的资源就是时间，对任何人也都是绝对平等的。但每个人的命运却都不会一样，它虽千变万化，却都是有规律可循的。

有人说：“尽人事，听天命。”其实尽了心，天命自然来，功也自然成，成功的人生本质上就是在追求命运的必然。久久为功，日积月累，就一定会获得事业上的成功，从而把握住自己的命运。

《易·系辞上》载："圣人以此洗心。"洗心，比喻除去恶念或杂念。《抱朴子·用刑》载："洗心而革面者，必若清波之涤轻尘。"洗心革面，指的是清除旧思想，改变旧面貌，比喻坏人物彻底悔改。本文题目用"洗'心'革面"这么言重的成语的原因就是不少人被命运迷障。我们强烈建议把个人的良心洗一洗，恢复自强自立自爱的本来面目，这样就能够自己把握命运直至改变命运，实现人生辉煌的成就。

再拓展

1. 有人说，命运是事情的运行规律，指生死、贫富等一切遭遇，无法改变的过去和无法预知的未来，是人与人的运动轨迹的总论。选取自己身边的强者和弱者，分析他们对于命运的看法。

2.《荀子·荣辱》载："自知者不怨人，知命者不怨天。"《增广贤文》载："命里有时终须有，命里无时莫强求。"冯梦龙《警世通言》载："男儿不展风云志，空负天生八尺躯。"请你谈谈封建社会与新时代的命运观有哪些不同之处。

3. 2013年3月，习近平在莫斯科国际关系学院演讲时说："世界的命运必须由各国人民共同掌握。各国主权范围内的事情只能由本国政府和人民去管，世界上的事情只能由各国政府和人民共同商量来办。这是处理国际事务的民主原则，国际社会应该共同遵守。"请你谈谈对这句话的理解。

第七节　贴“心”关怀：在职业中实现人生梦想

◎梦想的内容与现实之间的关联性，让梦想不断改变着现实，这就是所谓的梦想照进了现实；现实生活也在不断地改变着梦想，这就是所谓的梦想很丰满，现实很骨感。

◎白日做梦、痴人说梦、黄粱一梦的“梦”不是梦想，梦寐以求、昼想夜梦、梦断魂劳的“梦”才是梦想。

◎有梦想，不幻想。要让梦想成为一种信仰，让梦想化为每天的行动，每天把梦想拿出来擦拭，拂去她身上的灰尘，让她永远地光鲜明亮，让她永远成为骄傲的公主，让她每天陪伴着你走过山山水水、沟沟坎坎。

【微案例】

李家琦是天津海鸥表业集团有限公司技术中心机芯艺术创作室主任，他大学专科学历，是高级技师，2013年荣获全国轻工行业劳动模范，2016年获得第十三届全国技术能手。

1981年，18岁的李家琦来到天津手表厂，从那一刻起，就开启了他从一名普通工人走向优秀工匠的序幕。

步入职场后，李家琦对师傅们的每句话、每个动作，都用心领悟。在李家琦看来，从前辈们身上学到的不仅仅是专业技术，更是精益求精、勤奋创新的文化传承。

2001年，公司决定委派青年职工参加数控理论培训课程，李家琦得知后主动请缨参与选拔。由于年龄偏大，李家琦就利用业余时间做功课，以勤奋来弥补年龄上的弱势。最终，李家琦不负众望，以优异的成绩被派往瑞士学习。

2003年李家琦开发了国内手表行业中第一只真正意义上的镂空表，年均订货量都在几十万只，其价格比同款非镂空机芯提升近2倍。

李家琦常说："爱岗敬业是工匠精神的基础，是一种美德，是对事业、职业应有的态度，无论你从事哪种职业，都必须敬业，只有敬业，才能成就事业。"

【大讨论】

李家琦的人生梦想是在世界名品上打上"中国制造"的标签。"梦想是什么？梦想就是一种让你感到坚持就是幸福的东西。我们只有在失败中寻找胜利，在绝望中寻求希望。"这是《中国合伙人》主人公成东青的经典台词。这句台词含义深邃，富含人生的哲理。其实，一个能坚持梦想几十年的人，一般都会活得特别出色。

其一，人生梦想与社会价值

梦想不是现在的状态，它指向的是每个人的未来。人类因为梦想而伟大，人生因为拼搏而精彩；梦想会引领人生，拼搏会创造传奇。梦想是每个人心灵的思想，是每个人的私密真情；梦想在人心中唤起的那种情感，时刻滋养着人的心灵，鼓舞着人的斗志；梦想一旦被付诸实践，就会成为神圣的事情。每个人都有着"不可告人"的梦想，不管这种梦想坚定不坚定，不管是很傻或是很天真，它都是美好的、美妙的。人，总要有所追求，要在心灵最柔软的地方保存一份梦想，这种潜意识里的想象会呵护人的内心世界，让心灵充满阳光，让人生充满激情。心中有梦想，生活就有希望；想象着这份美好，心中就充满了力量。多年来，说到梦想，总想起初中课文中奥斯特洛夫斯基的一句话：“人的一生应当这样度过：当回忆往事的时候，他不会因为虚度年华而悔恨，也不会因为碌碌无为而羞愧；这样，在临死的时候，他就能够说：‘我的整个生命和全部精力，都已经献给世界上最壮丽的事业——为人类的解放而斗争。’”奥斯特洛夫斯基一直以来都坚持着自己的梦想，也实现了自己的梦想。没有梦想的心灵，就像一座荒芜的花园，严重一点，更像黄沙漫天的沙漠。其实，在现实生活中，每个人都有自己的梦想，区别在于有的人的梦想不太纯粹，只是围绕着钱打转，有的甚至渴望“不劳而获”。殊不知，梦想只有为社会作贡献才有价值。财富会在贡献中自然而来。

其二，梦想彼岸与现实此岸

梦想不同于一般的学习计划、工作方案，她超越一定的现实，并高于现实，梦想的价值与现实存在一段距离，她会在远方清晰地存在，向你招手，让你尽快去接近她、拥抱她。梦想绝非是将来式，她永远是现在式，引导着每个人去努力去拼搏，梦想具有巨大的感召力和驱动力。世界上最重要的事，不是我们现在身在何处，而是我们在朝什么方向走。梦想就是我们一切行动的航标。“心若在梦就在，天地之间还有真爱，看成败，人生豪迈，只不过是从头再来”，刘欢演绎的《从头再来》，感动了万千下岗再就业的人群，事实上，有梦就有底气，有梦就有力量，不管多么艰难，人们总能在梦想的指引下，一步一步走下去。其实，世界上每个人都或多或少地有自己的梦想，有的人的梦想宏大而热烈，但有的人的梦想却更趋向于幻想。然而，幻不幻，在于干。如果现实是此岸，梦想就是彼岸，中间隔着湍急的河流，而行动则是架在河上的桥梁，只有你勇于渡河，才能将幻想变为梦想，并最终实现她。

其三，梦想演变与职业实践

小时候，我们的梦想可能是做一名警察，因为警察很酷，很威武；初中时，我们的梦想可能是做一名科学家，因为牛顿等人很厉害；高中时，我们的梦想可能是做一名演艺大腕，因为葛优、巩俐等人很拽，很拉风；大学时，我们的梦想可能是做一名企业家，因为“1个亿”在王健林眼里就是一个“小目标”。人的梦想总是与个人的生活经验、社会认知密切关联，随着对社会了解的逐渐深入，尤其是工作经验日益丰富，梦想会越来越实际、越来越坚定。梦想的内容与现实之间的关联性，让梦想不断改变着现实，这就是所谓的梦想照进了现实；现实生活也在不断地改变着梦想，这就是所谓的梦想很丰满,现实很骨感。当梦想越来越清晰,越来越坚定,现实也会越来越美好。梦想具有相当的科学性和必然性,也就是说,从个人目前的现状到梦想的目标之间有距离,但通过自身的努力,能够最终实现。

其四,梦想蝶变与人生追求

白日做梦、痴人说梦、黄粱一梦的“梦”不是梦想,梦寐以求、昼想夜梦、梦断魂劳的“梦”才是梦想。有时候,人的梦想是要先经过幻灭的。嫦娥奔月是中国人的飞天梦,中国明代有个学者叫万虎,他制作了一把能上天的椅子,他在座椅背后安装了当时最大的47支火箭,把自己捆在座椅的前面,两手各拿一个大风筝,然后叫人把47支火箭同时点燃,想要借助火箭向前推进和风筝上升的力量飞向天空,结果可想而知,他的梦想幻灭了。但在今天,中国的神舟七号、嫦娥二号却翱翔在了太空。有些人的梦想没有基于现实,处在幻想状态,譬如穿越,其实即使做到这一步,当代人到了春秋战国时期,语言基本不对接,信息基本不对称,交流基本不在一个频道,所以即使做了什么太子、太子妃,也毫无幸福可言。梦想只有符合时代发展的规律,才有价值。梦想只有在不断的幻灭中重生才有价值。人的梦想可有千个万个,适宜自己的梦想却只有一个。世界上最快乐最幸福的事情,就在于彻彻底底地了解自己人生的追求和梦想,并依托自己天性的才华,发出“洪荒之力”,让自己的梦想得以实现,让自己的才华得以彰显。虽然开始时只是梦想,但只要不抛弃不放弃,不停地做,梦想就会成为现实。当我们真心在追寻着梦想时,每一天都是丰富多彩的,因为每一个小时都能实现梦想的一部分。梦想一定是在关照现实时才有价值,人只有在现实中追寻梦想才能让梦想绽放光彩。

【新思维】

人生梦想大多是在职业活动中实现的,生活中的梦想并不如职业中的梦想更好,况且生活中的梦想也是以职业梦想为基础的,没有职业成就,生活梦想就成了“无源之水”,终将干涸。

处在新时代,我们可以自由自主地追寻梦想,挖掘自己的人生价值,实现自己的人生梦想,在各行各业里成就自己的精彩。

这是一个最好的时代,因为我们有太多机会去追求前人无法企及的梦想;这也是一个最坏的时代,因为我们比前人有太多诱惑分散我们追求梦想的专注力。

有梦想，不幻想。要让梦想成为一种信仰，让梦想化为每天的行动，每天把梦想拿出来擦拭，拂去她身上的灰尘，让她永远地光鲜明亮，让她永远成为骄傲的公主，让她每天陪伴着你走过山山水水、沟沟坎坎。

有梦想陪伴，人生不再孤单；有梦想偕行，人生不会迷失；有梦想导航，人生充满力量。

《初刻拍案惊奇》载："已做了申兰贴心贴腹之人，因此金帛财宝之类，尽在小娥手中出入。"贴心的意思是亲密无间，最知己体己。本文题目"贴'心'关怀"，说出掏心窝子的话，和职业者说明一个道理，绝大多数人的梦想要在职业活动中实现。梦想有时候太过遥远，隐藏在心灵的私密处，但在人生发展中作用巨大。

再拓展

1. 梦想，是对未来的一种期望，指在现在想未来的事或是可以达到但必须努力才可以达到的情况，甚至可以视其为一种信仰。请问，你孩提时期、少年时期和现在的梦想是什么？有什么不同？

2. 中国封建士大夫的梦想是"修身齐家治国平天下""穷则独善其身，达则兼济天下"。新时代的中国梦是"实现中华民族伟大复兴"。试分析中国古今主流梦想的异同。

3. 2014年3月27日，习近平在中法建交50周年纪念大会上说："中国梦是追求幸福的梦。中国梦是中华民族的梦，也是每个中国人的梦。我们的方向就是让每个人获得发展自我和奉献社会的机会，共同享有人生出彩的机会，共同享有梦想成真的机会，保证人民平等参与、平等发展权利，维护社会公平正义，使发展成果更多更公平惠及全体人民，朝着共同富裕方向稳步前进。"请谈谈对这段话的理解。

第八节 安"心"定志:职业价值与生命意义的辩证关系

一个成年人,一个独立的人,一个顶天立地的人,安身立命的根本是什么?人为什么必须要拥有一份职业?职业除了薪酬还能给予人们什么?职业对于人的生命有哪些意义和价值?这些都是一名职业人必须要思考的问题。

【小概念】

◎职业价值

职业是性质相近的工作的总称,通常指个人服务社会并作为主要生活来源的工作。

价值是体现在商品里的社会必要劳动,也指用途或积极作用。

职业价值是指一个人从事于某项工作能够体现出或者通过职业本身能够表现出的自我价值。

◎生命意义

生命是指在宇宙发展变化过程中自然出现的,存在一定的自我生长、繁衍、感觉、意识、意志、进化、互动等丰富可能的一类现象。

意义是人对自然或社会事物的认识,是人给对象事物赋予的含义,是人类以符号形式传递和交流的精神内容。

生命意义是一个解构人类存在的目的与意义的哲学问题。譬如"我为何在此""什么是生命""生命的真谛是什么"。

【大讨论】

人各有志,职业价值观也是如此。

价值观是一种内心的尺度、行止的标准,好似看不见摸不着,但却无处不在，军人有军人的价值观、工人有工人的价值观、学生有学生的价值观，正因为有些人有着相同或相似的价值观，才能形成“一类人”，正所谓“物以类聚，人以群分”。有人矫情说，我没有价值观，这是不对的，价值观作为人的一种本质属性，不能说与生俱来，但只要称之为社会意义的人，就会拥有，只不过价值观有所不同而已。唐僧与八戒、悟空、沙僧的价值观不同，才有了不同的个性；水浒好汉有自己的价值观、高衙内有自己的价值观、镇关西有自己的价值观，才形成《水浒传》里的大千世界和芸芸众生。

龙生九子，各有所长，价值观是因人而异的。由于每个人的先天条件和后天经历不同，每个人都有属于自己的价值观。同一个车间、同一个班级，也会存在着持有不同价值观的人，不会整齐合一，正所谓“君子和而不同”。

江山易改，本性难移，价值观是相对稳定的。价值观是人们思想认识的深层基础，它形成了人们的世界观和人生观。它是随着人们认知能力的发展，在环境、教育的影响下，逐步培养而成的。人们的价值观一旦形成，便是相对稳定的，具有相当的持久性。

浪子回头金不换，价值观在特定的环境下又是可以改变的。由于环境的改变、经验的积累、知识的增长，人们的价值观有可能发生变化。浪子回头，首要回的是价值观，回的是责任和义务，由此而引发一系列的“洗心革面”。

生命的意义是哲学思考的一个终极问题，人为了什么而活着，涉及的人的正确的“活法”，也就是人应该有的生活态度。中国传统文化侧重于伦理，也就是为人之道。

生命的价值何在？意义又何在？千百年来应该说任何一个具有社会意义的人都曾经思考过这个问题。现实中我们发现有的“聪明人”不算是“明白人”，“活个明白”应该是每个人都想达到的人生高度。

难道说一个人竟是无缘无故地生到世间，昏昏昧昧地度过一生，然后三寸气绝，一切断灭吗？生命如果当真如此，则生命还有什么意义？人生如果仅仅只为了享受，或终生充满痛苦，则生命还有什么价值？

这些问题看似“虚无缥缈”，但静下心来思考确实非常重要，有人说“走得太快，灵魂跟不上前进的脚步”，实际上如果自身生命意义“模糊”了，“神马都是浮云”就一定会“浮云遮望眼”了。

【新思维】

我们终归要长大，带着一种无怨无悔的心情悄悄地长大。我们终究要成长，无比坚强地茁壮成长。年龄不是成长的标志，“巨婴”不是我们要的人生，生命的意义在于超越生命的长度、心灵的宽度、灵魂的深度，职业岗位就是擦亮人生的第一“道场”。

其一，职业是生命保鲜的基础保障

“孝”是中华民族的优秀文化之一，那么最根本的“孝”是什么？是自己的平安健康，是能够挣钱养活自己，这样才能够不拖累父母，自己成家立业，最后有所积蓄，赡养老人。有些人一直主张大中专院校的毕业生首先要做“企业的骨干、家庭的栋梁”。但凡是通过自己的职业行为获得相应的报酬的，都符合经济社会发展的规律。曾听说一个案例，一个本科毕业生已经连续5年躲在家里“考研”，“考研”没有错，但以“考研”为名回避工作就大错特错了，人生有几个5年啊。一位企业老板说，员工招聘最关注的是人生经历的完整性，出现半年以上不工作行为的人千万不要录用，这种人心智一般不会太成熟，抗挫折的能力很差。每个人的职业生涯起航，都是为了简单的温饱问题，而一路走来，慢慢发现生命在慢慢地舒展，生命的意义在不断地扩大，直到有一天他惊讶地发现除了温饱，生命还有更深刻的意义。但为了温饱的日子是最难以忘怀的，因为这是生命的基础，结果往往让人感叹，但过程永远让人感动。

其二，职业是生命之花灿烂开放的平台

在欧美某些文化元素中，劳动是一种充满痛苦、让人厌恶的行为，是社会对人性的蔑视，所以他们尽可能地缩短工作时间，工作报酬还得尽量地增加，这源于他们先行的科技优势，也就是“技术剪刀差”，当技术普及以后，他们的优势就会荡然无存，而必然会陷于危机，积重难返。与其悲叹自己的命运，不如相信自己的力量。中华民族是勤于劳动、善于创造的民族，职业是绝大多数人安身立命的根本，更是人生幸福的基石。人生除了打打杀杀的电子游戏、花前月下的卿卿我我，更需要的是自我价值的认同。职业可能是艰辛的，但是人生所必需的，它不但会给予每个人生活资源，更会给予人成就感、喜悦感和自豪感。举几个极端的例子，种地的投入与产出不成比例，但老农却一直认真地耕种，因为这是他生命的价值追求；退休的老同志，退而不休，开启二次创业，因为这是他生命的价值追求。职业中的奇迹、业绩，更多体现在精神享受上，每天认真地工作，努力获得回报，才能让人感受人生的快乐，才能让幸福从辛苦的彼岸中露出优美的身段，才能让生命之花绚丽地开放。

其三，职业是生命潜力爆发的舞台

舞台再大，你不上台演讲就只能永远是个观众；平台再好，你没参与就只能永远只是看客；胆子再大，你不敢闯就只能永远发挥不出来。只有启程，才会到达理想的目的地；只有拼搏，才会获得辉煌的成功；只有播种，才会收获心中的梦想。天不生无用之人，地不长无名之草。一个初中学生逃避学习，家长却说："每个人生下来就会有他的社会位置，孩子不爱学习，老师就不要太难为他了。"这个孩子发展下去，会有什么样的社会价值？其实，人的潜力是很大的，人的智慧是无限的，人的进步也是时刻变化的，关键是如何挖掘人的潜力。业绩是职业考核的基本观测内容，在同等条件下，在一定范围内，基本上都是平等的竞争。在这种态势下，只要足够地努力，都会创造出不同凡响的业绩。所谓的"奇迹"，实际上比平庸的事情更符合事业发展的规律，因为它本质上只不过是付出了非凡的努力。马拉松长跑，经常会出现极限现象，但每次克服极限，都是征服自我的过程；科研工作中有灵感现象，但灵感不会凭空而来，它是在不断探索中顿悟出的；企业经营中有机遇现象，但对全国全球成千上万的人来说不是机遇，因为他们根本就没有准备。积极的人在每一次忧患中都看到一个机会，而消极的人则在每个机会面前都看到某种忧患。在一个个业绩面前，在一个个奇迹面前，人的潜力得到极大的发挥，生命的意义就会不断地被扩大。走过的是人生，看过的是云烟，尝过的是苦辣，回味的是甘甜，经历的是沧桑，成就的是尊严。

职业的价值与生命的意义，对每个职业人来说，都是必须要思考的问题，只不过有些人没有深度思考。其实，深度思考也很简单，它就在于是否合乎理性、合乎逻辑、合乎科学的规律。时间是绝对地公平，人生是相对地公平，只要持之以恒地付出与努力，人生就会达到本质上的公平。

职业，只有内心的呵护才能找出价值；生命，只有真心地尊重才能彰显意义。

《墨子·亲士》载："非无安居也，我无安心也。"安心，意思是心情安定。明吴承恩《西游记》载："又差五斗星君送悟空去到任，外赐御酒一瓶，金花十朵，着他安心定志，再勿胡为。"安心定志，指安下心来。本文题目"安'心'定志"，指的是安下心来定下意志，辩证出职业价值与生命意义的关系，让工作和生活沿着正确的方向前进。

第三章　职业理想与人生境界

◎理想不同于幻想、空想和妄想，是有理性的梦想，是按照逻辑和规律，通过人们的努力，必然要实现的奋斗目标。

◎境界不是为了形形色色的“回头率”给人看的，而是一种自我、一份淡然、一泓秋水。

◎确立目标后，就算用尽“洪荒之力”，也要无怨无悔海枯石烂，不达目标绝不放手。在这个过程中，不能天天喊着“蓝瘦”“香菇”，要以苦为乐，内心坚强。

◎从某种程度上讲，职业理想是心灵田地里茁壮生长的庄稼，人生境界则是心灵田地的整体外观、多彩风景；职业理想是农夫每年的生产计划，人生境界则是农夫劳作时的表情。

第一节　初“心”不忘:理想是人生的太阳

◎理想,是将要盛开的花朵,灿烂且有无限的魅力;理想,是内心汩汩冒出的山泉,晶莹、饱满而永不枯竭。她像一位智慧老人,在不远处笑眯眯地向你招手;她像一座巍峨的雪山,激起你的斗志等待你去征服;她像你梦中的伊甸园,引导你快速地走进她。

◎理想的奢侈,是不思进取的人的矫情与悲鸣;理想不是任何人的专利,但需要把理想变成自己的信仰。

◎理想有时就像自己的一个孩子,他在高山之巅、大河对岸向你呼喊,你却在原地打转,止步不前。孩子失去耐心后,要么饿死,要么迷失了人生的方向。

【微案例】

“当初我选择留在一线城市，是想找一个‘曲线救国’的方式来得到提升。”刘颖在职场打拼只有五年时间，现在在河北的一家制造业集团公司做技术总监。

五年前，刘颖刚刚大学毕业，本着锻炼自己的想法，到了北京一家食品制造公司做技术专员。在入职前，刘颖给自己做了一个短期规划，在三年之内自己的“硬件”和职位都要得到提升，在五年之内要跳槽到更大的平台。

在工作期间，刘颖不但努力完成自己的本职工作，而且还利用业余时间为自己充电。工作两年后，她不但取得了相关的职业证书，而且还进修了硕士研究生，并拿到了学位。刘颖的工作态度和业绩，得到了老板的认可，到了第三年，她就被提拔为部门经理。如今，刘颖提升“硬件”和职位的目标都已经达到了，下一步就是要找一个更大的发展平台。

这时，河北一家食品制造公司向她抛出了橄榄枝，职位是集团的技术总经理。跳槽不到一年时间，刘颖就从集团的技术总经理升职为技术总监。

她说：“虽然放弃了北京、上海的工作机会，但现在无论是薪酬待遇、职位，还是人脉关系，对我来说都很好。不仅发展机会多，还能发挥我的优势。”

【大讨论】

民谣歌手赵雷有一首原创歌曲，叫《理想》。他用浑厚独特的“烟嗓”倾情演唱着曲中简朴真实的追梦路，唱出了亿万奋斗在城市中的“平凡追梦族”徘徊在理想与现实间的踌躇与无奈。粉丝表示：“如果说《成都》让听者爱上一座城市，那么《理想》则让听者找到自己，奔赴理想。”在浮躁的社会中，有人说，理想是一种奢侈品；有人说，没有理想只能面对孤独的灵魂。理想，到底是什么？对人生发展起到什么作用？这是本节我们要探讨的话题。

其一，理想信仰与阳光人生

理想的近义词是渴望、志愿、希望、志向，是人们在实践过程中逐渐形成的对未来发展的理性向往和追求。心中有理想，脚下才有力量；有明确的向往和追求，才能动力十足，勇往直前。理想总是从自身出发，把自己的一切打开，去拥抱无比灿烂的未来。理想，是将要盛开的花朵，灿烂且有无限的魅力；理想，是内心汩汩冒出的山泉，晶莹、饱满而永不枯竭。她像一位智慧老人，在不远处笑眯眯地向你招手；她像一座巍峨的雪山，激起你的斗志等待你去征服;她像你梦中的伊甸园,引导你快速地走进她。理想,一定是活在未来,干在当下,她清晰地存在着,但必须付出极大的努力,才能实现她。战国时期的庄子曾经说了一句扎心刺骨的话:“哀莫大于心死,愁莫大于无志。”也就是说,没有了理想,只剩下愁思,心灵就荒芜了,这才是人生最大的悲哀。法国作家雨果在这方面与庄子是“同道中人”,他的解读是“哪怕是一个最英勇的人,一旦夺去了他珍贵的理想,都会落到一个境界里去,这是生活空虚的结果。生活好比旅行,理想是旅行的路线,失去了路线,只好停止前进了。生活既然没有目的,精力也就枯竭了”。人生失去了奋斗的目标和动力,生命之花就会因失去水分和营养而枯萎,心灵就由绿洲变成了沙漠。有个成语叫“江郎才尽”,“才”是人之才华,是源源不断、永不枯竭的,“尽”的原因只能是没有了理想和实践,怎会有新的人生感受。无所事事的人生不会产生积极的人生感受,人生只有在不断的社会实践中才能活得有滋有味。社会实践是理想的母体,理想是社会实践生活的指路明灯。没有理想,就没有坚定的人生方向;没有方向,就没有真正多彩多姿的生活。很多时候,因为有了理想,生活才变得这样甜蜜;因为有了理想,生活才显得如此宝贵。《论语》载:“朝闻道,夕死可矣。”即是说生命不止,理想不熄,追求不止。实际上,只要一个人还有所追求,他就没有老;直到让后悔取代了梦想,他才算真正地老。理想的奢侈,是不思进取的人的矫情与悲鸣;理想不是任何人的专利,但需要把理想变成自己的信仰。

其二,理想导引与意志坚强

当下,有很多人对红军长征故事发表感慨,对抗美援朝志愿军战士的坚忍感到自豪,这就是理想的力量。小时候,我们总想得到一件可爱的玩具或者漂亮的衣服,这可以看作是自己理想的最早发育吧。想要得到自己心爱的东西,就要想尽一切办法,爸爸妈妈不给,就向爷爷奶奶撒娇,不停地闹,还是不能实现的,甚至会自己捡废品卖了攒钱去买。在这个过程中,我们发现理想的重大作用是能调动自己的一切能量,不怕苦不怕累,为了实现理想用尽所有的力量。东西买到了倍加珍惜,倍感幸福,而争取的整个过程充实饱满,且培养了自己的能力,回忆起来还有些快乐和甜蜜。理想一般不会轻易实现,轻易得到的东西不能称之为理想,伟大的理想更需要几年甚至几十年的艰苦奋斗,没有艰苦奋斗实现的理想一般没有价值。在这个漫长的过程中,会遇到各种各样的困难,心灵备受煎熬。“延安五老”之一的徐特立的人生感悟是:“一个人有了远大的理想,就是在最艰苦的时候,也会感到幸福。"他以57岁的高龄参加了中国工农红军两万五千里长征，表现出大无畏的英雄气魄。职业活动不同于孩提时期的游戏，本质上要创造出价值，技术技能是第一生产力，产品的完美与精致，服务的周到与质量，技术的改进与研发，都需要穷尽所有力量去完成，这需要坚忍的品格、顽强的意志和不达目的不罢休的干劲，而所有的这一切都围绕着职业理想，失去了这个理想，一切都将像泄了气的皮球，失去意义。有理想的人，生活总是火热的；有理想的人，失败和挫折都是崭新的开始；有理想的人，"临大节而不辱，胸怀大如海，意志坚如钢"。

其三，理想实现与客观必然

理想的本质，主体是"想"，核心是"理"，理性的"理"，道理的"理"，哲理的"理"。理想本身就有理性的光芒，讲逻辑，讲规律，讲必然。理想，就是以人生目的为基础，科学合理地确定一个目标，评估出实现的可能性，然后努力地去实现她。凡是不能实现的，只能算幻想；能够实现，而因为自己没有坚持下来自我放弃的，只能算是痴心妄想。客观必然，就要讲求科学规律，就是实事求是，就是知行合一。客观必然，就要盘点自己的资源，包括知识、能力、人脉和物质储备，更重要的是意志品质。意志品质指的是一个人在行动中具有明确的目的，不屈从于环境的压力，按照自己的信念、知识和行为方式进行行动的品质，包括自觉性、果断性、自制性和坚韧性。在社会实践中，我们发现意志力最重要，可以弥补其他资源的不足。事实上，在世界上不可能存在完全满足的条件，条件都具备了，理想一般就失去了价值。曾国藩的成功秘诀之一是"打掉牙齿和血吞"，内心的坚忍可见一斑。理想的客观性，就是要基于社会实践的现实，经过研究推算得出结论；理想的必然性，就是从现在做起，持之以恒，不达目的不罢休，"金戈铁马，气吞万里如虎"，拼得天昏地暗、始终不渝。理想与现实之间，动机与行为之间，总有一道阴影，这本身就是理想的价值，也是规律的必然。现实是此岸，理想是彼岸，中间隔着湍急的河流，行动与实践就成了架在河上的桥梁。理想有时就像自己的一个孩子，他在高山之巅、大河对岸向你呼喊，你却在原地打转，止步不前，孩子失去耐心后，要么饿死，要么迷失了人生的方向。人们似乎每天都在接受命运的安排，实际上人们每天都在安排着自己的命运，理想不是命运，但她会彻底引导着每个人把握自己的命运。

其四，理想嬗变与时代潮流

孔子的理想是修君子之身，齐德行之家，克己复礼，恢复西周的分封制、宗法制、礼乐制;岳飞的理想是“驾长车,踏破贺兰山缺。壮志饥餐胡虏肉,笑谈渴饮匈奴血。待从头、收拾旧山河,朝天阙”;朱德元帅的理想是“锦绣河山收拾好,万民尽作主人翁”。人的理想不会从天而降,而是从鲜活的社会实践中培育出来的,具有强烈的时代性。过去人们常说:“女怕嫁错郎,男怕入错行。”实际上,一个人都在围绕着时代的发展确定自己的人生理想,譬如高考时选择专业,有的人选择的专业符合时代潮流,学以致用,是人生的一大幸事;有的人选择的专业既不符合时代潮流,也不适合自身发展,所以就跨专业择业。这固然有社会认知的因素,但核心是自己并没有把握住时代发展的潮流。不管对于一个国家、一个单位,还是个人,“世界潮流,浩浩荡荡,顺之则昌,逆之则亡”,理想更是如此。时代每时每刻都在前进,都在变化,人人都有重新开始的机会,也有树立新理想的机会。搜狐公司董事局主席兼首席执行官张朝阳曾经作出这样的解读:“这个时代给了我们这一代人前所未有的机会。我们要抓住这个机会,要有梦想。但是,这个梦想要从做开始。”两千多年前,古希腊著名的思想家、哲学家苏格拉底也曾经说:“世上最快乐的事,莫过于为理想而奋斗。”由此可见,理想对于人类社会来说,是个永恒的话题。

【新思维】

有的人,视理想为珍宝,时时拿出来擦拭,让她永葆青春,永放光芒;有的人,谈起理想,总是扭捏汗然,因为理想已经离他的生活太过遥远。

当欲望浮躁成为一种主流文化,理想自然而然地就成为一种奢侈品。

欲望不是理想,欲望是变得低俗的理想,理想则是欲望的升华。欲望可以是你人生路上的一段插曲,它终有停息的时候;而理想是你一生的航标,它会伴你一生。

梦想也不是理想,理想是理性的梦想、抽象了的梦想。梦想有时仅仅是满足自我的一己追求,而理想却是一种责任,一种事业,一种以奉献精神为动力的人类的共同追求。有人说,理想是方向,而梦想是彼岸。就像在大海中航行的船,灯塔是理想,而最终停靠的港湾才是梦想。

不管是理想还是梦想,人生总得有个方向,有个目标,才不会成为迷路的羔羊;人生的能量无穷无尽、绵绵不绝,总得要点燃,要释放,要创造价值,理想就是那燎原的“星星之火”。

理想本是与生俱来的，比手机的普及更普遍，只不过有些人把理想遗忘在心里的某个角落，让她暗无天日，无法散发出熠熠的光芒。

宋朝苏舜钦《杜公求退第五表》载："皆由臣谋议弗臧，职业不举，惕然内讼，深愧初心。"初心，意指做某件事的初衷、最初的原因。随着时间的消逝，人们做某件事的初心也渐渐逝去，这也就是"不忘初心，方得始终"的由来。本文题目"初'心'不忘"，旨在提醒广大的职业者，寻回自己的理想，就像找回自己的心肝宝贝，拭去宝贝身上的污浊和灰尘，让她再次发亮，理想就又成了照亮人生的太阳。

再拓展

1. 理想是对未来事物的美好想象和希望，是人们在实践过程中形成的、有实现可能性的、对未来社会和自身发展的向往与追求。梳理一下自己从小至今的理想，想想哪些需要放弃，哪些需要坚持，放弃的原因是什么？

2. 陈胜面对秦朝暴政发出了"王侯将相宁有种乎"的吼声，刘邦看到始皇仪仗时发出了"大丈夫当如斯也"的感叹，周总理在中学时期就立下了"为中华之崛起而读书"的志向。请你在闲暇之余梳理一下自己崇拜的名人的理想，想一想理想对一个人发展的作用。

3. 2013年5月4日，习近平同各界优秀青年代表座谈时强调："广大青年一定要坚定理想信念。'功崇惟志，业广惟勤。'理想指引人生方向，信念决定事业成败。没有理想信念，就会导致精神上'缺钙'。"请谈谈你对这句话的理解。

第二节　立“心”第一：人生的航灯为你点亮

◎人这一辈子，可以不爬山，但心中一定要有一座山，它能引导你去攀登，让你的人生有一个奋斗的方向，它让你任何时候只要一抬头，就能看到自己的希望，看到未来，就有了无限的勇气和动力。

◎一粒种子要发芽，就要努力地膨胀自己，用躯体与泥土抗争，直至把泥土挤压到一边，破土而出，见到阳光；而根呢，继续与泥土挤压，深深地扎下去，汲取更多的水分和营养，人生也是如此。

◎这本质上就是要明确人生的方向，如果没有方向，任何的风向都是逆风，都会吹得你无所适从。更多的时候，内心的恐惧不是自己所处何地，而是茫然不知所措，不知道往哪里走才能找到人生的绿洲。

【微案例】

邵明强，是万声通讯实业有限公司业务经理，因升职快而在公司闻名。

2011年，他在山东经贸职业学院毕业后，应聘到一个政府机关做行政文员工作，因没有正式事业编制、工作庸碌而辞职。以后陆续尝试了保险销售、网站销售、建材销售等工作，养成了脚踏实地、吃苦耐劳、负责敢当的品格。

2014年6月，他入职万声通讯实业有限公司。在入职培训时，就明确了自己的奋斗目标：他给自己定的目标是三个月成为组长，实际上用了四个月；一年成为业务经理，实际上用了五个月；两年成为副经理，实际上用了一年零七个月。

他带的团队始终强调目标管理，他做组长时，小组是"双十一""双十二"等业绩比拼的冠军团队；做业务经理时，整个业务线也拿到了合作单位金牌供应商的荣誉。

【大讨论】

邵明强的成长经历很有代表性，做人做事总得要有一个目标，这个目标可能仅仅是心灵深处的精神图腾，但它会为自己的人生尤其是职业生涯确定发展方向。美国著名人际关系学大师、美国现代成人教育之父戴尔·卡耐基曾经发出这样的感慨："要是一个人，能充满信心地朝他理想的方向去做，下定决心过他所想过的生活，他就一定会得到意外的成功。"

其一，前进方向与人生航程

诸葛亮的人生智慧是"志当存高远"，遂成一代杰出的政治家、军事家、外交家、文学家、书法家、发明家；宋代理学家朱熹说得更彻底，"命为志存"，意思是说，生命为志向而存在，人不能为了生存本身而活着，生命的存在是有意义的，应该为了追求理想与志向而生存。这不仅仅是他们的人生感悟，更是身体力行、积极实践后得出的结论。事实上，人这一辈子，可以不爬山，但心中一定要有一座山，它能引导你去攀登，让你的人生有一个奋斗的方向，它让你任何时候只要一抬头，就能看到自己的希望，看到未来，就有了无限的勇气和动力。理想是人生的精神向导，它为人生发展确定了一个完美完善的定向机制，为人生指明奋斗的方向，有了方向，就不怕路远。对于一艘没有航向的船来说，任何方向的风都会是逆风；人生最大的痛苦，不在于困难有多大，而在于醒来后找不到前进的方向。从这个意义上讲，每个人在人生的道路上都需要一个属于自己的指南针，因为能够左右自己生活的，永远是自己。不管是谁，都是独一无二的高贵的存在，出生可以规定你人生的起点，选择就决定了人生发展的方向。不怕起点低，就怕没追求；不怕走得慢，就怕走错路；不怕不如意，就怕不坚定。

其二，理性引擎与理想方向

我们说，理想不同于梦想，不同于欲望，更不同于幻想，是人的理性、向往和追求，是通过努力而可以实现的目标。如果说幻想是海市蜃楼，理想就是可以攀登的泰山；如果说欲望是灯红酒绿的发泄场所，理想就是庄严肃穆的颁奖台；如果说梦想是彼岸美轮美奂的伊甸园，理想就是从此岸出发的航船。"庄生晓梦迷蝴蝶"属于精神，"望帝春心托杜鹃"是行动。在现实生活中，我们发现基于未来的理想，总有些捉摸不定，于是我们总在论证它的可能性，我们实现理想的方法就是不断地扩大这种可能，直至实现。理想与幻想有时候仅仅是一步之遥，如果可能性差，理想就可能变成幻想；可能性减少，理想就有滑向幻想的危险。这就需要生活的智慧来纠正它，偏差到底是理想本身的问题，还是自身努力不够的问题，这需要思考。只有让理想更加理性，更加适应时代的潮流，更加符合科学发展的规律，理想才更加丰满，具有现实的意义和价值。所以说，理想是方向，行动是车轮，渴望是动力，智慧与理性才是决定成败的方向盘。

其三，问题导向与理想实现

变革是人类社会永恒的课题，社会总在前人基础上发现问题、解决问题，在完善中前进。问题往往是工作的导向，深一步说，问题就是理想的基石，我们总在解决问题中实现我们的理想。没有问题，事业就不会发展；没有问题，对于单位或者个人，都是致命的问题。世界上再完美的事物，都会有问题，没有最终完美的结果，只有更完美的努力。人也是如此，可怕的是某些人认为自己有一个完美的社会形象，无所不知，无所不能，小富即满，小富即安，故步自封，不思进取。殊不知科学发展永无止境，认识自我也永无止境，不管是人生的修养还是事业的发展，总在不完美、不完善中去完美，去完善。德国著名物理学家海森堡说："提出正确的问题，往往等于解决了问题的大半。"问题的解决往往就是我们阶段或者终生的理想，解决的过程就是实现理想的过程。世界上不存在不解决问题的理想，没有任何问题，理想就失去了价值和意义。对此，德国物理学家爱因斯坦曾经发出这样的感慨：

“我没有什么特殊的才能，不过是喜欢寻根刨底地追究问题罢了。”

其四，坚持方向与逆风而上

王安石在《读史》中写道：“糟粕所传非粹美，丹青难写是精神。”读史固然可以使人明智，但也会让很多人产生一种错觉，科学研究和社会改革很简单，自己少年时期“小孔成像”的操作比墨子熟练得多。其实，任何一项发现、发明、创造，都需要艰难困苦的付出，对于后人来说，我们往往只关注成功的光环，而没有去感受成功背后的艰辛。在崇山峻岭中开辟道路的人，付出的永远比走在这条修好的道路上的人多得多。很多时候，问题和困难就是方向，就是目标，就是必须要征服的崇山峻岭。更多的时候，顺风顺水，就是向困难低头，在很大意义上就是理想的背叛。很多时候，障碍与失败，就是通往成功最稳靠的踏脚石，只要肯研究并利用它们，就能从失败中培养出成功的因子。没有礁石，就没有美丽的浪花；没有挫折，就没有壮丽的人生。一粒种子要发芽，就要努力地膨胀自己，用躯体与泥土抗争，直至把泥土挤压到一边，破土而出，见到阳光；而根呢，继续与泥土挤压，深深地扎下去，汲取更多的水分和营养，人生也是如此。荀子在《劝学》篇写的“锲而舍之，朽木不折；锲而不舍，金石可镂。蚓无爪牙之利，筋骨之强，上食埃土，下饮黄泉，用心一也”；清人山阴金先生在《格言联璧·处事》中写的“日日行，不怕千万里；常常做，不怕千万事”，说的就是这种精神。古希腊哲人亚拿萨哥拉说的更是让人惊心：“理想是指引方向的航标灯。通往地狱的路，从哪个方向走都是畅通的。”

【新思维】

我可以不管“从哪里来”，但我一定要知道“要到哪里去”，具体一点就是“干什么事”“干到什么程度”“有什么收获”。这本质上就是要明确人生的方向，如果没有方向，任何的风向都是逆风，都会吹得你无所适从。更多的时候，内心的恐惧不是自己所处何地，而是茫然不知所措，不知道往哪里走才能找到人生的绿洲。

理想不是任何人的专利，是所有人的天然所有、天性必然，谁也抢不去夺不去，但只有个人才能享有。如同开车，方向盘永远在自己手里，油门永远在自己脚下，朝着哪个方向走、开到什么速度只有自己说了算。闯红灯超速是你自己的事情，怨不得别人。

理想是自己心灵深处理性的精神图腾，她如此清晰地存在，美轮美奂而清新可人，在不远处始终向你招手致意。

理想不像房贷，享受的是未来的劳动；理想更像储蓄卡，把握当下，指向未来。

理想充盈人的心灵，激发出巨大的潜能，把人生向未来打开，形成一个巨大的坚强无比的行动系统。

理想像个“和羞走，倚门回首，却把青梅嗅”的少女，有时她会“躲迷藏”，需要我们时时盯住她，为她梳妆打扮，让她每时每刻都天真烂漫、光彩照人。

北宋张载《横渠语录》载：“为天地立心，为生民立命，为往圣继绝学，为万世开太平。”立心，本意就是立下心愿。本文题目“立‘心’第一”，就是指人生第一要事就是树立理想、达成理想，理想就是人生的航灯，她会时时照亮你人生的航程。

再拓展

1. 定向一般指转向指定的方向，包括事物的方向性、动物主动调整其身体或身体某部分的空间位置的行为等方面。人生定向，就是个人的奋斗目标，或者将来的职业发展方向，往往由自己选择决定。请认真思考一下你个人的职业发展方向。

2. 小时候，王阳明问私塾师傅：“什么是人生第一等要事？”老师说：“当然是读书做官了。”阳明不信，说：“我看能称为人生第一等大事的，可以说是读书做圣人。”后来王阳明成长为明代思想家、军事家，心学集大成者，与孔子、孟子、朱熹齐名。请你谈谈职业理想的定向作用。

3. 2010年9月1日，习近平在中共中央党校秋季学期开学典礼的讲话中指出：“一个国家、一个民族、一个政党，任何时候，任何情况下都必须树立和坚持明确的理想信念。如果没有或丧失理想信念，就会迷失奋斗目标和前进方向，就会像一盘散沙而形不成凝聚力，就会失去精神支柱而自我瓦解。”请谈谈你对这句话的理解。

第三节　信"心"满怀:我的未来我做主

◎不能让别人替自己的人生做主,这是基础;自己真正为自己的人生做主,这是高度;真正为自己的人生负责,这是境界。

◎理想不是明天才开始做的面包,而是今天做好了面包明天吃。把握未来,做在当下,活在未来,才能真正为自己的未来做主,理想才有价值,人生才有意义。

◎主动地打开自我,去拥抱他人,他人才会拥抱自己;主动地拥抱世界,世界才会接纳自己。

【微案例】

郑月梅不是名牌大学的毕业生,在找工作时因此受到过很多人的歧视。

入职后,她被安排在公司办公室打杂。即便如此,郑月梅也没有气馁,而是选择了踏实工作。她坚持从小事做起,踏踏实实、本本分分地干好每一天,随着自己的良心做事。

有一天,她打扫完卫生准备下班的时候,有个客户打电话说忘记拿一份重要文件,而自己已经坐上了飞机,来不及取了。这份文件对他很重要,回去后不仅无法交差,还有被辞掉的风险。

郑月梅联系不上部门领导请示,只好私自坐上高铁给客户送了过去。深更半夜,郑月梅在陌生的城市和客户如期会面。拿着文件,客户连声表示感谢,并表示会给她一个惊喜。

第二天,带着浑身的疲惫,郑月梅以最快的速度赶回公司。她一走进办公室,就被眼前的场面惊呆了。平时很少露面的董事长竟然过来拉着她的手,激动地说:"丫头,你这次立大功了,我要好好地奖励你。"郑月梅一头雾水。

原来,急需文件的不仅是公司的客户,更是公司的"财神"。他按时拿到那份很重要的文件后,非常高兴,决定在去年订单的基础上将订货量增加一倍。他说,他从公司员工身上看到了亮点,觉得和这样的企业合作很放心。

如今,郑月梅已成为公司的副总。很多同学说她是因祸得福,郑月梅却认为,只有真正将自己当成工作岗位的主人,才能不斤斤计较,自动自发地做好每件事,当然也包括很多分外事。

【大讨论】

我的未来我做主,天经地义,无可厚非,不容置疑。任何人都不能为别人的人生负责,自己的路必须自己走,谁也替代不了。不能让别人替自己的人生做主,这是基础;自己真正为自己的人生做主,这是高度;真正为自己的人生负责,这就是境界。

其一,认知自己与自我做主

世界上的每一个人,都是天地化育的一个神奇的存在,高贵而品性各异。从出生到牙牙学语,都在竭尽全力地感知这个世界。当他发出人生第一个"我"字的时候,就是一个伟大的开端,自我意识从此树立,终其一生。

英国唯物主义哲学家培根如此定论:“人是万事万物的中心,是世界之轴。”从自我角度考量,认识自己,才能认识人生,认识世界。豆豆在《遥远的救世主》中写道:“你不知道你,所以你是你,如果你知道了你,你就不是你了。”俗话说:“人贵有自知之明。”问题是你不认识自己,怎么为自己做主?看来,认识自己是个艰辛的过程,是个渐进的过程,也是个不断提升的过程。作为一个人,人格就不能自我矮化,只有充分地相信自己才能为自己做主。事实上,先相信自己,别人才会相信你。一个人失败的最大原因,往往是对自己的能力缺乏信心,甚至以为自己必将失败。本质上说,相信自己是走向成功的第一步,缺乏自信是失败的主要原因。英国文学史上最杰出的戏剧家莎士比亚的理解是:“强者向人们揭示的是确认人生的价值,弱者向人们揭示的却是对人生的怀疑。”相信自我的独一无二,相信自己的人生精彩灿烂,当然还是不够的。凭借自信,努力地思考人生,进行广泛的社会实践,创造社会价值,自信心才会生长。我的未来我做主,个人还必须要对自己的人生负责。在波澜壮阔的人生旅程中,始终牢牢地把握人生的发展方向,不断消除消极心理,不断壮大坚强的内心,完善自我控制、自我排解、自我纠正的思想行为系统,才能真正为自己的未来做主。

其二,活在未来与做在当下

做主,不是一件容易的事儿,不仅辛苦,还是智慧、能力、资源的整合。而对未来负责,更是难上加难的事情。员工做了一个月的工作,月底发工资,他每天的工作都指向未来;工厂生产了一台汽车,可能明年才能卖出去,投入是为了未来的回报;研发者做了十几年的研究,发明出了成果,还得成为产品才能有效益,也是为了未来。从这个意义上讲,我们做的所有工作,都是投资未来、指向未来。做在当下,就拥有未来;活在未来,就必须珍惜当下。未来从来都不是遥远的,未来已经到来。我们的理想,不管是什么,都属于未来;我们的理想,不管怎么样,都必须作用在当下。按照逻辑,真正的智慧不仅在于能明察当下,还在于能预见未来,这需要丰富的实践智慧和光明的心灵世界。未来必然属于思想的人和劳动的人,实际上这两种人是一种人,因为思想也是劳动,综合一下,就是有思想的劳动者。理想不是明天才开始做的面包,而是今天做好了面包明天吃。把握未来,做在当下,活在未来,才能真正为自己的未来做主,理想才有价值,人生才有意义。

其三,人生实践与潜能开发

如果按照智商推理,可能世界上一半以上的人都会成为伟人,但伟人的智商往往不是他所处时代最高的，他们的成功取决于实践历练和潜能开发。阳明心学也称之为陆王心学，主要观点首先是陆九渊提出来的，王阳明做出这样的评价："濂溪（周敦颐）明道之后，还是象山（陆九渊），只是粗些。"为什么"粗"？看看王阳明的经历就知道了，他少年时独自塞外出游，青年格竹，出入佛老，遭贬、追杀，历任刑部主事、贵州龙场驿丞、庐陵知县、右佥都御史、南赣巡抚、两广总督、南京兵部尚书、都察院左都御史，龙场悟道、平叛宸濠、开馆授徒，人生、学问、教育、书法、宗教、政治、兵事无所不涉，无所不精，形成了一个庞大的社会实践系统，感悟更深、成就更大、成果更丰。人的才华就像海绵里的水，没有外力的挤压，是绝对流不出来的。流出来后，海绵才能吸收新的源泉。科学研究表明，水占成人体重的60%～70%，占儿童体重的80%以上。人本身就像蓄含水分的海绵，水当然不能一直固定在人的身体里，出出进进与大自然形成一个整体，人的思想，乃至意志、情怀等，也是作用于社会实践中，在感悟升华后又被吸收到人的思想体系中的。海绵的"海"，标志着博大，人的内心世界也应该与海一样博大。墨非定理中有个观点："当你想要一样东西的时候，整个宇宙都会来给你帮忙。"当你需求强烈时，就会穷尽一切资源、一切办法去做，按规律推理，一般都会成功。有人说，梦想绝对是血钻石，只会从眼泪和血汗中诞生，很有道理。在实践的系统里，对于个人的生长，只有千锤百炼，才能成为好钢。北宋文学家苏轼说得很彻底，"古之立大事者，不惟有超世之才，亦必有坚韧不拔之志"，今天也是如此。潜能取之不尽用之不竭，只有尽可能多地挖掘和发挥出自己的潜能，才能体现出为自己做主的能力。

其四，"小我"历练与"大我"情怀

讲一个很有代表性的哲理故事，一个胆小懦弱的年轻母亲抱着自己的新生儿，在荒郊野外遇到了一只饿极了的狼，饿狼拼尽全力去吃孩子，母亲不知哪里来的勇气和力量，生生地咬断了狼脖子的大动脉。狼被咬死了，孩子得救了，自己也得救了。如果不是为了孩子，母亲可能就被饿狼吃掉了。人世间的有些道理其实很简单，放下自己的"小我"，自然变得伟大崇高，变得力大无比，变得英勇无敌。在日常生活中，我们也常常发现一些有趣的现象，如果是自己的事情往往就懒得去做了，但因为对朋友有了承诺，往往拼尽全力去完成。在这个过程中，"小我"升华到了"大我"，就有了无限的力量；在"大我"的实现过程中，"小我"得到了锻炼，得到了提升，当然也会得到个人想要的东西。所有的科学家、思想家、政治家都具有"大我"的情怀，在职场也比比皆是。任何一个职场的成功人士，都具有“大我”的人生格局，单单局限于“小我”的小圈里，人永远长不大，只会画地为牢、故步自封，怎能有所建树，有所成就？主动地打开自我，去拥抱他人，他人才会拥抱自己；主动地拥抱世界，世界才会接纳自己。道理很简单，这已经不是“三亩地一头牛，老婆孩子热炕头”的小农经济时代，“我为人人”，才能人人为我，对他人有用、有价值、有意义，自己才有市场，才有生存发展的空间。“大我”意识和情怀，是现代商工社会发展的必然。没有“大我”就不再有“小我”的空间，为自己的未来负责，必须有强烈的“大我”意识。

【新思维】

从农耕社会到今天的商工文明，我们总有一种深沉的文化忧虑，就是传统文化中的自我意识的缺失。

我是谁？我是爸爸的儿子，儿子的爸爸，某某公司的员工，某某人的同事，某某人的好哥们，从来就不是“我”，也没有“我”。

现代社会没有“我”是不成立的，于是个性就开始泛滥成灾，但还不是真正的“我”。为自己做主，让我们想到了一个叫民主的词。民主的“主”，首先就是自己为自己做主，才有民主。很多人自己考不上名牌大学，发展得不如意，怨天怨地怨父母，唯独不怨自己；心理完全依赖父母、亲戚、朋友，甚至依赖单位部门领导，唯独不依赖自己；这个“主”，那个“主”，只有皇恩浩荡的“主”，唯独没有自己心中的“主”。满脑子封建流毒思想，还好意思标榜自己为“新新人类”？

我的未来我做主，首先要做自己心灵的主人，真正的强大来自个人的内心，掌握自己的内心才能永远立于不败之地。

我的未来我做主，必须把握好自己的当下，认认真真，踏踏实实，一步一个脚印，所有的功业都会指向自己的未来。

我的未来我做主，要激发自己的潜能，培养自己的能力素质，积累一些资源，没有做主的能力怎么做主，给你“主”你也做不了。

我的未来我做主，还必须提升自己的境界，要想保障“小我”，必须通过膨大“大我”来实现，这是职业生活的基本逻辑。

做主，不是一件容易的事，需要的是责任、能力、担当、把握，哪一样都少不了啊。

清黄虞稷《周亮工行状》载："其敦笃友朋，信心不欺，则如朱文季。"信心，有诚心之意，一般指相信自己的愿望或预料一定能够实现的心理。本文题目"信'心'满怀"，旨在提醒广大的职业者充分相信自己的内心，听从心灵的召唤，踏踏实实地做一个诚实的自己，这样才能对自己的未来做主。

再拓展

1. 未来，相对于过去和现在，是指从现在往后的时间，对未来的思考和创造带给了我们的生命非凡的意义。请你平心静气地想一想，按照你现在的状态、习惯推理，你一年后、五年后、十年后是什么样子？

2. 老子《道德经》载："知人者智，自知者明。胜人者力，自胜者强。知足者富，强行者有志。不失其所者久，死而不亡者寿。"请你搜集相关资料，查找中国传统文化中关于自强自立的相关观点。

3. 2018年5月2日，习近平总书记在北京大学师生座谈会上的讲话中指出："当代青年是同新时代共同前进的一代。我们面临的新时代，既是近代以来中华民族发展的最好时代，也是实现中华民族伟大复兴的最关键时代。广大青年既拥有广阔发展空间，也承载着伟大时代使命。"请谈谈你对这句话的理解。

第四节 究“心”不辍：心房需要常打扫

◎六神无主、魂飞魄散、心惊胆战说明自己的心“稳不住了”；而要想干好事业，日子过得滋滋润润，就必须聚精会神、全神贯注、诚心诚意、专心致志。

◎光明藏起来了，黑暗就降临了；纯粹躲起来了，厚黑学就泛滥了。心灵的晶莹灵秀，需要主人的时刻关照，就像自己养的一条宠物狗，你亲近它，它自然就亲近你，如果你整天不理它甚至虐待它，它就会躲得远远的，不想让你找到它。

◎王阳明给出的方法论是“事上磨”，知错就改，知行合一。做事情也要用心去磨，在心中琢磨，领会于心，做事用心，做到心甘情愿、心口如一、心领神会，直至融会贯通、匠心独妙、刻骨铭心、心旷神怡。

【微案例】

五年前，张博大学毕业，随后到一家私企做业务员。因为口才好、头脑灵活，张博深受上司和客户的喜欢，业绩也经常名列前茅，入职两年后就被提拔为主管。

工作出色，上司认可，使张博有些飘飘然了，随之而来的是越发的自由散漫。

在一次与客户的生意往来中，张博竟私下旁敲侧击地让客户请客吃饭，找客户要东西，客户碍于其老板的面子，答应了张博的要求，可随后便将这件事透露给了张博的上司。上司大怒，将张博辞退。

“我非常后悔当初的做法。”张博说。自从被辞退后，有很长一段时间他都找不到工作，因为自己青睐的公司不知从什么地方打听到自己当初找客户“要好处”的事，十分反感。

经过几次碰壁，张博彻底反省了自己当初的做法，并通过朋友和熟人的关系，在一家私企找到了一份销售的工作。

在新的工作环境中，张博改掉之前飘飘然的毛病，脚踏实地地工作，通过自己的努力，不但业绩始终保持在前三名，而且在客户中的口碑非常好，入职三年后便升为销售经理。

实际上，对于张博之前的事，有的客户也会话里话外地试探着询问，因为客户们都觉得，眼前的张博并不像有些人所传的那样爱贪小便宜、喜欢要好处。

对此，张博都是一笑了之：“大家不必纠结我过去的样子，只认可现在的我就好了，我也会努力工作，通过正确的方式来提升自己。”

【大讨论】

人非圣贤，孰能无过，过而改之，善莫大焉。张博的经历很有积极的教育意义，人如何对待犯下的错误？万不可一蹶不振，在哪里跌倒，就要在哪里爬起来，重新开始，人生本身就是一个反复清零、不断反思、自我否定的过程。

其一，心灵纯粹与事业光明

一个天真烂漫的孩童，我们为什么自然而然地喜欢他，亲近他？因为在他纯真无邪的眼神里，我们看到的是一颗纯粹而光明的心灵。事实上，不管你多么讨厌的人，甚至包括某些犯了罪的人，心灵深处都弥漫着人性的因子，因为这是人社会属性的必然。这些人的本性，构成了积极向上的社会发展的基本面。对于个人的发展来说，这个基本的判断更为重要，正因为你的心灵基本上是光明、正大且纯粹的，所以你就是一个好人，就是一个有正能量的人。心灵是自身命运的主宰，是所有行动的智慧系统，也是实践体验的回收保存系统。良好的心灵是花园，良好的思想是根茎，良好的表达是花朵，良好的事业就是成果。思想、语言和事业都在心灵中培育，我们经常说，纯洁的心灵比任何东西都可贵，美丽的心灵是那样的博大、开朗而又容纳一切。正是这个光明、正大且纯粹的心灵，让我们对社会的一切敞开，指挥我们的双手去发明，去创造，指挥我们的大脑开动脑筋去思考一切事物，指挥我们的双脚走向远方，领略异域的风景。这颗“心”虽然看不见摸不着，但从一个人的音容笑貌、言谈举止甚至穿着打扮、体态面貌中，都能体会到，感受到，哪怕一个小小的眼神，也会影响另一个人的一生。心路历程是大家常见、常用的一个词，实际上就是心境的成长过程，走路必然修心，世上不会有没心参与就能走的路。

其二，稳得住与强得起

电影《黄连·厚朴》中，老中医龚老爷子断言看似身体壮如牛的总裁七天后必死，说：“可惜此人来时已人在心死，使医者无回天之力。”听起来惊心动魄，有些玄，但也说明了心对一个人的重要性。心在中国传统文化中占有重要的位置，单从造字法上就可见一斑：亡了的心是“忘”，心的声音是“意”，秋天里的心是“愁”。成语也是如此，六神无主、魂飞魄散、心惊胆战说明自己的心“稳不住了”；而要想干好事业，日子过得滋滋润润，就必须聚精会神、全神贯注、诚心诚意、专心致志。单单一个“聚精会神”就值得我们深度思考，精，是精力，属于行为系统；神，是意志，属于心灵系统，精与神合在一起，就会创造神奇。在重大的突发事件中，我们发现绝大部分伤害都源于内心慌乱，惊慌失措、慌不择路、落荒而逃；在人心浮躁的社会环境中，我们发现所有错误的决定都源于心乱了，稳不住神了，心粗气浮、心浮气躁、焦躁不安。明朝时期，王阳明仅用35天就一举粉碎了蓄谋了几十年的篡位大计，传达出“一切战斗都是心战”的理念，将兵家权谋上升到了“此心不动即为术”的化境。稳得住还得强起来，我们也发现，军事上所有大溃败，都首先是人心的溃败；所有人的崩溃，首先是心理的崩溃。往往是谁有历经千辛万苦的意志，谁就能达到任何目的。清代诗人郑板桥写得好，要让自己的心灵强起来，意志力坚强起来，需“咬定青山不放松，立根原在破岩中。千磨万击还坚劲，任尔东西南北风”。

其三，心理健康与心灵鲜亮

心灵像个精灵，喜欢“躲猫猫”；有时也像自己的面容，时间长了不清洗收拾一下，就会胡子拉碴蓬头垢面。光明藏起来了，黑暗就降临了；纯粹躲起来了，厚黑学就泛滥了。心灵的晶莹灵秀，需要主人的时刻关照，就像自己养的一条宠物狗，你亲近它，它自然就亲近你，如果你整天不理它甚至虐待它，它就会躲得远远的，不想让你找到它。在日常的学习、生活、工作中，我们往往关注的是肚子饿不饿、身体累不累，往往忽略对心灵的关照。前几年的富士康跳楼事件，根本的问题是员工心灵的崩溃。心灵的关照，很难用语言来表达清楚，但是确实存在。有时候，我们夜以继日地忙于项目攻关，感觉精神疲惫，一点儿灵感也没有，心里堵得慌，就是心灵的劳顿；有时候，为了一点鸡毛蒜皮的小事生气，迟迟不能释怀，心里很憋屈，就是心灵的阴霾；有时候，我们无所事事，干什么事情都打不起精神来，恍恍惚惚浑浑噩噩，就是心灵的空虚。往往这些时候，我们一直在纠结于现实生活中的事物，忽视甚至忘记了心灵的存在，其实本质上这些都不是什么大不了的事情，如果外界事物无法改变，让心灵丰盈起来就是根本的办法，因为心灵的丰盈，往往能促进问题的解决。当然，心灵就像一块田园，不去关照，不去耕作，就不会硕果累累，也就不是一块好园地，就可能会鬼迷心窍、心不由主、心浮气躁、心烦意乱，直至心不在焉、心如槁木、心力交瘁。有人说：“提防别人不如提防自己，最可怕的敌人就藏在自己心中。”很有道理。

其四，事上磨炼与心灵清洗

有句名言说得很绝对：“有恬静的心灵就等于把握住心灵的全部，有稳定的精神就等于能指挥自己。”随着人的不断成长，诱惑逐渐增多，人的心灵就不再那么从容，为了一件新衣服，孩子可能会撒谎；为了引起别人的注意，孩子可能会恶作剧。人的成长，从来没有一条笔直平坦的大路，总是些崎岖蜿蜒、高低起伏的羊肠小道。人最初的心灵都是纯粹、善良的，所谓的“性本恶”，是在利益出现分配的时候才出现的判断，是人性发生了歪曲，后天没有保持先天心灵纯粹的结果。为什么会出现这种情况？是因为心灵蒙上了灰尘，这就需要擦拭心灵上的灰尘，让她重新鲜活明亮起来。1943年9月，毛泽东主席在中共中央政治局会议上讲道：“检讨错误必须采取历史的方法，从实际出发的方法，批评和自我批评的方法，对犯错误的同志，必须采取惩前毖后、治病救人的方针。”这句话就说明自我批评很重要。改正错误，也不能单纯一个“认识到”就行了，还要用实践行动来纠正它，久而久之，心灵才更加鲜活明亮，王阳明给出的方法论是“事上磨”，知错就改，知行合一。做事情也要用心去磨，在心中琢磨，领会于心，做事用心，做到心甘情愿、心口如一、心领神会，直至融会贯通、匠心独妙、刻骨铭心、心旷神怡。“事上磨”，才真切，也可检验其心明不明，其理真不真，从而历经锤炼而不断升华。“心外无物，闲看庭前花开花落；去留无意，漫随天外云卷云舒。”做人随时持有警惕心，做事独立，合乎逻辑，合乎自己的良心，才能在职场、人生道路上心如磐石、心无旁骛。

【新思维】

浮躁的社会，养心很关键。不动脑子，随着情绪随波逐流，难免有触礁的危险。

有时候所有的心慌意乱，所有的心焦火燎，所有的心力交瘁，几乎都不是什么大事，几乎都是因为胸怀不够宽广、心灵不够宁静、意志不够坚强。往往心乱了，一切都乾坤颠倒，不可收拾。

一颗光明的心像海洋一样，永远不会封冻，到哪里都会有不冻港。心若在，梦就在，一切美好指向未来。

心清一切自然明，心浊一切当然暗。清则需要保持，浊则需要洗涤。

宋周密《癸辛杂识后集·误书庙讳》载：“县尉不究心职事，至于格目亦忘署名，可见无状。”究心，一般指专心研究。本文题目“究‘心’不辍”，这个“究”，有考究、查究、深究之意，想表达的就是要时时刻刻关照、查究自己的心灵世界，荡除污浊，保持鲜明，在职场生活中信心满怀地勇往直前。

再拓展

1. 错误，指与客观实际不相符合的认识，本质上就是内心的真实意思与外部的表现不同。请你回忆一下认识和改正自己所犯的最大错误时的内心感受。

2. 王阳明《传习录》载：“无事时，将好色、好货、好名等私，逐一追究搜寻出来，定要拔去病根，永不复起，方始为快。常如猫之捕鼠，一眼看着，一耳听着。才有一念萌动，即与克去。斩钉截铁，不可姑容，与他方便。不可窝藏，不可放他出路，方是真实用功。”请你对这种纠错方式予以评价。

3. 2014年5月，习近平总书记在北京大学师生座谈会上的讲话中指出：“面对世界的深刻复杂变化，面对信息时代各种思潮的相互激荡，面对纷繁多变、鱼龙混杂、泥沙俱下的社会现象，面对学业、情感、职业选择等多方面的考量，一时有些疑惑、彷徨、失落，是正常的人生经历。关键是要学会思考、善于分析、正确抉择，做到稳重自持、从容自信、坚定自励。要树立正确的世界观、人生观、价值观，掌握了这把总钥匙，再来看看社会万象、人生历程，一切是非、正误、主次，一切真假、善恶、美丑，自然就洞若观火、清澈明了，自然就能作出正确判断、作出正确选择。正所谓‘千淘万漉虽辛苦，吹尽狂沙始到金’。”请谈谈你对这句话的理解。

第五节　用“心”做事：职场菜鸟的成长宝典

◎理论往往“形而上”，好似在天上；实践往往“形而下”，好似在人间。从天上掉到地下，从“纸上谈兵”到“驰骋沙场”，当然要经历一个艰辛的过程，解决的唯一办法就是“放下架子”反复实践。

◎“农民工”工作的目的就是工作本身，你还具有更强的使命，就是把理论知识在实践中运用，理论知识是一条线，实践能力是一条线，两条线之间的距离，就是你职业生存、成长的空间。

◎社会是个“造化钟神秀”的伟大所在，职场是个变化无穷无尽的魔术大舞台。任凭所有的“相面大师”，都无法预估一个职场菜鸟的未来。或许你最不看好的一个人，几年不见，改头换面成为职场精英，士别三日当刮目相看。看走眼的原因是你只看到了问题的表象，而没有看到他的努力。

【微案例】

这是一个在社交网站中通过个人吐槽内容总结出来的职场案例，应该是真实的，聚焦的是职场菜鸟6年的失败经历，吐槽的目的是希望大家能从中吸取教训。

该女2010年大学毕业，学的英语，现在后悔当初毕业的时候没有冲一冲，往翻译专业方向专攻。有此后悔之心，可以基本判断她在求学历程中是很不错的，对自己的学习有些自信。

毕业后一个人跑到有老乡的大城市来找工作，天天跑人才市场，当时找的工作是跟英语相关的，基本都是外贸。请注意她独自一人敢闯世界，还是很有拼劲的。

好不容易有家私人公司让她先从助理做起，在这家公司工作了一年多，总体上还是很开心的，同事们年纪都比她大，都挺照顾她的。下半年就让她做外贸业务了。第二年中期因为觉得工资太低，头脑发热，就辞职了。请注意，她用的词是头脑发热，这应该是她一生中最后悔的事件。

辞职后去了这个城市比较繁华的地方，然后找工作也是饥不择食，只要是做外贸，底薪不是很低，她都义无反顾地去上班了。应聘的公司很多是soho公司，刚刚起步，有的是大工厂新成立的部门，加上自己性格比较吃不开，然后就这样不到1年的时间换了3家公司。

就这样毕业两年后，感觉自己也没怎么积累经验。然后，她很幸运地进了一家私人开的外贸公司，公司同事和领导都很好相处，进去后订单也很多。这是她认为的职场上最辉煌的时刻。

工作了大半年，男朋友家催结婚，然后她就答应了，来年结婚，很快发现怀孕了。然后当时的她就辞职，回婆家生养，后来因为生小孩可能有轻度抑郁，处理不好和婆婆的关系，于是她就一个人带着小孩，这一带就是两年多。

2016年小孩上幼儿园了，她重新到外贸类单位找工作，基本工资比不上普工。出了些小单，都还是拿基本工资，所以压力很大，再加上在里面工作得不是很开心，于是离开了。

她随后又进入修养状态，真不知道该向哪个方向努力。

【大讨论】

菜鸟，是个网络热词，顾名思义，就是用来做菜的鸟，很悲催。如何从菜鸟成长为展翅翱翔的雄鹰，是职场新手必须要面对的问题，当然也有部分人执著于不出人头地，永远不想成为企业的骨干，那就需要探讨合格员工的标准了。

其一，价值与目的

市场经济社会，劳动力就是一种商品，目前人力资源已经上升到人力资本的高度了，但物有所值是基本的价值规律。企业不是福利院，有了充分的效益才能生存，这些效益要分摊到每个人的身上，业绩优异者就得多劳多得，优质优酬，天经地义。换言之，你要时时称一称自己的“斤两”，也就是为单位创造了多大的价值。创造了10万元，完全可以获得1万元的报酬；如果仅仅创造了1000元的价值，却获得了2000元的薪酬，企业就折本了，自己就“物无所值”了，这是基本的道理。有成熟经验、直接可以为企业做贡献甚至通过猎头公司“挖”过来的，都是企业急需的人才，薪酬待遇当然会远远高于职场菜鸟，这也是市场价值规律。自由、平等、互利合作，是市场经济的基本精神，劳资关系也得遵循。学校遵循个人成长的规律，企业也是如此，一般会给予新入职的大中专毕业生一段时间的成长期，或者说试用期吧，考核的结果不理想当然要辞退了。本节案例中“该女”1年换了3家公司，基本上全是在试用期出的问题。在生长期中，有的人永远是“菜鸟”，有的人会快速地适应，迅速地成长为业务骨干。业务与年龄有关，但绝不受限于年龄，在社会变革期、行业动荡期、企业发展期，这个现象尤为突出，原则是不唯年龄、不唯资历、不唯学历，谁合适干这个职位就得让谁干，否则就是对单位发展不负责任。在生长期，职场菜鸟需要明确目的，也就是你主要图什么。图眼前的薪酬？贡献小与薪酬高是个天然的矛盾，谁也解决不了。图生活的安逸舒适？哪个企业也不会养闲人，除非以倒闭为目的。只有图能力的提升，才会赢得无限成长的可能。记住爱因斯坦的一句感言吧，“一个人的价值，应该看他贡献什么，而不应当看他取得什么”。

其二，规则与习惯

从浪漫、自由、散漫的大学生活，到规则明确、纪律严明、兑现及时的职业生涯，不适应是必然的。和合理念是中国文化的一个核心，中国人讲究“与人方便与己方便”，即使再个性独特的企业管理者也不会以“整人”为乐，职场规则是现代企业管理的必须，不仅仅是为了提高工作效率，更多的是考虑安全生产的问题。在规则的执行过程中，某些条款也确实有些“令人讨厌”，但凡是纪律，都是被抽象了的工作规则，对有些人无用，但可以保全个别人的"命",这就是集体生活。明确的规则,容易理解,现在谈谈大家讨厌的所谓的"潜规则",这是文化层面的事情,与生活相连,对职场作用巨大。譬如,爱美之心人皆有之没有错,但在窗口岗位秀大腿,甚至袒胸露乳就不好了,会影响单位形象,起码"扎"了某些人的"眼",生活上不成熟,工作上就不能做到成熟。职场总要有个适应期,职场"白骨精"也是从菜鸟一步一步成长起来的,首要的一步是把所有的规则培养成自己的一种习惯,习惯成自然,行为不别扭,思想不别扭,心理也就坦然。养成一种良好的习惯,需要坚持甚至坚忍,要时时提醒自己不断改正,直至习惯成自然,而养成一个好习惯的过程,一般需要21天。美国著名社会心理学家、第三代心理学的开创者亚伯拉罕·马斯洛说:"心若改变,你的态度跟着改变;态度改变,你的习惯跟着改变;习惯改变,你的性格跟着改变;性格改变,你的人生跟着改变。"

其三,技能与拓展

从书本上的理论知识到职场上的现实操作,是个艰辛的过程。理论往往"形而上",好似在天上;实践往往"形而下",好似在人间。从天上掉到地下,从"纸上谈兵"到"驰骋沙场",当然要经历一个艰辛的过程,解决的唯一办法就是"放下架子"反复实践。归根结底,我们在校学习的目的就是要解决职场当下的问题,这是我们的目的地。平心静气地想一想,这也是人生的必然经历,有人说,上了大学还是干与"农民工"一样的活儿,不是掉价吗?不是白上了大学吗?这没有可比性,"农民工"工作的目的就是工作本身,你还具有更强的使命,就是把理论知识在实践中运用,理论知识是一条线,实践能力是一条线,两条线之间的距离,就是你职业生存、成长的空间。对于职场菜鸟来说,重要的不是岗位工作本身,而是要尽可能地发散,多给自己创造一些实践的机会。人最幸福的事情莫过于找到适合自己的工作岗位,总不能在有限的成长期把所有的岗位都试个遍,适合不适合也只有试过以后才知道。所以要时刻珍惜每一次实践的机会,找到了适合自己发展的途径,就为自己的优秀打通了渠道,事业由发散到聚焦,就会突飞猛进。做人不计较,成长期做事更不能斤斤计较,不管是分内之事还是分外之事,都要心甘情愿地去做,青年人有的是精力。经历是最大的人生财富,经历不同的事才能成长为"独一无二"的你。格局放大,胸怀祖国放眼世界;积极拓展,亲力亲为大胆践行。

其四,导师与人脉

中国封建社会的"学徒制"现在考虑起来,很有借鉴意义,在中国传统文化中，讲究“师徒如父子”“一日为师终身为父”，荀子在《大略》中说：“国将兴，必贵师而重傅，贵师而重傅则法度存。”师傅可能学历不如你，但会教给你技术，更重要的是职业精神的言传身教、为人之道的谆谆教导、心里苦闷的舒心排解和重大变故的挡风遮雨。从很大程度上讲，师傅就是自己在职场上的第二“父母”，在帮助你迅速适应岗位的同时，还会帮你不走错路或者少走弯路。现代社会学徒制有些淡化了，很多企业也在探索现代学徒体制和企业新型学徒制，如果单位安排，你就很幸运了，要珍惜这个机会；如果单位不兴学徒文化，那么自己最好拜一个师傅，对自己成长特别有意义。至于人际关系，对于看着“宫廷戏”长大的一代人来说，都可能想当一个“人精”，八面玲珑，呼风唤雨，更有一批人“太子病”“公主心”爆棚，内心渴望所有同事和领导都要像父母一样“宠”着自己，这是职场中最大的忌讳。其实，在职场成长期，要把复杂的问题简单化处理，遵从自己的善良和光明的心灵，该单纯就单纯，恪守本分，扎扎实实地做事，凡事没有必要搞得太复杂，更不要参与内斗，只要本着积极善良的愿望出发，大家都可以理解和接受。

【新思维】

对于职场菜鸟来说，进入职场就是站在了社会人生真正的历史起点。滚滚长江东逝水，浪花淘尽英雄。

社会是个“造化钟神秀”的伟大所在，职场是个变化无穷无尽的魔术大舞台。任凭所有的“相面大师”，都无法预估一个职场菜鸟的未来。或许你最不看好的一个人，几年不见，改头换面成为职场精英，士别三日当刮目相看。看走眼的原因是你只看到了问题的表象，而没有看到他的努力。

毕业十年、二十年、三十年的同学会，总是感慨人生的最好场所，其实人生的魔术师就是自己。天道酬勤，天道公平，天道总是让人心悦诚服。

我们经常说“万里长征走出了第一步”，开好头，起好步是做好一件事的关键环节，波澜壮阔的职业生涯也是如此。

对于一个职场菜鸟来说，也不可能事事都做到完美，删繁就简牢牢把握几条坚持住就好了，不管风吹浪打，胜似闲庭信步。

《论语·阳货》载：“饱食终日，无所用心，难矣哉。”用心，指集中注意力；使用心力；专心。本文题目“用‘心’做事”，旨在提醒职场菜鸟们，要用心力做事。听从内心的召唤，凭良心做人，靠本事吃饭，就能走好职场第一步。

再拓展

1. 适应期一般指人类、动物等具体事物在接触或置入某个新环境的情况下，调整自己的状态直至适应环境所经历的时期。选取自己一次感受很大的适应过程，谈谈自己当时的心路历程。

2. 韩愈《进学解》载："业精于勤，荒于嬉；行成于思，毁于随。"请你思考，勤与思对职业成长的重要作用。

3. 2018年3月20日，习近平总书记在第十三届全国人民代表大会第一次会议上的讲话中指出："在几千年历史长河中，中国人民始终心怀梦想、不懈追求，我们不仅形成了小康生活的理念，而且秉持天下为公的情怀，盘古开天、女娲补天、伏羲画卦、神农尝草、夸父追日、精卫填海、愚公移山等我国古代神话深刻反映了中国人民勇于追求和实现梦想的执著精神。中国人民相信，山再高，往上攀，总能登顶；路再长，走下去，定能到达。"请你谈谈对这段话的理解。

第六节　牧“心”常在:追求你的事业境界

◎事情的发展都是讲规律、讲必然的,不想负责任是品质的问题,不敢负责任是能力的问题,敢于负起责任才能在工作中实现自身的发展。一个人能承担多大的责任,往往就能取得多大的成功。

◎中国智慧讲究舍得,不舍就不会得,舍了才能有所得,舍掉一部分东西,才能保证最珍贵的东西,不然就是六根不净,到头来必然会输得干干净净。

◎对于一个人、一个企业来说,能力是一条线,耐力是一条线,两线之间也是生存发展的空间。所谓能耐,耐住了就是能力;所谓忍耐,忍到了最后就是能耐。

【微案例】

在湖北鑫吉药用包装股份有限公司,大家都说生产部班长余元弟是个“牛人”。

之所以说他是牛人,是因为他研发改造的项目牛,使公司的产品品质有了质的提高。

机械手直接接触铝管管头,抓伤铝管头部,造成产品不美观的问题一直困扰着整个行业。一天,看着生产线的连接段,余元弟心中有了一个大胆的想法:取代物理机械手的操作,用真空吸取的方法,这样管头抓痕问题就可以解决了。

想法在余元弟的脑海中冒出来后,便一发不可收拾,他一头扎进了装置的研发改造工作中。

搞研发,说起来容易,做起来难。同步、位置、压力、角度、精准度等问题都必须解决。没有可借鉴的经验,只能靠自己一步步摸索、尝试。那段时间,余元弟“泡”在了生产线上。

半年后,铝管生产线底涂印刷工序真空抓管装置终于研发成功了。

余元弟说:“生命不息,奋斗不止。我觉得工匠精神首先要有不断挑战自我的精神和勇于创新的勇气和信心,而且最重要的是要有耐心,踏踏实实地干。”

【大讨论】

美国第16任总统林肯说过一句耐人深思的话:“超过四十岁的人,在自己的脸上一定挂着责任感。”责任感延伸到职场,就是事业心。从人生的工作境界到事业境界,有些人一辈子也做不到。本节话题主要谈一谈如何从一个职场菜鸟成长为一名企业骨干。

其一,敢于担当与实践策略

从职场的适应期到发展期或者事业期,需要多长时间？因人因势而异,这其中有多少充分的条件不好说,但拼的是必要的条件。在此,我们强调担当和实践。担当,一般指承担,担负任务、责任等,简单地理解为对工作、对单位、对社会、对国家负责任。在任何一个社会,总有部分“乡愿”派人物,这原指的是乡中貌似谨厚,而实与流俗合污的伪善者,现在主要指做事不深入、工作不负责、成绩死命争,这批人往往在短时间内很有市场,但注定没有未来。事情的发展都是讲规律、讲必然的，不想负责任是品质的问题，不敢负责任是能力的问题，敢于负起责任才能在工作中实现自身的发展。一个人能承担多大的责任，往往就能取得多大的成功。要想成为单位的骨干，就必须具有这样的信心：人所能负的责任，我必能负；人所不能负的责任，我也能负。这样，你才能在担当责任的过程中磨炼自己，进入事业境界。任何一个管理者，除非“脑残”，否则绝对不会在重要的岗位上安排一个没有责任心的人。一个人若是没有热情，他将一事无成，而热情的基点正是责任心。事实上，要使一个人显示他的本质，让他承担一种责任是最有效的办法，承受责任的能力应该是衡量人的标准。对工作的极端负责任，归根结底就是对自己负责任。在敢于担当的同时，还一定要具有实践的精神、意志和行动。有的人善于做思想家，想得很多，做得极少，好想法好创意都付诸东流了；有的人把奇思妙想付诸行动，但浅尝辄止，遇到点困难就放弃了，导致最终一事无成。思想上的巨人，行动上的矮子，这是职场大忌。事业型职场人生的建立，不在于能知，而在于能行。行动是治愈恐惧的良药，而犹豫、拖延将不断滋养恐惧。征服畏惧、建立自信的最快、最确实的方法，就是去做你害怕的事，直到你获得成功的经验。对此，斯大林曾经有过这样的感慨：“往往有这样的情形：为科学和技术开拓新道路的，有时并不是科学界的著名人物，而是科学界毫不知名的人物，平凡的人物，实践家，工作革新者。”对于职场菜鸟来说，做事不只是领导要我做才去做，而是领导没要我做也要争着去做。在实践中锻炼自己，才能更快地成长，这样，才有趣味，才会有收获。

其二，业务精进与事业聚焦

从职场菜鸟成长为业务骨干，一般都成为了业务的行家里手或者说是业务的“明白人”，但这时有的人往往会产生骄傲自满的情绪，不思进取。长江后浪推前浪，病树前头万木春，在技术更新高速发展的时代，任何一种自满都会导致自己被时代潮流所淹没。职位和地位往往因前期基础而起，但绝对指向未来，领导只把你的过去作为一种参考，关心的是你在未来工作中发挥的作用。“技可进乎道，艺可通乎神”，精进就是要将当前处于相对静态下的工作技巧全部研究明白，并有力地指导实践，树立业务权威的身份，同时不断关注行业的发展趋势，进行新技术、新工艺、新理论的跟踪和研究，与时俱进，使自己保持动态性的生长，做自己未来的主人。人的禀赋不同，资源各异，在职业生长期，可以天马行空，广泛涉猎，大胆实践，争取找到比较合适自己发展的行业岗位、工作状态，心无旁骛、持之以恒地聚焦进去，精进开来，这才真正地进入事业阶段，也就是职场成熟期。这时，最忌讳的是"人心不足蛇吞象"，既想搞管理，又想搞技术；既想搞行政，又想搞营销；既想抱着西瓜，又想捡着芝麻。三心二意、朝三暮四，最后将导致一事无成。这时候，最关键的是确定一个主攻方向，一个主要目标，当然也要兼顾其他，明确自己的职业发展规划，一年之内做成什么事，三年五年十年以后做成什么事，坚定目标坚定信心聚焦一点，扎实做下去，直至成功。中国智慧讲究舍得，不舍就不会得，舍了才能有所得，舍掉一部分东西，才能保证最珍贵的东西，不然就是六根不净，到头来必然会输得干干净净。

其三，自律意识与团队精神

成为单位的业务骨干，大家认可的不仅仅是技术、技能，更是对你为人做事的全面认可。对个人来说，自律意识是重要的一个方面。原因很简单，一个违规乱纪的人，连个合格的员工都不是，怎么能成为骨干？骨干更是表率和模范，是大家学习的榜样甚至偶像，你的一言一行往往关乎着单位的风气，甚至单位的核心价值文化。高度的自律意识就成了自己事业发展的一个必要条件，当纪律内化为自己的一种行为习惯，也就一劳永逸地解决了这个问题。骨干决不能单打独斗，更不能搞个人英雄主义，孤家寡人做不了大事，需要传经验、带队伍，团队建设就十分重要了。有人说，一个人事业上的成功，只有15%是由于他的专业技术，另外的85%要依靠人际关系和处事技巧。这样说有点儿绝对化，但说明了一些道理。一是要为团队注入灵魂和使命，打造野狼团队和虎贲之师；二是要冲锋在前，身体力行，喊破嗓子不如甩开膀子；三是要有容人之量，内心光明，不要与其他团队成员争利益，做人低三分，做事高三分；四是要有坚忍不拔的意志，领导者的伟大之处在于身处逆境之时，其他成员都失去了信心，他却下决心实现自己的目标。

其四，工作激情与坚韧精神

有人说，骨干是"折腾"出来的，有些道理，生命不息，"折腾"不止。这个"折腾"，就是工作激情的另一种表述。任何事情，任何工作，没有了激情，没有了干劲，永远也不完美。困难就像弹簧，你弱它就强。有的人在工作中一遇到困难，就撒手不干或者把困难上交给领导，还认为是尽职尽责了，但这就是不能胜任工作的表现。世界上哪有没有困难没有问题的工作？消极的人遇到问题看到的是危机，积极的人遇到问题看到的是机遇，立足自我解决问题就是磨炼自我、提升自我的大好机会，问题和矛盾永远是促进事业发展的核心动力。日日行，不怕千万里；常常做，不怕千万事。当一个人用激情工作去迎接光明，光明很快就会来照耀着他。在现实生活中，我们可以发现，人一般没有被累死的，我们不会因为工作过度而垮，反而会因为消极的担忧和焦虑而垮。契诃夫说：“我只有在工作得很久而还不停歇的时候，才觉得自己的精神轻快，也觉得自己找到了活着的理由。”单凭一时的激情还不够，必须要有耐性。任何一项发明创造，任何一个有价值的项目，都不会一蹴而就，一劳永逸，价值往往需要时间来衡量，用投入的精力来标注。从辩证唯物主义的观点分析，历史上伟大的工作，并不是用力量完成的，而是用耐心。一场旷日持久的战争，拼到最后拼的也是战争意志和忍耐力。对于一个人或者一个企业来说，能力是一条线，耐力是一条线，两线之间也是生存发展的空间。所谓能耐，耐住了就是能力；所谓忍耐，忍到了最后就是能耐。

【新思维】

大千世界，无奇不有。有的人一生不执著于出人头地，只想平平淡淡度过一生，在职场上只做“菜鸟”不做骨干，就永远到不了人生的事业境界。

工作本质的目的是谋生；职业不仅解决谋生的问题，还可以解决未来发展的问题；事业则不仅可以解决谋生的问题和发展的问题，更具备了各种责任，对自我发展的责任，对单位发展的责任，对家庭的责任，对社会的责任，对国家和人民的责任。

单纯的职业意识，往往格局太小，被眼前利益所蒙蔽；事业精神往往从自我意识向社会需求无限扩展，创造性、开拓性地完成任务目标，就会有大成就、大突破。

职场讲究辩证，人生需要理性。当人生进入事业境界，素质能力自然增强，贡献自然增大，报酬也自然随之增加。

对事业负责，也就是对自己真正负起责任，是对家人、对社会最好的交代。

认定了安逸，没有理想，没有事业，也就注定了缺乏安全性和稳定性。没有行业会有必须让你留下的理由，所以很难长久待在一个企业里。一个没有职业核心竞争力的员工，很难自己把握自己的未来。

元朝吴师道《吴礼部诗话》载：“戴锡祖禹能诗，因牧心推奖，遂知名。”牧心，一般指苦心精心经营着一种思维、思想抑或一种心情。牧心的境界是一种为人处世的哲学，是人生态度的外延。本文题目"牧'心'常在"，旨在提醒广大职业者在职场中，牧的"心"就是一颗光明灿烂的事业心，也只有达到事业的境界，心灵才能通达，乃至自由。

再拓展

1. 事业心一般指努力成就一番事业的奋斗精神和热爱工作、希望取得良好成绩的积极心理状态。根据你现在的情况和资源，选取3个事业发展的方向，论证一下成功的可能性。

2.《周易》载："天行健，君子以自强不息；地势坤，君子以厚德载物。"请你谈谈中国古代有关意志坚强的论述。

3. 2013年3月1日，习近平总书记在中央党校建校80周年庆祝大会暨2013年春季学期开学典礼上的讲话中指出："中国传统文化博大精深，学习和掌握其中的各种思想精华，对树立正确的世界观、人生观、价值观很有益处。古人所说的'先天下之忧而忧，后天下之乐而乐'的政治抱负，'位卑未敢忘忧国''苟利国家生死以，岂因祸福避趋之'的报国情怀，'富贵不能淫，贫贱不能移，威武不能屈'的浩然正气，'人生自古谁无死，留取丹心照汗青''鞠躬尽瘁，死而后已'的献身精神等，都体现了中华民族的优秀传统文化和民族精神，我们都应该继承和发扬。"请谈谈对这段话的理解。

第七节 壮“心”不已:眺望你的使命境界

◎使命是客观存在的,不以人的意志为转移,无论你是否愿意接受,无论你是否意识到,是否感觉到它的存在,这种使命伴随人出生已降临到每个人身上。

◎要想知道一个人为什么活着,无非就是因为责任。要想知道一个人怎样做到有价值,无非就是因为使命。这个世界必然为那些具有真正意义的使命感和自信心的人大开绿灯,当一个人对于世界有一种使命感的时候,他会改变世界。

◎感恩什么?感恩这个时代,正是这个时代造就了你;感恩这个社会,正是这个社会养育了你;感恩这个单位,正是这个单位为你提供了施展才能的平台;甚至感恩给你制造麻烦的人,正是他们磨砺了你的心灵。

【微案例】

从一个只有初中文化水平的普通汽车电器修理工成长为一名本行业的专家，一名工人发明家，宝钢股份公司运输部设备管理室技能专家孔利明在使命中走向了职业的辉煌。

他说："我上学时就渴望进入高等学府，由于历史的原因，错过了进高等学府深造的机会，但在宝钢这所没有校门的大学里，岗位实践成了课堂，我同样走出一条成功的路。"

20多年来，他为宝钢解决各类设备的疑难杂症358个，生产工艺改进39项，提出和实施合理化建议372条，主导的科研项目课题23项。共获技术秘密89项，中国专利115项，技术改进352项，获上海市级奖项49项，创经济效益5120万元，被誉为"当代发明家"，被授予2000年全国劳模称号。

孔利明认为："机遇不会自己找上门来，而是要去'找'去'悟'。其实机遇很多，比如困难也是机遇，困难逼着你去学习，去追求新知识，寻求新方法，达到新境界。"

【大讨论】

人生从工作境界到事业境界，是量的积累和质的提升；从事业境界到使命境界，则是质的飞跃。使命境界是职业的最高境界。

其一，崇高的使命和纯粹的心灵

使命是客观存在的，不以人的意志为转移，无论你是否愿意接受，无论你是否意识到，是否感觉到它的存在，这种使命在人出生时已降临到每个人身上。马克思曾说过："作为确定的人，现实的人，你就有规定，就有使命，就有任务，至于你是否意识到这一点，那是无所谓的。这个任务是由于你的需要及其与现存世界的联系而产生的。"在职场中，从事业境界上升到使命境界，为何而干为谁而干，已经不单纯是为了个人的报酬和眼前的蝇头小利，当为社会进步而献身，就有了无穷的动力，个人潜能得到极大的发挥，灵感层出不穷，事业就会进入波澜壮阔的伟大化境。要想知道一个人为什么活着，无非就是因为责任。要想知道一个人怎样做到有价值，无非就是因为使命。这个世界必然为那些具有真正意义的使命感和自信心的人大开绿灯，当一个人对于世界有一种使命感的时候，他会改变世界。领导者与管理者的区别在于，前者传播的是使命，后者念叨的是观念。钱钟书先生说得好："成功不仅意味着事业上取得成就，还包括人生境界的提升。"可谓大象无形，大道至简。当心里没有乌七八糟的东西，不为眼前小利益而纠结，目光如炬直向远方，心灵就会变得无比地清洁，无比地干净，无比地圣洁，就会集中一切心力向目标进攻。纯粹的心灵是完成使命的必须，更会让人生进入最高的精神境界。日本后现代主义作家村上春树说过一句话："说得极端些，科学这东西正因为有其纯粹性才获得繁殖。"当然，如果取得一项成功之后，就贪图享受了，心灵不再纯粹，对于使命境界的人来说，就是灾难，就会被各种私欲蒙蔽，就将不会再有重大的成果。

其二，坚定的理性和科学的信仰

没有理性保驾护航的使命，是走不远的。作为使命境界的职业者，理性思维和行为是必需的，偏离了理性就将酿成灾难。理性、自觉、科学是领导者的工作价值观，理性和判断力是作为一个领导者的基本素质，当然，人总会犯错误，但如果理性的判断出现了问题，将会是致命的问题。如果把工作热情比作航行的帆，那么理性就是航行的舵。作为具有使命境界的职业人，就必须把握"理性维度"，就是指人在技术实践的过程中按照"合规律与合目的相统一"的内在尺度要求，合理地进行技术设计、操作、创造、制作的实践。逻辑和选择，包括技术理性、审美理性、伦理理性、创新理性等方面。将工作目标或者研发上升到使命的高度，一是要具有强烈的挑战价值，这个目标足够遥远，但又有可能实现；二是具有强烈的信仰，也就是对实现这一目标的价值的强烈认同感。我们所说的科学的信仰，是对科学本身的信仰，就是讲逻辑，讲规律，讲必然，讲价值观方法论，整合当前的资源，通过不懈的努力，一定会实现这一目标。著名科学家赫尔巴特有一句名言："当喉咙发干时，会有连大海都一饮而尽的气概，这便是信仰；等到口渴时，至多只能喝两杯，这就是科学。"这句话很形象地指出了信仰的感性特征和科学的理性特征，将科学作为自己的信仰，就会知行合一、实事求是、按规律办事，就会实现一个必然的结果。爱因斯坦说："科学研究能破除迷信，因为它鼓励人们根据因果关系来思考和观察事物。"科学的本质是理性地求知，科学理性的精神信仰是使命境界职业人的必须。

其三，坚强的意志与肥沃的心田

使命，虽然平常人都有，但对社会发展、科技进步形成重大贡献的使命，完成或者实现却非常不容易。往往也正因为这个不易,使命型的成果才有价值和意义,有的往往需要十几年几十年的不懈努力,有的甚至穷尽一生。一蹴而就、一劳永逸的成果因为简单易行,往往会被迅速模仿,从而失去市场价值。张骞第一次出使西域,历经13年生死磨难,100多人的团队只剩下3人,最终不辱使命,他因此被誉为伟大的外交家、探险家,是"丝绸之路的开拓者""第一个睁开眼睛看世界的中国人""东方的哥伦布"。对于这类人来说,没有退缩的选择,只有前进的使命。"打掉牙齿和血吞""扎硬寨、打死仗"是曾国藩成功的秘诀之一,体现出取得重大成功的人士坚忍不拔的意志,而往往一个人真正把握自己的意志,完全自由地行动时,他才能对他的这些行为负全部责任。重大的突破,飘逸的灵感,规律的呈现,不会凭空而来,需要日积月累的思索,持之以恒的努力,反反复复的试验,绝对考验意志力。行百里者半九十,往往行至最后,人们没有坚持下来,这种心灵的煎熬极为痛苦,这就需要充盈丰满的心灵来滋养。意志是心田里长成的大树,心灵干涸了,大树必然就枯萎了。意志动摇了,心理崩溃了,发明创造、改革发展就彻底失去了信心,事业就停滞不前了。

其四,感恩的心态与洒脱的心境

从工作境界提升到事业境界、使命境界,与自己相关的业绩、成果密不可分。随着业绩的增多,报酬待遇会不断增长,这符合社会主义市场经济的逻辑。反思自己生长的过程,固然有自己努力的主观因素,还有多方支持的客观原因。感恩什么?感恩这个时代,正是这个时代造就了你;感恩这个社会,正是这个社会养育了你;感恩这个单位,正是这个单位为你提供了施展才能的平台;甚至感恩给你制造麻烦的人,正是他们磨砺了你的心灵,如此等等。随着事业的拓展,视野的扩大,心中的格局也在无限扩大,还有什么鸡毛蒜皮的小事不可包容?在现实生活中,往往得到的比主动放弃的要多得多。包容是一种胸怀,不计较是一种境界。同时,为使命而活,就不能抱着"教会徒弟饿死师傅"的陈旧观点,时代的发展永远不会停止脚步,豁达地对待跟随自己的人,让其成长,让其进步,也是自己使命的一部分。因为自己无论怎样进步,都不能使周围的人们一起进步的话,那么这个人对社会的贡献就是极其有限的。我们要绝不以"孤独""进步"为满足,承担责任,使大家都进步,至少使周围的人都进步。爆竹用一瞬间完成了自己的永恒，不是因为那一秒的美丽，而是因为它在那一秒完成了自己的使命，人类的发展、科技的进步需要延续，需要永恒，这就需要一个洒脱的心境。

【新思维】

有人问，什么是使命。如何使用生命，就是使命。而把学习、工作与生命对接起来，是思考的一个方向。

一般来说，使命是使者的任务和责任，具有崇高而伟大的意义。我们把教师看作是成人世界派遣到儿童世界的文化使者，就赋予了教师不一样的责任内涵。

在职场生活中，我们往往发现不同层次的职业者对使命的理解不同，譬如一个饲料推销员到农村去开拓市场，如果仅仅把挣钱作为自己的使命，就不会被客户认同；如果把帮助客户发家致富作为自己的使命，就会赢得更加广阔的市场。

具有使命境界的职业者，把自己从事的工作、专业、目标与自己的生命联系在一起，无论上班还是下班，都是在从事自己的工作与事业，无论什么时间都是岗位工作的延续。如果一个人 24 小时，365 天都在工作事业的思维之中、思考之中、学习之中、持续改进之中、审视教训之中、总结经验之中，天道酬勤自然成功。

具有使命境界的职业者，把自我的探索和挑战作为毕生最重要的使命，也就是在使用自己的生命，实现自己生命的价值。

有人说，使命境界的人约占社会职业人总数的 10 %左右，实在不好定论。

宋陆游《书愤》载："壮心未与年俱老，死去犹能作鬼雄。"壮心，一般指豪壮的志愿，壮志。三国魏曹操《步出夏门行》载："老骥伏枥，志在千里。烈士暮年，壮心不已。"壮心不已，指雄壮豪迈的志向并未消失。本文题目"壮'心'不已"，旨在提醒已经到达事业境界的职业者，要壮己志、雄己心，时时刻刻，努力让自己的人生进入使命境界。从个人成长规律上讲，无论何人不论学历禀赋，只要自己充分努力、扩大格局、坚强坚忍，都能实现这个人生境界。

再拓展

1. 使命,本义指出使的人所领受的任务和应负的责任。使命感,是一个人对自我天生属性的寻找与实现。回忆自己成长的经历,想一想自己做过的具有使命感的事情。

2. 明末东林书院有一副人所熟知的对联:“风声、雨声、读书声,声声入耳;家事、国事、天下事,事事关心。”如你有兴趣,请梳理一下中国古代士人的使命。

3. 2016年4月,习近平总书记在安徽合肥主持召开知识分子、劳动模范、青年代表座谈会时说:“全面建成小康社会,进而实现中华民族伟大复兴的中国梦,必须依靠知识,必须依靠劳动,必须依靠广大青年。广大知识分子、广大劳动群众、广大青年要紧跟时代、肩负使命、锐意进取,把自身的前途命运同国家和民族的前途命运紧紧联系在一起,努力为共同理想和目标而团结奋斗。”请谈谈对这段话的理解。

第八节 欢“心”鼓舞:职业理想与人生境界的辩证关系

在现实生活中,人生的价值或者境界往往通过职业活动来实现,如何辩证地理解职业理想与人生境界的关系,是下面我们要谈的话题。

【小概念】

◎职业理想

职业是参与社会分工,利用专门的知识和技能,为社会创造物质财富和精神财富,获取合理报酬,作为物质生活来源,并满足精神需求的工作。职业具有社会属性、规范性、功利性、技术性和时代性。职业与人类的需求和职业结构相关,强调社会分工;与职业的内在属性相关,强调利用专门的知识和技能;与社会伦理相关,强调创造物质财富和精神财富,获得合理报酬;与个人生活相关,强调物质生活来源,并涉及满足精神生活。

理想,是对未来事物的美好想象和希望,也用来比喻对某事物臻于最完善境界的一种观念。它是人们在实践过程中形成的有实现可能性的对未来社会和自身发展的向往与追求,是人们的世界观、人生观和在奋斗目标上的集中体现。人们对未来不懈追求,是理想形成的动力和源泉。

职业理想,是人们在职业上依据社会要求和个人条件,借想象而确立的奋斗目标,即个人渴望在某一个时间节点上达到的职业境界。它是人们对职业活动和职业成就的超前反映,与人的价值观、职业期待、职业目标密切相关,与世界观、人生观密切相关。它是人们实现个人生活理想、道德理想和社会理想的手段,并受社会理想的制约。

◎人生境界

人生,就是人类从出生至死亡所经历的过程。关于人生的根本的原理和智慧,是关于人生问题的哲学学说,是人生观的理论形式。它主要探讨人生的目的、价值、意义、态度等。它的功能是让人了解宇宙人生的根本原理和道理,对人们的生活起到指引作用。

境界,是指人的思想觉悟和精神修养,即修为、人生感悟。可表现为一个人的思想境界如何,实际上指的是一个人的思想觉悟和精神修养的水平如何。

人生境界,是指某个人做各种事的各种意义合成的一个整体。

【大讨论】

理想不同于幻想、空想和妄想,是有理性的梦想,是按照逻辑和规律,通过人们的努力,必然要实现的奋斗目标。

其一,理想的性质

理想具有客观必然性。它能正确地反映客观实际,正确地反映现实与未来的关系,合乎事物变化和发展的规律,经过努力是可以实现的。

理想具有社会性,理想不是离开社会的孤立的个人的随意想象,而是由社会制约和决定的想象。

理想具有阶级性,在阶级社会中必然具有阶级的烙印。

其二,职业理想的性质

理想作用在职业上,就形成了职业理想。

职业理想具有差异性。一个人选择什么样的职业,与他的思想品德、知识结构、能力水平、兴趣爱好等都有很大的关系。政治思想觉悟、道德修养水准以及人生观决定着一个人的职业理想方向。知识结构、能力水平决定着一个人的职业理想追求的层次。个人的兴趣爱好、气质性格等非智力因素以及性别特征、身体状况等生理特征也影响着一个人的职业选择。

职业理想具有发展性。随着年龄的增长、社会阅历的增强、知识水平的提高,职业理想会由朦胧变得清晰,由幻想变得理智,由波动变得稳定,因时因地因事而变化。

职业理想具有时代性。生产力发展的水平不同、社会实践的深度和广度不同,人们的职业追求目标也会不同,因为职业理想总是一定的生产方式及其所形成的职业地位、职业声望在一个人头脑中的反映。

其三,职业理想的作用

职业理想具有导向作用,人生发展的目标是通过职业理想来确立,并最终通过职业理想来实现，理想是前进的方向，是心中的目标。

职业理想具有调节作用，当一个人在工作中偏离了理想目标时，职业理想就会发挥纠偏作用，尤其是在实践中遇到困难和阻力时，如果没有职业理想的支撑，人就会心灰意冷、丧失斗志。

职业理想具有激励作用，为使美好的未来和宏伟的憧憬变成现实，人们会以坚忍不拔的毅力、顽强的拼搏精神和开拓创新的行动去为之努力奋斗。

其四，境界的感悟

境界有些虚，有些玄，但不是扮酷，不是高冷，不是“白骨精”，它是一种真实的存在。一个人的经历和悟性最终决定了他的人生境界。人活几重界，冷暖我自知。

境界不是为了形形色色的“回头率”给人看的，而是一种自我、一份淡然、一泓秋水。

清末民初国学大师王国维在其著作《人间词话》里谈道：“古今之成大事业、大学问者，必经过三种之境界。”

一是“昨夜西风凋碧树。独上高楼，望尽天涯路”。外面的世界很精彩，外面的世界很无奈，任何人都不会随随便便地成功，成功得越容易价值越小。要立下大的人生理想，并坚定目标去奋斗。所谓的机会，是事物还在萌芽状态，就要持之以恒地干下去，所有人都看清了，就没有了价值。在问题面前，积极的人看到的往往是机遇，消极的人看到的往往是危险。

二是“衣带渐宽终不悔，为伊消得人憔悴”。确立目标后，就算用尽“洪荒之力”，也要无怨无悔海枯石烂，不达目标绝不放手。在这个过程中，不能天天喊着“蓝瘦”“香菇”，要以苦为乐，内心坚强。一般按规律而言，付出一定有回报，付出越大回报越多。

三是“众里寻他千百度，蓦然回首，那人却在，灯火阑珊处”。不管做什么事情，只要想做得好，就必须有专注的精神。反复追寻、研究，下足功夫，自然会豁然贯通，有所发现。而所谓的灵感，所谓的机遇，就会迸发。

其五，人生境界的研究

按照当代著名哲学家、教育家冯友兰的观点，人生境界由低到高，依次是自然境界、功利境界、道德境界、天地境界。

自然境界，随波逐流，随遇而安，只是顺着本能或风俗习惯做人做事，不反思不思考不改进。

功利境界，人不为己天诛地灭，为自己而做各种事。他可以做些事，其后果有利于他人，其动机则是利己的。

道德境界，人人为我，我为人人，充分地认识到自己是社会群体的一分子，为社会的利益做事，所做的各种事都有道德的意义。

天地境界，为宇宙的利益而做各种事，有超道德价值。

其六，职业境界的研究

有人把职业境界分为三个层面，分别是工作境界、事业境界和使命境界。

工作境界是绝大多数上班族的工作状态，达到该境界的约占上班族及其他人总人数的70 %。典型的工作境界的人的定义是按部就班上班，该上班时上班，该下班时下班，工作有规律，压力比较小，加班比较少，收入比较稳定，养家糊口没有问题。工作境界的人上班干完自己的岗位工作就是万事大吉，基本是当一天和尚撞一天钟，不追求更大的业绩与绩效。

工作境界的人积极性差，主动性差，岗位责任心一般，缺乏工作热情与创新精神。工作境界中有少数人在单位工作悠闲自在，得过且过；对领导敷衍了事，牢骚满腹；对工作不求有功、但求无过；对他人事不关己、高高挂起；对生活悲观厌世、消极颓废，长期停留在一个工作水平上。

事业境界的人约占上班族及其他人总人数的20%。事业境界的人就是有强烈的事业心、强烈的工作责任感，想干出一番事业，想在工作单位做出更大的贡献，想改变人生，不断改进，追求工作的完整。典型的事业境界的人的定义是能够以工作单位为家，该上班时上班，该下班时下班，工作有规律，只要工作单位需要加班就加班，只要是工作需要，就能够以工作为主。工作压力比较大，加班比较多，收入追求更多，生活追求高品位。事业境界的人上班干完自己的岗位工作，还要追求工作与生活的完整。

事业境界的人积极性强，工作主动性强，工作岗位责任心强，有突出的工作热情与创新精神，与工作境界的人有明显的差异，有时是工作境界的人嫉妒的对象。但是，现代职场努力的人多如牛毛，而成功的人却是凤毛麟角，归根到底是没有坚持下去，没有长期坚持的毅力，没有咬定青山不放松的韧劲，所以这些事业境界的人就达不到使命境界。

使命境界的人约占上班族及其他人总人数的10%。典型的使命境界的人的定义是把自己从事的工作、专业、目标与自己的生命联系在一起，无论上班还是下班都在从事自己的工作与事业、想自己的工作，无论什么时间都是岗位工作的延续，工作有规律，读书有追求和规律，休息有规律，24小时，365天都在工作事业的思维之中、思考之中、学习之中、持续改进之中、审视教训之中、总结经验之中。具有使命境界的人上班干完自己的本职工作是必需的，是工作标准的要求，追求工作的完美，能够把单位的工作作为自己的生命去对待、去思考、去谋划、去忘我地工作。使命境界是事业境界的人经过长时间的考验，经过漫长岁月的沉淀，而最终柳暗花明的，找到的自己的春天与秋天，自己最终的归宿。使命境界的人追求的是卓越，他们把追求卓越看作自己终生的使命。

具有使命境界的人由于对工作极端地负责、认真，有时候容易惹人不愉快；由于在工作单位积极性极强，主动性极强，岗位责任心极强，创新精神极强，太过容易引人注目。具有使命境界的人对工作一丝不苟，任劳任怨，在工作单位对工作特别认真负责，把做不好工作看作是自己的一种耻辱，没有尽到自己的责任和义务，对不起单位、对不起社会、对不起家庭、对不起个人。

【新思维】

其一，职业理想在实现的过程中会标注和提升个人的人生境界

在职场中，理想可以分为阶段的职业发展目标来呈现，往往一个目标的实现就会使人生境界提高一个段位。譬如，找到一份理想的工作，对自己来说，是人生境界中一个“开天辟地”的大提升；学会独立地完成岗位工作，得到了人生第一份工资，自己的人生就立即提升到了工作境界；表现突出，成为岗位标兵，也是一次大的提升；业绩非凡，管理能力有了一定水平，被提拔到生产管理岗位，级别和工资都有了大幅增长，人生就开始了向事业境界的突飞猛进；等等。只要职业规划中的理想目标，一个一个地实现，不知不觉就会提升了自己的人生境界。

其二，现实中的人生境界彰显和巩固自身的职业理想

有什么样的人生境界，往往就孕育什么样的职业理想。工作境界的职业人，职业理想往往会盯着每月发的工资；事业境界的人，职业理想往往盯着眼前正在极力推进的项目,虽然关注工资但并不太关心;使命境界的人盯着的是长期攻关的事业,很可能忘记了报酬的多少。当然,工作的报酬往往与工作境界成正比,但也有为了使命穷困潦倒的人,这种情况更值得钦佩。人生境界提升后,职业理想就越来越光明,也会随之改变,原先可能仅仅服务一个县,后来服务一个省,再后来服务全国乃至全世界。进入使命境界的人,往往会成为单位某一个专业的技术权威和领军人物,是单位的核心竞争力,其职业理想不仅关系到个人的发展,更关乎单位的发展。

其三,职业理想与人生境界相辅相成

职业理想和人生境界都是个人内心价值世界的精神追求,二者在自身发展过程中都具有动态性和层次性,都是建立在实践的基础之上的。从二者的超越性来看,职业理想是通过理性引导实现的外在超越,人生境界是通过感性体悟获得的内在超越。从某种程度上讲,职业理想是心灵田地里茁壮生长的庄稼,人生境界则是心灵田地的整体外观、多彩风景;职业理想是农夫每年的生产计划,人生境界则是农夫劳作时的表情。人生境界会直接影响到职业理想,职业理想会提升人生境界。虽然职业理想和人生境界存在超越性的差异,但是二者的有机结合应该是人生境界建立在科学的职业理想基础之上,并引导职业理想向稳定的人生境界迈进的。

《韩非子·存韩》载:"斯之来使,以奉秦王之欢心。"欢心,指对人或事物喜爱或赏识的心情。本文题目"欢'心'鼓舞",旨在提示广大职业者要让自己的职业心灵欢快、欢畅、欢乐起来,捍卫自己的职业理想,提升自己的人生境界。

第四章　职业良心与人文精神

◎与西方文化相比，以人为本的人文精神是中国文化最根本的精神，也是一个最重要的特征。中国文化不是靠外在的神或造物主，而是靠人本身道德的自觉和自律，强调人的主体性、独立性、能动性，这就是中国文化以人为本的人文精神。

◎从社会实践看，人们更多关注的是事物的“善与恶”；从人性应然性的发展规律上看，或者从“善与恶”的本质上探讨，却是“对与错”的问题，或者说仅仅从“善与恶”的角度去诠释职业良心是远远不够的，达不到事物的本质。

◎人文精神的超越性主要体现在人对生活、生命意义的追求上。人的生命意义绝对不在生命的终点上，而在于生命的过程，从很大程度上讲，人生的本身就是实践生命、探寻生命意义的过程。

◎职业良心来自于对自身人之属性的认同，来自于对自身人文精神的尊重，来自于对自身人文精神的实践与升华。

第一节 正“心”之旅:擦亮自己的职业心灵

◎世上的事情往往都有规律可循,生活和做事心不在焉、三心二意、漫不经心、心猿意马,往往没有活好、做好的道理。内心不光明,生活就不会灿烂,工作就不会辉煌。

◎本着“知行合一”的原则,每个人的言行举止都是心灵世界的反映,言不由衷、口是心非、阳奉阴违即是如此,有口无心本身就属于不科学的托词,本质上是有心才有口,无心就不能张开那个口。具有一颗光明而正大的职业心灵,必然会迎来光明而正大的职业前程。

◎这颗“心”,不是可以用解剖的方法把玩的一团血肉和软组织,而是一个庞大的、能动的、鲜活的心灵生态系统,她孕育出的是整个人的感情、思想、意志乃至智慧,她指导、支撑了人的所有行动,同时她也是娇嫩的花朵,需要个人的滋润、滋养和培育。

【微案例】

那年，小张大学毕业进了一所设计院。从院长到普通的设计员，每个人都有一个小小的单间办公室，大家都习惯于关起门来工作。

小张希望能和同事们有更多的交流，每天一到单位，就把办公室的门大开着。

有一天，一位女同事跑进小张的办公室请求帮助。他二话没说，立即跟她下楼，很快将八大捆书一一搬上楼来。

慢慢地，走进他办公室的同事多起来了。因为小张的办公室总是开着门，大家有什么事情需要帮忙总是会第一个来找他。

有一天，院长手里拿着一沓稿纸，急急地从他办公室的门前走过。看到他的门开着，突然又退了回来，对他说："那个，你……"

小张赶紧站起身来，说："许院长，我叫张奉连，是刚刚从四川大学毕业到院里工作的。许院长您有什么吩咐？"

"哦，小张。"许院长看了小张一眼，问："你打字快吗？我这里有一份材料，下午开会就要用的，得马上打印出来。"

不久，小张就把那份8000多字的材料打印整齐，送到了院长室。许院长接过材料，满意地点了点头。

从此以后，除了同事们会经常找他帮忙，许院长也经常走过来，吩咐小张做些过去他总是叫别人做的工作。

有一天，许院长突然从他的办公室给小张打来电话："小张，你把手头的工作先放一下，下午跟我出去办点事。"原来，他要去和一家委托设计院做设计的单位谈判，需要一名做记录的秘书跟随，而办公室的秘书小姜那天正好有事请假没来上班。

渐渐地，小张成了设计院里最忙的人，大事小事，不用谁指派，都会自然而然地落到他的头上。而许院长只要有什么重要的事务，也总是会叫上他。

年底，院里决定提拔一名院长助理。在任前的民主推荐中，工作才一年多的小张被大家一致提名，其实在大家的心目中，他早已经是"院长助理"了。

【大讨论】

小张敞开门让机遇进来，其实他是个有心之人。世上的事情往往都有规律可循，生活和做事心不在焉、三心二意、漫不经心、心猿意马，往往没有活好、做好的道理。内心不光明,生活就不会灿烂,工作就不会辉煌。下面,我们主要聊聊职业心灵的话题。

其一,职业选择与内心意愿

对有些人来说,命运有点像冤大头,天天被埋怨来指责去,真是可怜之至,殊不知从规律上讲,命运不是机遇,而是自我的选择,大家都说机遇只留给有准备的人,有准备就是早早地做了选择。抗战期间,日军抓劳工,劳动没有选择,是被迫的;当今的职场,第一道门槛就是应聘,"应"就是自我的主动、自我的选择,更是内心的自我意愿。每个人职业基础能力有高低,岗位的贡献有大有小,可选择的空间不同。职业的选择往往基于自己的能力和素质,做出合适判断和选择。选择了一个职业岗位,就不能这山望着那山高,甚至好高骛远,必须安生服业、安心工作,在工作中培养自己的兴趣和爱好,找到自己的奋斗方向,树立自己的职业理想。19世纪俄国教育家乌申斯基有句名言:"如果你能成功地选择劳动,并把自己的全部精神灌注到它里面去,那么幸福本身就会找到你。"无论在什么样的岗位上工作,都需要用心、上心、尽心,在工作期间,漫不经心、心神恍惚、掉以轻心,轻则保证不了质量,完成不了任务,重则酿成重大事故。身到还要保证心到。职业心灵健康了,阳光了,就身心合一、身心交融、身心愉悦了,工作也就慢慢地顺心顺意、顺水顺风,走上了正确健康的轨道,工作才能有成效。

其二,职业目的与实践坚持

"人不为己天诛地灭",中国的儒家思想从来没有否认过个人利益;西方哲学,把个人美好生活和幸福作为最高的善。邓小平也说:"我们一定要坚持按劳分配的社会主义原则。按劳分配是按劳动的数量和质量进行分配的。"这些都是基于上文所讲职业的选择源于内心的意愿,个人职业的目的就是要追求个人的成长与发展、幸福与快乐。戴尔电脑公司创始人兼董事长迈克尔·戴尔12岁时就曾在一家中国餐馆洗碗,史上最受欢迎的动作明星之一西尔维斯特·史泰龙曾经当过狮笼清洁工,被认为是美国历史上最有影响力、最受人尊敬的总统之一罗纳德·里根第一份职业是做体育广播播音员。这些听起来有些传奇,其实道理很简单,不管什么样的人,首先要生存下来,在职业中增长知识、经验、智慧,慢慢地进入健康发展的轨道,实现职业成长的飞跃。在历史上做出贡献的名人,不是一出生就是名人,梦想一般都是从第一份职业起步的。当然,有的人在早期的职业实践中"苦其心志,劳其筋骨，饿其体肤，曾益其所不能”，实现了人生的腾飞；有的呢，胸无大志，得过且过，温水煮青蛙，终老一生。单单后者，职业的目的也是明确的，更是现实的，没有异议。问题出在哪里？出在虽然目的是善的，却没有坚持自己的目的，坚持自己正确的选择。有的人始终对成绩优异者羡慕嫉妒恨，但自己却不想努力，不尽心工作，还幻想着高职位、高薪酬，这就违背了“按劳分配”的基本原则。

其三，心灵光明与前程远大

正大光明、浩然正气、光明磊落是我们对人的德性的赞美，实际上是心灵光明正大的行为反映。我们常说，一颗阴暗的心永远托不起一张灿烂的脸。这不是卫道士的说教，而是人性的法则。孔子曰：“君子坦荡荡，小人常戚戚。”这里的“坦荡”，是指心中光明，照亮一切，事事分明。本着“知行合一”的原则，每个人的言行举止都是心灵世界的反映，言不由衷、口是心非、阳奉阴违即是如此，有口无心本身就属于不科学的托词，本质上是有心才有口，无心就不能张开那个口。具有一颗光明而正大的职业心灵，必然会迎来光明而正大的职业前程。时下，有些人总是习惯带着“假面具”示人，试图把自己装进一个碉堡里，两只眼睛偷窥别人，唯恐别人看见自己的内心世界，以为这样就保护了自己。其实不然，一是因为你是一个什么样的人，与你交往就会有什么样的结果，路遥知马力，日久见人心；二是凡事都讲究将心比心、以心交心，一个内心不能光明正大的人，岂可委以重任？

其四，心灵滋养与心理调适

人的崩溃首先或者本质上是内心的崩溃，小人首先或者本质上是心眼小，钻了牛角尖本质上是内心排解不开、全部郁结了，结了冰的海洋，轮船就不能自由地航行了。职业心灵其实就像一个心态系统，有时候过于忙碌就会失衡，有时候也会有些垃圾漂进来，这就需要及时地清理，及时地调适。即使一块很大的生态湿地，常年无水注入，也会干涸成沙漠，所谓哀莫大于心死。《庄子·齐物论》载：“形固可使如槁木，而心固可使如死灰乎？”这句话讲的就是这个道理。首先，要时刻关注自己的内心世界，始终保持一种积极向上的状态；其次，对待自己的行为错误，要及时反思，及时改正；最后，要保持一种豁达的心态，不能长时间地纠结。最近心理学家研究表明，对人体伤害最大的负面情感是羞愧和内疚，古今中外经常有人羞愧而死，春秋战国时期齐国“二桃杀三士”就是如此，《三国演义》中王朗本质上也不是被诸葛亮骂死的，是自己羞愧而死的，《过秦论》作者贾谊因自己做太傅时梁怀王出了事故，内疚而死。凡此种种，都源于内心过不去那道坎儿，抑郁过度，排解不开，更多的是由此生病，也是很不好的事情。事情既然不能挽回，就要学会忘记，心理负担过重，百害而无一利。

【新思维】

职业心灵与职业心态、职业心理有些类似，但从心灵的角度来思考，更能从本质上把握心灵的奥秘，直至时刻关注自己在职业过程中的心灵滋养与调适。

心态指的是心理状态。职业心态受到职业的界定，必然指的是在职业过程中好的心理状态，包括积极、主动、学习、包容、自信、服从、奉献、竞争、专注等界定词。

职业心理一般是指职业人在职业活动中表现出的认识、情感、意志等相对稳定的心理倾向或个性特征。性格影响着一个人对职业的适应性，一定性格的人适于从事一定性格特质的职业；同时，不同的职业对人也有不同的性格要求。

但不管是从心态角度还是心理角度，职业者的内心世界都需要被特别关注，对自己负责首先要对自己的心灵负责。

这颗"心"，不是可以用解剖的方法把玩的一团血肉和软组织，而是一个庞大的、能动的、鲜活的心灵生态系统，她孕育出的是整个人的感情、思想、意志乃至智慧，她指导、支撑了人的所有行动，同时她也是娇嫩的花朵，需要个人的滋润、滋养和培育。

每个人的心灵都具有鲜活的生命特征，随着生命主体的孕育而发展，随着身体力行而强壮和坚强。长期不使用她，她就会弱化；长期不关注她，她就会枯萎。

一个人的坚强往往不在于身体，而在于心灵，在职场中的表现更是如此。

《礼记·大学》载："欲正其心者，先诚其意。""心正而后身修。"正心，指的是使自己的知、情、意与外界融合。本文题目中"正'心'之旅"，说的是整个人生旅途都要摆正、修正、纠正自己的良心，擦亮自己的职业心灵。

再拓展

1. 意愿，通常指个人对事物所产生的看法或想法，并因此而产生的个人主观性思维。意就是心意、心的方向；愿就是愿望、愿动力。所以意愿就是最初的愿望，是想要达到某个特定的目标和方向，然后用尽自己的能力去达成那个目标和方向。试选取生活中一两例重大选择活动，并谈谈本心意愿发挥了多大作用。

2. 王阳明《传习录》载："夫正心、诚意、致知、格物，皆所以修身。而格物者，其所用力，日可见之地。故格物者，格其心之物也，格其意之物也，格其知之物也。正心者，正其物之心也。诚意者，诚其物之意也。致知者，致其物之知也。"请搜集资料，整理中国古代"正心诚意"的思想。

3. 习近平同志2010年9月1日在中央党校2010年秋季学期开学典礼上讲了一句话："激情是一种可贵的工作状态和工作品质，往往能最大限度地发挥创造潜能。"请你谈谈对这句话的理解。

第二节　愿"心"长青:价值永远是第一标杆

◎好的德性创造出巨大的经济价值或者社会效益,按照经济价值规律,单位应该在物质或者精神等方面体现出这个人的价值,换句话说,价值在很大程度上就是个人德性的重要标识。

◎尤其在企业发展的关键档口,在生产的关键环节,在问题和困难面前,个人的作为、个人的担当、个人的德性被展现得淋漓尽致,在暴风雨来临之时,我们是像海鸥、海鸭、企鹅呻吟着躲在悬崖底下等待风暴过去,还是像海燕一样在雨中翩翩起舞?

◎人生必须尊重社会规律,职场必须尊重价值规律。员工的薪酬待遇永远不会尊重需然性,对很多人来说,需求再怎么刚性,市场经济规律也不支持,支持和尊重的是应然性,你应该得到多少薪酬待遇。

【微案例】

小明是应届生，而且学的不是对口的计算机专业，可是不到一年时间，他已经成为企业团队的绝对骨干核心。

因为他，企业打破了自创业以来的一项纪录：半年时间连续给他加了三次薪，而且使他成为唯一一个可以拿公司分红的非股东。虽然是个小公司，可是他拿到的薪酬已经丝毫不比BAT同等员工差了，即使如此，老板还成天提心吊胆，生怕他哪天就辞职了。

之所以如此，是因为他学习新知识、搞定新问题的能力非常强。

有一次接到国企的一个大单子，需要用到的技术，公司没人掌握。在开内部动员会的时候，其他人都不敢站出来负责这个项目，当时才进来几个月的他却自告奋勇，成为唯一一个举手的人。

接下来半个月，他买回来一摞书，天天啃书，上机做实践，居然真的掌握了一门新的编程语言，顺利完成了项目。

还有一次老板去他家做客，发现整个房间几乎都堆满了书，五花八门，大部分是专业书籍，也有很多是关联性读物。

那时老板终于知道，他除了工作之外，几乎把所有业余时间都用在了读书学习上……

【大讨论】

“有人曾经问我，领导最喜欢什么类型的员工？要我说的话，大部分人都喜欢能搞定问题的人，有价值的人。”这是老板对小明这类人的评价。对于现代职业人来说，核心的价值就在于他对企业创造了多少利润。

其一，付出与回报

《中国合伙人》中的王阳交往了多年的女朋友要回美国了，不直接提出分手，而是说行李太重了，设身处地地想一想，王阳当时应该怎么办？是痛不欲生地表白？还是死乞白赖地哀求？这可能是一种中国传统的思维方式。他对他的学生感慨地说：“什么都不要说，转身直接离开，否则她会像对待一件行李一样对待你。”片中虽然说的是美式思维，但本质上是说自己在前女友心中的价值。薪金及其待遇，不管是对企业来讲，还是对员工来讲，都是一种市场关系，都围绕着价值规律办事。商品的价值量不是决定于个别劳动时间，而是决定于社会必要劳动时间，即在社会现有的正常生产条件下，在社会平均的劳动熟练程度和劳动强度下制造某种使用价值所需要的劳动时间。由此推断，个人的薪酬及待遇必须与员工个人的技术、能力、业绩、贡献相契合。价值规律是一种商品经济中最基础最一般的自发的民主的社会经济活动调节方式,凌驾于市场调节和计划调节之上,并贯穿到人类社会发展阶段的始终。《国际歌》里唱得好:"从来就没有什么救世主,也不靠神仙皇帝！要创造人类的幸福,全靠我们自己!"作为市场经济社会中的职业人,每个月都应衡量一下自己的贡献值,然后再来审查自己的薪酬。裴多菲曾经感慨地说:"生命的多少用时间计算,生命的价值用贡献计算。"

其二,人生目的与单位愿景

我们在"独角兽"企业、"单项冠军"企业、"隐形冠军"企业调研期间,发现了很多发人深省的现象,突出的一点就是企业的使命感特别强,他们努力和奋斗的目标是促进经济社会的发展,而不单纯是为了营利。实际上这符合经济社会发展的规律,社会需求度才是企业生存发展的空间。柯达公司在胶卷时代占据全球2/3的市场份额,巅峰时期全球员工达14.5万人,是感光界当之无愧的霸主。但在2012年1月19日却提交破产保护申请,破产的原因很简单,不是他们不生产胶卷了,而是社会不需要胶卷了。作为一名员工,虽然不能决定单位的发展方向,但也要密切关注行业发展的动态、企业发展的愿景,让自己的人生发展聚焦到岗位上,与企业效益相吻合,实现同频共振、相向发展。在计划经济年代,企业办社会,员工与企业的利益高度一致,主人翁的意识特别强烈;德国、日本等制造业强国,很多员工一辈子固定在一个企业,专注于一项工作,人生发展与企业愿景高度契合。从企业的无限责任到如今的有限责任,员工的流行性增大,但本质的一点没有改变,就是岗位是实现人生目的的平台,岗位是企业的组成部分,也就是说,员工的发展必须要跟上企业发展的步伐,在企业的进步中实现自己人生的目的。歌德曾经说过一句话:"谁若游戏人生,他就一事无成,谁不能主宰自己,永远是一个奴隶。"企业对员工的有限责任同时也意味着员工对企业的有限责任,从宏观上讲,这是一种社会进步,但自由必须建立在自律的基础上,某个员工对企业不负责任,企业就很难对这个员工负责任,不养一个闲人是企业发展的必须,在工作中体现出个人的价值也是员工成长的必须,凡事都必须尊重市场经济的价值规律,这就是社会运行的基本"游戏规则"。

其三,职业价值与德性标识

从伦理学的基本原理上说,德性是大家对某个人出色地完成某项实践活动的称赞。德性可分道德德性和理智德性两类,道德德性由习惯养成,理智德性靠教导培育,他们共同合成做人做事的品性。职业德性就是体现在岗位工作中所表现出的技术技能、创新创造、意志作风等,合成一句通俗的话就是"你是一个什么样的人",一个人好的德性体现在工作中,工作的失误也会影响大家对这个人德性的评价。好的德性创造出巨大的经济价值或者社会效益，按照经济价值规律，单位应该在物质或者精神等方面体现出这个人的价值，换句话说，价值在很大程度上就是个人德性的重要标识。对企业来讲，强烈的企图心、强盛的学习态度、超强的学习能力，是判定人才的三大标准，也是个人德性修养的重要内容。尤其在企业发展的关键档口，在生产的关键环节，在问题和困难面前，个人的作为、个人的担当、个人的德性被展现得淋漓尽致，在暴风雨来临之时，我们是像海鸥、海鸭、企鹅呻吟着躲在悬崖底下等待风暴过去，还是像海燕一样在雨中翩翩起舞？同时，我们还应注意到，德性虽然只有在工作中才能展现出来，但私下的努力更重要，每一分私下的努力，都会有倍增的回报，都会在公众面前被表扬出来，这就是职业德性的规律。陈毅元帅在《示儿女》一诗中写道："天地最有情，少年莫浪投。"《创业史》作者柳青对女儿说："你长了我的头脑，血管里流了我的血，但没有我的精神！没有千锤百炼你就是一块废铁！没有钢铁般的意志你会一事无成！"

其四，价值评估与人生追求

我们常常说，某人这一辈子活得有价值；我们也说过，某人在单位基本上没有任何价值，有时还起反作用，不如让他尽快离开。而在现实的职业生活中，往往表现出的是大家愿意或者不愿意与某类人一起共事，尤其是项目性的具体工作，这就是该类人的价值所在。有些事的价值可以衡量，有些无法衡量但确实地存在，虽然地球离开了谁都会转，但有些工作离开了某人就是干不了或者干不好，这是客观事实。极端的例子是某人虽然没有干什么具体工作，但只要他存在，大家就团结一致、干劲十足；当他不存在时，就军心涣散、一盘散沙。推而广之就是人生价值，生活的强者向人们提示的是确认人生的价值，弱者向人们提示的却是对人生的怀疑。恩格斯说过："有所作为是生活中的最高境界。"人长着心为的是思索人生，长着双手为的是创造未来。工作在很大程度上就是人生价值、人生快乐、人生幸福之所在。人生追求必须有目标，物化和外显的价值就是牵引。

【新思维】

看过部分职场心灵鸡汤，很遗憾很多内容基本上属于职场"办公室政治"、职场"厚黑学"，说的都是如何投机取巧、见风使舵、钩心斗角的伎俩。它们功能性较强，立马见效，但不长久，本质上是害人不浅。

职业活动或者职业规划本质上面向的是未来，它更多的是指向两三年后，而不是一朝一夕、一年半载。"路遥知马力，日久见人心。"翘着腿走不了几步,这就需要放弃所谓技术性的投机取巧,牢牢把握住职业的本质、规律性的东西,这样才能决胜职场。

人生必须尊重社会规律,职场必须尊重价值规律。员工的薪酬待遇永远不会尊重需然性,对很多人来说,需求再怎么刚性,市场经济规律也不支持,支持和尊重的是应然性,你应该得到多少薪酬待遇。

对于企业招聘来说,HR往往讨厌的是你要高额待遇,关注的是你能带来多大的效益。

马克思早就提出来市场价值规律:价值决定价格。而价值规律的表现形式是价格总是围绕价值上下波动。

天道酬勤,你的薪酬待遇就取决于你对企业的贡献,你的贡献度就是你的价值,其他因素几乎可以忽略不计。

《清平山堂话本·花灯轿莲女成佛记》载:"张待诏许下愿心,拜告神明。"愿心,原指迷信的人对神佛有所祈求时许下的酬谢。本文题目"愿'心'长青",指的是祈愿你的职业良心不被迷惑,长年长青,牢牢把握住一个基本的规律:价值永远是职场生活的第一标杆。

再拓展

1. 价值,在经济领域指的是体现在商品里的社会必要劳动,在社会活动领域指的是在其中发挥的积极作用。试分析自己在过去的一天、一月、一年的工作或者活动的价值。

2.《管子·治国》载:"凡治国之道,必先富民。民富则易治也,民贫则难治也……故治国常富,而乱国常贫。是以善为国者,必先富民,然后治之。"如你感兴趣,请搜集资料,研究一下中国古代的民本主义思想。

3. 2013年4月28日,习近平总书记同全国劳动模范代表进行座谈并发表重要讲话时指出:"我国工人阶级要牢固树立中国特色社会主义理想信念,坚定永远跟党走的信念,坚决拥护社会主义制度,坚决拥护改革开放,始终做坚持中国道路的柱石;要自觉践行社会主义核心价值观,发扬我国工人阶级的伟大品格,用先进思想、模范行动影响和带动全社会,不断为中国精神注入新能量,始终做弘扬中国精神的楷模;要坚持以振兴中华为己任,充分发挥伟大创造力量,发扬工人阶级识大体、顾大局的光荣传统,自觉维护安定团结的政治局面,始终做凝聚中国力量的中坚。"请谈谈你对这段话的理解。

第三节　顺“心”如意:让自己的精神永远站立

◎有些人对问题和困难有着天生的畏惧,不去想着怎么面对,怎么解决,怎么化危为机,而是天天怨天尤人,牢骚满腹,殊不知问题和困难是人生精彩的“酵母”,解决问题、克服困难的过程和结果就是前期精彩的含苞欲放和最后炫丽的姹紫嫣红。

◎对于一个人来讲,不管是过去、现在还是将来,人生的道路都是脚踏实地走出来的。历史是人写出来的,人的每一步行动、每一个活动都在书写自己的历史。历史对于具体人的定性就是德性。

◎在现实生活中,有些老年人、中年人,甚至年轻人,往往把自信、自尊、自爱诠释成了自满、自大、自傲,以圣人自居,以智者自诩,总以为没有任何错误,没有任何问题,长此以往,就会故步自封、墨守成规、抱残守缺、作茧自缚,从而放弃了自己无限发展的未来。

【微案例】

2018年11月17日,“两弹一星”功勋奖章获得者、国家最高科技奖和“八一勋章”获得者、我国核武器事业的开拓者之一的程开甲院士在北京病逝,享年101岁。

他1918年8月生于江苏吴江。1937年,就读于被英国著名学者李约瑟誉为“东方剑桥”的浙江大学。1946年8月,程开甲抱着“科学救国”的思想赴英国爱丁堡大学留学,师从物理学大师玻恩教授。其间,程开甲主要从事超导电性双带理论的研究。1948年秋,程开甲获哲学博士学位,任英国皇家化学工业研究所研究员。

当看到解放军敢于向英国“紫石英号”军舰开炮时,他感到中国有希望了。程开甲婉谢导师和朋友好意,于1950年8月回到祖国。

1960年,一纸命令将程开甲调入北京,让他加入中国核武器研究队伍。从此,程开甲受命牵头起草了中国首次核试验总体技术方案。

从1963年第一次踏进罗布泊,到1985年,程开甲一直工作、生活在核试验基地,在西部大戈壁滩上隐姓埋名20多年。程开甲在坚守中体现了为科学奉献的淡定与从容的精神。他为中国核武器研究和核试验事业倾注了全部心血和才智。

他曾经写下这样一句话:“科学技术研究,创新探索未知,坚韧不拔耕耘,勇于攀登高峰,无私奉献精神。”

【大讨论】

程开甲院士百岁华诞之时,《解放军报》曾刊文《一生为国铸核盾——记“两弹一星功勋奖章”“八一勋章”获得者程开甲院士》,介绍其事迹,文章中提到:“这位被誉为‘中国核司令’的老院士迎来了自己的百岁生日。回望百年人生,他说:‘我这辈子最大的幸福,就是自己所做的一切,都和祖国紧紧地联系在一起。’”下面,我们重点说说职业精神的问题。

其一,人生精彩与活动彰显

习近平总书记希望“加快发展职业教育,让每个人都有人生出彩的机会”,那么什么是精彩?精彩指的是在表演、展览、言论、文章等方面表现出色,或者某些方面有出乎大众意料的超常表现。请大家注意,精彩不会从天而降,精彩是有基础载体的。我们赞美感叹流星,是因为它燃烧着走完自己的全部路程;我们为刘翔欢呼,首先他得参赛,他2008年奥运会当众退赛,当然就没有了精彩;我们说程开甲院士的人生很精彩,首先建立在他持之以恒的工作基础上。这是一个简单得不能再简单的道理,而在现实的生活中,有些人还是习惯畅想海市蜃楼、空中楼阁，而没有踏踏实实地去身体力行，或者习惯去做自己已经习惯了的工作，就像学习，我们对“1+1=2”烂熟于心，就天天满足于“1+1=2”，而不去探讨“X+Y=Z”的问题，这样永远得不到进步，甚至会被认为是“智障”。有些人对问题和困难有着天生的畏惧，不去想着怎么面对，怎么解决，怎么化危为机，而是天天怨天尤人，牢骚满腹，殊不知问题和困难是人生精彩的“酵母”，解决问题、克服困难的过程和结果就是前期精彩的含苞欲放和最后炫丽的姹紫嫣红。野草永远不会遮住太阳的光芒，困难不会挡住勇敢者的脚步，问题压不住研究者的追求。也许很多人会问，什么是条件成熟的时候？结论可能会让很多人崩溃，事实上是条件永远也不会100%的成熟，完全成熟可能就完全失去了价值。条件越不成熟，成功的价值就越大，反之越小。很多时候即使是不成熟的尝试，也胜于胎死腹中的策略。赵括当然有“纸上谈兵”的精彩，历史证明，其难敌在历次战争中培养起来的决胜千里的白起，也不如身经百战的廉颇，最终导致赵国惨败，40万降卒全部被坑杀。《钢铁是怎样炼成的》的作者奥斯特洛夫斯基曾经感慨地说：“人的生命，似洪水奔流，不遇着岛屿和暗礁，难以激起美丽的浪花。”

其二，德性评估与活动呈现

苏格兰学者史迈尔斯有句名言：“良好的品格是人性的最高表现。好的品性不仅是社会的良心，而且是国家的原动力，因为世界主要是被德性统治。”德性，就是大家对某个人完美地完成一项活动的评价或者赞美。每当一项活动结束后，大家往往用德性来评价一下自己的活动，自己的赛跑是否把潜能发挥到极限，自己的球技是否完全诠释出坚不可摧的篮球精神，自己的技术是否达到现阶段的最完美的程度。一个优秀的钢琴师的精彩必须在舞台上，钢琴和人性的完美结合，促成了弹琴这项活动的德性，尽情地诠释钢琴的天籁之音，这是钢琴师的好德性。如果弹奏得不好，就会嘘声四起，说明这个人弹琴的德性不好，用老百姓的语言评价，就是“什么德性啊，丢人现眼”。如何评价一个人，本质上就是考察一个人的德性，德性靠什么判断，就是看这个人曾经做过什么，曾经在国际大赛中获得钢琴弹奏一等奖，应没有问题。在职场上也是如此，我们说某人做这项工作绝对没有问题，是从该人过去曾经做过的事情上做出的判断。在单位招聘过程中，HR高管特别关注的是应聘者的案例，案例中能判断出这个人的德性。对于一个人来讲，不管是过去、现在还是将来，人生的道路都是脚踏实地走出来的。历史是人写出来的，人的每一步行动、每一个活动都在书写自己的历史。历史对于具体人的定性就是德性。德性就是职业良心的评价、矫正标准。

其三，实践理性与反思改进

有人说，你不知道你，所以你是你，如果你知道了你，你就不是你了；有人说，人生最困难的事情是认识自己。实践理性是先天的伦理规律，个人采取命令的形式和决定性的意志，达到区别善恶，走向至善的一种认识论和实践论。实践理性的最高境界应该是明智，通俗地说，就是活得明白，做个明白人，对未来有预判，对当下能从容，对过去有反思。请注意，明白人和聪明人不同，明白更多地包含着智慧。反思是个人成长最有效、最理性的方式，人不会一生出来就是完美的圣人，都需要在发现错误和改正错误的过程中促使自己进步。在学习中，新课程就会有新问题，应知而不知本身就是错误，学会了就是改正错误的过程；在生产中，市场的需求总是日新月异，技术不更新就跟不上市场发展的步伐，这是错误的，技术研发就是要改正这些错误。毛泽东主席讲："人不能没有批评和自我批评，那样一个人就不能进步。"反思就是一面镜子，它能将我们的错误清清楚楚地照出来，使我们有改正的机会，这需要良心的觉醒，付诸改正的行动，而这正是人类最伟大的地方。在现实生活中，有些老年人、中年人，甚至年轻人，往往把自信、自尊、自爱诠释成了自满、自大、自傲，以圣人自居，以智者自诩，总以为没有任何错误，没有任何问题，长此以往，就会故步自封、墨守成规、抱残守缺、作茧自缚，从而放弃了自己无限发展的未来。追根溯源，还是要从自己的心灵出发反思解决这些小进即满的思想问题，苏联著名教育实践家、教育理论家苏霍姆林斯基曾经这样给出了方案："使人做自己举止行为的最严厉的评判者的力量是什么？是良心，它成为行为和理智的捍卫者。"

其四，职业良心与自我关照

藏族有句谚语："失去良心的人，像泥神一样，空有一副架子了。"良心永远强调的是应该、应然，是从人的良心良知出发，做出一些合目的性、合德性的活动。不是厂纪、厂规让你那样做，不是领导让你那样做，而是自己就应该遵照自己的良心去做。西方近代教育理论的奠基者夸美纽斯说："一颗善良的心就是一席永恒的筵席。"德性的价值本身就是让大家指指点点的，而良心却是个人的私属品。道德或许因外在的利益而起，良心却是心灵世界的真实。从纯粹、光明的心灵出发去努力地工作、和善地生活、中庸地交流，必然要实现良好的目标；从自私、消极的内心世界出发应付工作、企图破格获取额外的利益，这也是一种精神状态。良心的光明正大，总是那么大义凛然，有着光明的前途；内心的猥琐阴暗，总让人不齿，也不会有光明的未来。这就需要我们时刻关注自己心灵光明的程度，在活动实施前审视，在活动实施中关照，在活动结束后审查。从心灵滋养的角度看，所有的活动都是为了让心灵世界更加充盈、更加饱满、更加灿烂。对此，19世纪前期积极浪漫主义文学的代表作家雨果给予的判断是："良知是什么？是未知世界的指针。"

【新思维】

人，总是要有些精神的，通俗地说，就是生活的精气神。精气神没有了，剩下的就是躯体的皮囊，是很可怕、很可怜的事情，职业精神也是如此。

通俗地讲，我们在为他人工作的同时也在为自己工作，本质上是为自己工作；工作的质量往往决定着生活的质量，本质上是为了提升自己的生活质量，这没有错。

深层次地说，不管客户在何方，产品都是你与顾客相隔万里进行思想交流的载体，真正卖出的是你的思想、感情、精神。

不管对于企业来讲，还是对于个人来讲，职业精神都具有征服人心的巨大力量。

只要具有强烈而持久的职业精神，你完全可以踏遍大江南北、长城内外，让自己安身立命、大展宏图。

《庄子·庚桑楚》载："欲静则平气，欲神则顺心。"顺心，指称心，符合心愿。本文题目"顺'心'如意"，意思是说顺着自己的良心做事，一切都会万事如意，核心的一条是：让自己的精神永远站立。

再拓展

1. 职业精神是与人们的职业活动紧密联系，具有职业特征的精神与操守，从事这种职业就该具有的精神、能力和自觉。请你谈谈自己应该具备哪些职业精神？

2. 孟子说："人皆可以为尧舜。""恻隐之心，仁之端也；羞恶之心，义之端也；辞让之心，礼之端也；是非之心，智之端也。"请你查阅资料，整理一下中国古代"良心"学说的发展历程。

3. 2014年4月30日，习近平总书记在新疆乌鲁木齐接见劳动模范和先进工作者、先进人物代表时说："劳动是一切成功的必经之路。当前，全国各族人民正满怀信心为实现'两个一百年'奋斗目标而努力。实现我们确立的奋斗目标，归根到底要靠辛勤劳动、诚实劳动、科学劳动。"请谈谈你对这句话的理解。

第四节　开"心"不断:捍卫人的尊严和幸福

◎人类的一切努力的目的在于获得幸福,而幸福就是通过努力,在学习、工作、研发中实现了最高的善,而不是靠运气得来的。幸福是一种感觉,这种感觉不是不劳而获,而在于付出努力后得到结果时的心灵感受。

◎有人说,职业尊严在今天俨然已经成为一种稀缺资源。如果推销者把"忽悠"当本事,木匠把偷工减料做技巧,教师把糊弄课堂教学作为侥幸,那么,凭什么要让大家尊重你?

◎世上没有无缘无故的爱恨情仇,幸福不是无源之水,无根之木,需要个人的付出和努力;尊严不是施舍品,人格的平等是理论的诠释,现实的操作更需要证明。

【微案例】

去年，小林在德国留学毕业后，开始四处求职，期望着能尽快找到一份正式的工作，以图安定。但就业形势不容乐观，加之他刚刚毕业，缺乏工作经验，所以一直没有找到一份合适的工作。

直到三个月后，他开始心灰意冷，委曲求全，凭着自己的二级建筑装饰设计师的证书和资质，被一家私人的小建筑装饰设计企业接纳了。

那家私人企业的规模很小，能给他的工资也相对偏低一点，月薪只有2800欧元，但他已经很知足了，毕竟来之不易，于是他就安心地工作起来。

可刚工作了一周，工会来人提醒他："林先生，按工会和政府规定，像您这样的二级建筑装饰设计师应该得到3500欧元的月薪。"

但他笑着回答："感谢你们的关心，我现在完全可以接受这个偏低的工资了，我需要这份工作。"

可是就在第二天，政府部门的工作人员居然也来了，并没有约他，而是直接找到了他所在的私人公司的老总，希望公司能给他将工资升到政府规定的3500欧元。因为政府认定这样做是不遵守国家法律的，违反人权，降低了一个二级建筑装饰设计师的真实劳动价值。

最后，单位的老总表示无法满足这个要求，只好把他给解雇了，弄得他哭笑不得。

而工会和政府的一位负责人员还很严肃地提醒他："请您尊重您的价值，因为它已经得到了社会的认可。当您贬低或破坏您的价值时，就等于贬低或破坏了整个行业在这个社会中的价值。"

就这样，他只好领着政府的失业金过了好长一段时间，直到找到另一份符合自身身份和价值的工作。

【大讨论】

多年后，小林还不时地想起这件啼笑皆非的事件，这里面蕴含着丰富多彩的人文精神，也让他清醒地认识到了自己的价值，让他找回了自信，捍卫了自己的尊严和幸福，因为唯有懂得尊重自己价值的人，才能真正得到社会的尊重。

其一，人性本质与良善导向

马克思说过一句让人深思的话："我是个人，凡是合乎人性的东西，我都觉得亲切。"千百年来,不管东方还是西方,人们总在热衷于争论人性的善恶问题,似乎至今还没有定论。从人类自身的发展来看,主流一定是善的,因为社会在发展,文明在进步;从已经灭绝或者濒临灭绝的动物来看,人类肯定是恶的。从自我的心灵出发,绝大多数是善的;从他人的角度解剖另一个人的心理,有些情况是恶的。人生的目的就是幸福地生活,人的每一种技艺、研究、实践、选择,都以某种善作为目的,社会意义的人应以善为活动的标准,所谓的恶主要源于利益分配的某些纠纷。法国启蒙思想家狄德罗说过:"人类既强大,又虚弱;既卑琐,又崇高;既能洞察入微,又常常视而不见。"凡是合法的职业活动,都以善为目的。从企业的角度看,都以服务经济社会发展作为企业生存的法理基础;从职业者个人的角度看,都是为了服务社会、促进个人的职业生长,目的正大光明;单单从赡养父母的角度看,个人的成长就显得尤为迫切,你要做的就是让成功的速度大于父母老去的速度,子欲养而亲不待,就是一种人生的遗憾。

其二,人性尊严与个人意愿

20世纪初英国现实主义文学的代表作家约翰·高尔斯华绥说过:"人受到震动有种种不同:有的是在脊椎骨上;有的是在神经上;有的是在道德感受上;而最强烈的、最持久的则是在个人尊严上。"中国当代学者、作家王小波也对此感受强烈,"尊严就是你走在任何地方,都被当作一个人物而不是一个东西来看待"。《荀子·致士》载:"尊严而惮,可以为师。"尊严是指人和具有人性特征的事物,拥有应有的权利,并且这些权利被其他人和具有人性特征的事物所尊重,简而言之,尊严就是权利和人格被尊重,在世俗社会里,就是俗称的"瞧得起"和"瞧不起"。世界上很少有人敢于表示"老子天下第一,谁也瞧不起"。在一般情况下,谁也不能故意不尊重任何人。在现实的社会生活中,尊重和被尊重往往取决于对方价值的判断和以往的交情,就如马云在发迹之前,俄罗斯总统普京一般不会与之会谈。换言之,人的尊严很多时候取决于自己的努力,从历史的角度看,就是个人的意愿,自己不努力,就没有价值,别人很难发自肺腑地认可你。人道主义的救助是一种尊重,发自肺腑的崇拜也是一种尊重,但两者有着本质的区别。尊严是一种永恒的人性,但她时常被价值所衡量。尊严是一种人生定位的标杆,她会激励着所有人为了自身的尊严而努力奋斗。当一个人的尊严需要社会意义的人文关怀来支撑时,很可能会变异为同情或者怜悯。有人说,"我要努力,以最好的姿态出现在当初否定我的人面前",这本质上就是为了尊严,且取决于个人的意愿。

其三，人生幸福与个人选择

人类因梦想而伟大，因挫折而成长，因实践而成功。决定你是什么样的人的，不是你曾经拥有的能力，而是你的选择。从来没有人命令你的人生怎么过，所走的路都是你自己的选择，人的幸福同样如此。有首老歌《幸福不会从天降》是电影《我们村里的年轻人》的插曲，歌词大意是："樱桃好吃树难栽，不下苦功花不开，幸福不会从天降，社会主义等不来。莫说我们的家乡苦，夜明宝珠土里埋，只要汗水勤灌溉，幸福的花儿遍地开。"幸福是什么？如果幸福在于肉体的快感，那么就应当说，牛找到草料吃的时候是幸福的，但动物显然没有人的幸福感。人类的一切努力的目的在于获得幸福，而幸福就是通过努力，在学习、工作、研发中实现了最高的善，而不是靠运气得来。幸福是一种感觉，这种感觉不是不劳而获，而在于付出努力后得到结果时的心灵感受。"获得感"一词来源于习近平总书记在中央全面深化改革领导小组第十次会议上的讲话，且使用范围出现固化趋势，多用以指人民群众共享改革成果的幸福感，请大家注意的是，"获得感"不是天上掉馅饼，而是通过努力去获取的。幸福存在于一个人真心真意的工作中，最高层次的幸福来自于我们全身心地投入对美好目标的追求之中。批判现实主义作家罗曼·罗兰的定义是："创造，或者酝酿未来的创造。这是一种必要性：幸福只能存在于这种必要性得到满足的时候。"

其四，幸福尊严与个人自律

幸福和尊严是有过程性和层次性的。粉丝欣喜若狂地与明星合个影，但一般不会与明星成为朋友；唾手可得的小成功与奋斗了十年取得的大成就，两者的幸福感截然不同；小偷一次得手后怦然心动的感觉，只能属于满足感，谈不上幸福，幸福必然在阳光普照之下，"世纪伟人"爱因斯坦的解读是："只要你有一件合理的事去做，你的生活就会显得特别美好。"人生就像一台钟表，幸福就像那秒针，不应停滞，要有持久性才更有价值和意义。要始终保持这种幸福感，除了努力工作外，还要保持高度的自律力。偶尔的放纵，往往会导致难以启齿的羞愧，古罗马著名哲学家西塞罗的理解是："严肃的人的幸福，并不在于风流、娱乐与欢笑这种种轻佻的伴侣，而在于坚忍与刚毅。"人的所有的自由都是有限的，人的幸福往往来源于自我约束，意志力是幸福的保障，因为人的惰性往往会侵蚀幸福，人的放纵往往会毁掉幸福。希腊哲学的集大成者亚里士多德的定义是："遵照道德准则生活就是幸福的生活。”尊严也是如此，与生俱来的是人道的尊严，高层次的尊严需要日积月累，在整个过程中还得谦虚谨慎，懈怠一次、放纵一次，尊严就会随之锐减。

【新思维】

有人说，职业尊严在今天俨然已经成为一种稀缺资源。如果推销者把“忽悠”当本事，木匠把偷工减料做技巧，教师把糊弄课堂教学作为侥幸，那么，凭什么要让大家尊重你？

幸福是有原因的，尊严是需要理由的。世上没有无缘无故的爱恨情仇，幸福不是无源之水，无根之木，它需要个人的付出和努力；尊严不是施舍品，人格的平等只是理论的诠释，而现实的操作中更需要被证明。

幸福像侍弄一株植物，从播种、发芽、开花到结果，需要一个过程，而更多的幸福感就在这过程之中，妄图一播种就收获是痴人说梦。

尊严就像一部手机，功能强大、反应灵敏，才能得到主人的喜爱。个人的尊严，更需要自尊、自重、自爱。

汉王充《论衡·艺增》载：“经增非一，略举较著，令恍惑之人，观览采择，得以开心通意，晓解觉悟。”开心，现在指的是心情舒畅，快乐。本文题目“开‘心’不断”，指的是打开自己的心灵世界，努力地工作，开心就源源不断地不约而至，而根本的一条就是从自身出发捍卫个人的尊严和幸福。

再拓展

1. 幸福，是指通过自身努力使个人的需求得到满足而产生长久的喜悦，并希望一直保持现状的心理情绪。请你选取自己人生旅途中三件幸福的事情，从中归纳总结幸福的特征。

2. 明代哲学家王艮《学乐歌》载：“人心本是乐，自将私欲缚。私欲一萌时，良知自然觉。一觉便消除，人心依旧乐。”如你感兴趣，请你搜集资料，整理一下中国古人对于幸福的基本观点。

3. 2018年2月14日，习近平总书记在春节团拜会上说：“只有奋斗的人生才称得上幸福的人生。奋斗是艰辛的，艰难困苦、玉汝于成，没有艰辛就不是真正的奋斗，我们要勇于在艰苦奋斗中净化灵魂、磨砺意志、坚定信念。”请谈谈对这句话的理解。

第五节　由"心"而发：扬起逻辑人生的风帆

◎人的职业发展道路就是一场场感性和理性的对话，没有激情，就没有了发展、提升、发明、创造的动力；缺少理性，让激情信马由缰、忘乎所以、得意忘形，将不可避免地陷于职业困境，甚至酿成大祸。

◎人往往看不到问题背后的问题，往往看不到眼前折射出的未来，大多如同近视眼。理性就像一副眼镜，戴上后才能让我们看清世界。

◎当任性成为一种流行品种，理性就会成为成功者的核心竞争力。理性的悲哀在于，不是某些人没有本能的理性，而是不习惯甚至放弃了理性，让感性泛滥成滔滔洪水。

【微案例】

张占杰在西北铝挤压厂以勤奋好学出名，他每天上班手提袋里除了饭盒就是学习的书籍。二十多个春夏秋冬，他在50MN挤压机设备上攻克着一个又一个技术难题。

2013年，50MN挤压机水改油项目的安装和调试工作，给只有高中文化程度的张占杰带来一个大挑战：机器设备上全是英文。为此，他利用业余时间翻字典、查阅单词，并且虚心向技术人员请教，啃下了设备上的“天书”。

从一名普通的学徒工成长为生产骨干、技术能手、工人技师，再到第十三届全国技术能手，全靠他遵循科学逻辑的规律，把工作问题挖深、吃透的激情，对工作岗位坚守、热爱的深情，创造出他自己高速、高质的工作风格：注重实际操作，善于消化总结，随时记录工作中的要点、难点，不放过任何一个细节——这让他总是很快就能掌握设备的性能和操作要领，保证每月的各项生产任务提前完成，并且面对难题敢于攻坚，善于解决“疑难杂症”。

张占杰常说的一句话是：“在工作中去挑战和超越，也是一种幸福。”

【大讨论】

“天书”岂易读，世间逻辑人。张占杰的案例表面看，是勤于学习，勇于研究，敢于挑战，为什么研究？凭什么研发？本质上是一种逻辑的思维、理性的思考、科学的态度。理性，是职业良心的核心要素之一。良心向善，能做个好人；理性思维，能做个能人。作为一个职业人，不但要想干事，还得要能做事、做成事，乃至做新事、做大事。

其一，理性与感性

从根本上说，感性和理性都是职业人所需要，没有孰对孰错、孰轻孰重的问题。人的职业发展道路就是一场场感性和理性的对话，没有激情，就没有了发展、提升、发明、创造的动力；缺少理性，让激情信马由缰、忘乎所以、得意忘形，将不可避免地陷于职业困境，甚至酿成大祸。在现实职业发展中，我们发现特别注重理性的人总是事业有成，一味感性做事的人总是遗憾终生。感性有点像慈母，理性有点像严父，两者完美的结合是职业人健康的心灵家庭。古希腊数学家、哲学家毕达哥拉斯对理性的定义是：“别的动物也都具有智力、热情，理性只有人类才有。”换言之，理性是具有社会意义的人的基本特征，正因为有了理性，科学才会发展，文明才会进步。人往往看不到问题背后的问题，往往看不到眼前折射出的未来，大多如同近视眼。理性就像一副眼镜,戴上后才能让我们看清世界。理性的核心是对可能性的判断,即在已有知识或经验的基础上,归纳出一套逻辑自洽、评估现实的理论执行体系。理性是用科学的理论指导我们的实践活动,用超越个人感受的全局性思维来看待周边事物,用换位的心态来对待他人,应该怎么做就怎么做,而后得到应然性的目标。但理性在现实生活中,并没有得到应有的重视,有的人习惯想怎么着就怎么着,拒绝理性的审视,当然不会有应然的结果;有的人一辈子感情用事,情绪化做事,一辈子长不大。言谈举止基本上是情绪化的表达,缺乏哲学的思想、辩证的思考、理性的思维,当然就鼠目寸光、见识短浅,难识大体了。人们似乎每天都在接受命运的安排,这基本上属于感性的范畴;实际上人们每天都在安排着自己的命运,这就是理性的力量。

其二,实践理性与职业活动

理性思维是实践理性最起码的前提,一个人只有具备了足够的理性,才能明白自己本能自发的东西哪些是对的,哪些是错的;才能明白哪些行为是职业的,哪些是非职业的,哪些是应该学习的,哪些是应该摒弃的;才明白哪些是正当的、合规的,哪些属于不当的、违法的。所有的职业行为、现代工商各业的运行,都以科学为依据,不管是工业还是服务业,都是如此。所有的职业活动本质上都是科学的活动,都在一边实践一边研究,没有任何一项职业活动是完全不用思考的机械运动,即使在生产流水线上的作业也是如此。任何的实践、制作的研究和实施的过程,都是按照逻辑的规律进行推理或者推演的,都离不开实践理性。在现实工作中,我们发现做一件事情,错误的方法可以有千万种,而正确的只有一个。"作为人,何谓正确",这是现实的哲学问题,事实上,初中以上的人都能辨别正确与错误,问题出在没有勇气扪心自问,反思自省,反而放纵了自己。实践理性就是我们运用理性决定在特定情势下如何行动才算正当,德国古典哲学创始人康德认为,人类理性有两种功能,一是认识功能,一是意志功能。康德称前者为理论理性,称后者为实践理性。《红楼梦》中的"世事洞明皆学问,人情练达即文章"就是明智,也属于实践理性。

其三,技术理性与职业发展

技术理性是指人类追求技术合理性、规范性、有效性和理想性的抽象思维活动、智慧和能力,是一种扎根于人类物质需求及人对自然界永恒依赖的实践理性和技术精神。现在虽然有人主张扬弃技术理性回归伦理谈判,但并没有将其彻底摈弃,原因很简单,任何以科学为基础的社会,尤其是现代商工文明,都需要技术理性的强力支撑,换言之,没有了技术理性,所有的科学技术产业都将不复存在。技术理性反映了技术活动正确进行的规律,是技术工作的指针，技术素养的真谛、灵魂和核心，它的作用在于最佳地应用对实现目标有用的方法手段，考虑到人力资本和资金等环境和自身条件的限制，调整属于本能的行为以及未加批判的原行为模式，尽可能排除偶然性，最大限度地增加必然性，从而使整个过程处于可控制的情况之下。就算是玩电子游戏，也要讲究技术理性，一味地斗狠使蛮、丧心病狂，也不会有好结果。美籍犹太裔哲学家和社会学家马尔库塞认为："技术理性就是工具理性，技术理性张扬必然导致价值理性张扬。"作为一名职业者，心中应该紧绷着技术理性的心弦，牢固树立技术理性的思想，这样才能成为一名具有高超技术的职业者。

其四，职业理性与光明前途

听到马云宣布一年后卸任阿里董事局主席后，有人作出这样的感慨："我们职场中人，有太多的实用主义思想，缺一种马云先生这样的职业理性主义。"顾名思义，职业理性指的是职业活动的理性，或者说用理性指导职业活动，也可以说在职业活动始中终保持理性的思考。从备受争议的"跳槽"现象说，它是绝大多数人感性的或者直接说是情绪化的决定，当然就定义为非理性。不管对于员工、管理者还是企业家，职业理性都是安身立命、大展宏图的基础所在，就像一名军人，参军报国，请愿参战，是一种激情或者动力，但在战斗中统筹谋划，排兵布阵，最大限度保存自己、消灭敌人，靠的就是理性。王阳明平定南方四省叛乱、宁王叛军，诠释的是"一切战斗皆是心战""此心不动即为术"的兵家权谋化境，靠的是"此心光明"的理性。商场自古如战场，理性、理性、再理性，永远是生存发展的基石。科学理性具有彻底的批判性，要寻根究底，揭示事物的普遍性和规律。其实，作为成功者一生追求的就是这种理性，并贯彻这种理性，而当这种理性不能完全反映事业发展的规律时，职业活动就会出现偏差，甚至导致彻底的失败。德国哲学家黑格尔对世人谆谆教导的一句话是："我首先要求诸君信任科学，相信理性，信任自己，并相信自己。"不管是企业家还是高管、职员，都以职业理性为共事的基础，也都以职业理性作为职业活动的最高追求。当然，从很大程度上讲，职业成就取决于职业理性的水平。总之，职业理性是职业者的立身之根、成功之本、快乐之源。

【新思维】

当任性成为一种流行品种，理性就会成为成功者的核心竞争力。理性的悲哀在于，不是某些人没有本能的理性，而是不习惯甚至放弃了理性，让感性泛滥成滔滔洪水。

所有的盲目盲从，本身就是“不过脑子”，没有用理性来审查审视“反求诸己”。

本质的问题在于，我们不是不明白，而是不想明白，故意不做明白人，不做明白事。晚清迟暮的八旗子弟，绝大部分不是意识不到危机，而是不思改变，沉溺在提笼架鸟的安逸中慢慢终老。

不管是天然理性、实践理性、技术理性，还是职业理性，都是职业生活的必需和保障，任何一点任性，都可能酿成大祸。

理性的职业活动并没有拒绝快乐的感性生活，快乐的生活也要以理性为底线保障。工作必然注重理性，生活显然倾向感性。感性的生活，理性的工作，是现代人的基本准则。

东汉末年文学家陈琳《为袁绍檄豫州》载：“爵赏由心，刑戮在口。”由心，指的是任凭心意。本文题目中的“由‘心’而发”，就是从自己良心的本意出发，说出心里话，按科学的规律做事，理性地思考，职业者必须要扬起逻辑人生的风帆。

再拓展

1. 逻辑，指的是思维的规律和规则，是对思维过程的抽象，逻辑包括形式逻辑与辩证逻辑，形式逻辑包括归纳逻辑与演绎逻辑，辩证逻辑包括矛盾逻辑与对称逻辑。选取你生活中的三件大事，试分析你的目标和行动之间的逻辑关系。

2.《中庸》载：“喜怒哀乐之未发，谓之中；发而皆中节，谓之和；中也者，天下之大本也；和也者，天下之达道也。致中和，天地位焉，万物育焉。”如果你感兴趣，请搜集资料，整理一下中国优秀传统文化中有关实践理性的明智思想。

3. 2016年9月29日，习近平总书记在学习《胡锦涛文选》报告会上的讲话中引进了毛泽东主席的《实践论》相关内容，他说：“通过实践而发现真理，又通过实践而证实真理和发展真理。从感性认识而能动地发展到理性认识，又从理性认识而能动地指导革命实践，改造主观世界和客观世界。实践、认识、再实践、再认识，这种形式，循环往复以至无穷，而实践和认识之每一循环的内容，都比较地进到了高一级的程度。这就是辩证唯物论的全部认识论，这就是辩证唯物论的知行统一观。”请谈谈对这段话的理解。

第六节　真“心”不改:精神追求勇往直前

◎很多时候觉得自己做得到和做不到,只在一念之间。不想做,不敢尝试,就不会开发出自己的潜能,就不会进步,就不会在实践中培养起自己的自信心。想要使自己足够坚强和自信,最好的办法就是敢于去做那些自己认为没有把握的事,在探索中激发自己的潜质,培养自己的意志,锻炼自己的能力,丰满自己的心灵。

◎职业精神不是教出来、喊出来的,而是在职业活动中尤其是困难面前培育和张扬出来的。美好的项目结果总是让人感慨,但过程总是让人感动,且久久不能忘怀,历久弥新,成为最美好的人生记忆,这实际上就是一次精神的放飞与升华。

◎正确与否,极易辨别,难在选择。错误的思想精神,因为迎合人懈怠的心理、惯性的方式、自洽的学说,而大行其道成为流行品种;正确的思想精神,因为需要严格的自律、辛苦的付出、非人的煎熬,而被多数人所摈弃。

【微案例】

戎鹏强说，只要走进北重集团的大门，即使闭上眼睛，他都能摸到自己工作的502车间。从1983年至今，他就干了镗工一件事，而且一干就是33年，练就了以“手”当“眼”的绝活儿，只要用手握住刀杆，通过感受刀头的震动，他就能对加工进度做到心中有数。

通过几十年如一日的摸索实践，他总结了“摸、听、看、量”四字诀。所谓“摸”，主要是摸刀杆，根据摸刀杆判断刀在行走时的状态；“听”就是听机床发出的声音和硫化油流动的声音，判断机床运转是否正常；“看”是要看铁屑的形状和电流表的读数；“量”是测量刀杆每分钟行走的距离和内控的尺寸。

凭着扎实的技术水平，2006年，戎鹏强成功加工出高精度5米长、30毫米小口径身管，让我国成为极少数能够生产高精度超长小口径身管的国家；2009年，他成功加工出Φ25毫米、4米长氢气炮，填补了国内空白，创造无形价值数千万元；2010年，他圆满完成了国家某重点试验装置Φ320毫米、Φ400毫米、Φ480毫米、Φ720毫米、大口径管体激波风洞的加工任务，为北重集团创造上千万元的利润。

他28岁成为厂劳模，蝉联8届；他30岁成为自治区劳模、全国劳模，并获得第十三届全国技术能手。

他说：“我们深孔加工，最讲究的就是一个要‘正’，一个要‘直’。干了这么多年，这两个字就一直是我所追求的。我要求它和人生的直线度一样，不能走偏。”

【大讨论】

深孔镗工，贯直人生。从戎鹏强成长历程上，我们可以看出一种坚不可摧的职业精神。毛泽东主席说过一句名言：“人总是要有一点精神的。”在职业生活中，总缺不了一种人文精神，人文精神的超越性在很大程度上更能诠释职业者的价值追求。

其一，生命之德与无限潜能

所有的生命都以活动为主要存在形式，不活动基本上意味着死亡或者消失。人作为一种高级生命形式，以实践生命为基本目的，同样用活动来彰显生生不息的生命之德。人们常说：“不劳动者不得食。”这句话从反面说明积极从事实践生命的重要性。本文重点论述的是在困难和挑战面前的生命之德，具体表现在现实工作中即为想不想、能不能、敢不敢的问题。有的人，领导还没有安排完工作，就叫喊着不可能完成；有的人，遇到问题，不积极主动地想办法解决；有的人，一遇到困难，就望而却步。其实，很多时候觉得自己做得到和做不到，只在一念之间。不想做，不敢尝试，就不会开发出自己的潜能，就不会进步，就不会在实践中培养起自己的自信心。想要使自己足够坚强和自信，最好的办法就是敢于去做那些自己认为没有把握的事，在探索中激发自己的潜质，培养自己的意志，锻炼自己的能力，丰满自己的心灵。许多影视作品、文章小说中都提到过这么一个概念，说我们的大脑只开发使用了10%而已，那么人的潜能、潜质呢？一个成功的职业者，往往根植于坚忍不拔地工作，全身心地投入，这样才能尽可能多地开发出自己的潜力，激发出自己的潜能，而这些潜力、潜能还有多少没有被激发出来，很难予以评估，只能说，潜力、潜能生生不息、绵延不绝。就像一座冰山，露出水面的仅仅是一小部分。生命之德固然以人的存活为基础，但潜力和潜能却是生命之德的精华。不管是谁，都是独一无二的存在，都是高贵的生命体，如果你足够坚强，从理论上说，你就会创造史无前例的事业，因为成功只属于坚韧不拔的人。

其二，职业精神与实践培育

2018年3月14日，英国剑桥大学著名物理学家、现代最伟大的物理学家之一、20世纪享有国际盛誉的伟人之一霍金逝世，引发全球各界的悼念。他在21岁时患上肌肉萎缩性侧索硬化症，全身瘫痪，不能言语，手部只有三根手指可以活动，但他的精神生活是丰富多彩的，载体就是他持之以恒研究的宇宙论和黑洞。人的精神不能超越现实而存在，“穿越”也是以历史的学习和当下的社会经验为基础。大家常说，实践出真知，实践更能培养人的精神。我们说长征精神是中华民族百折不挠、自强不息的民族精神的最高表现，这种精神是在长征这场伟大的实践活动中培养锤炼出来的，或许只有真正经历过长征的人才能有体会。人的经历本身就像人生的矿石，生命的活力、人文的精神、意志的刚强都是在冶炼提炼中培育和释放。职业精神不是教出来、喊出来的，而是在职业活动中尤其是困难面前培育和张扬出来的。美好的项目结果总是让人感慨，但过程总是让人感动，且久久不能忘怀，历久弥新，成为最美好的人生记忆，这实际上就是一次精神的放飞与升华。所以，项目成功以后，留下的最珍贵的不是物质的东西，而是软性的精神，这是一位职业者、一个单位核心的竞争力。

其三,人生价值与自我实现

世界上所有的人几乎每天都在思考着同一个问题,不管是明意识还是潜意识,都在想对于家人,对于亲戚朋友,对于社会,对于国家甚至整个世界,自己价值几何? 这是一个自我价值认同的问题,也是具有社会意义的人的根本问题。人的价值怎么评估?"世纪伟人"爱因斯坦说:"一个人的价值,应当看他贡献什么,而不应当看他取得什么。"人的价值从何而来? 法国18世纪伟大的启蒙思想家、哲学家卢梭说:"人的价值是由自己决定的。"从本质上说,人生发展的道路都是自己的选择,自己的选择都来自个人内心的意愿,人所选择的奋斗形成的贡献追根究底就是个人的决定。古希腊著名思想家亚里士多德说:"人生最终的价值在于觉醒和思考的能力。"人的潜力潜能巨大,个人主体意识的自觉,就形成对自己生命负责的态度,选择了珍惜时间,生命就变得有价值;选择了奋斗,实践活动就变得有价值;选择了坚强坚韧,成功后的价值就更大。对此,英国作家查尔斯·巴克斯顿发出这样的感慨:"经验显示,成功多因于赤忱,而少出于能力。胜利者就是把自己身体和灵魂都献给工作的人。"

其四,人文精神与生命超越

对生活意义的追求,是人文精神的超越性。西南政法大学教授周国平在《尊重生命》中有这么一句经典的名言:"热爱生命是幸福之本,同情生命是道德之本,敬畏生命是信仰之本。"人文精神的基本含义就是:尊重人的价值,尊重精神的价值。对个人来说,就是要有自己独立的人格,有真正属于自己的头脑和心灵,在对世界的看法和对人生的态度上自己做主,认真负责。在现实生活中,人人嘴里喊着民主、自由、人格,但真正对自己的人生负责,却是人世间最难的事情,不仅需要毅力和勇气,而且需要智慧和能力。生活对于智者永远是一首昂扬的歌,它的主旋律永远是奋斗。朝着一定目标走去是"志";一鼓作气中途不停止是"气",两者合起来就是志气,一切事业的成败都取决于此。现代文学家、诗人艾青说:"人间没有永恒的夜晚,世界没有永恒的冬天。"健康的人文精神,以饱满充盈的心灵世界,立足当下,锐意进取,不纠结过去的一切,奋力把未来和世界向自己打开,这是一幅斑斓壮阔的画卷,这是一首顽强拼搏的史诗。

【新思维】

物质时代，心灵的恬静就成了奢侈品。

我们所说的"精神啃老"现象，背后其实是一批"襁褓青年"，他们永远长不大，没有主见、没有思想、没有自制力，很难实现自我精神的独立。

现代社会似乎在鼓励一种自我实现的文化，自己想做什么就做什么，自己的行为与选择不受制于任何外在的约束，稍一懈怠，必然通向利己主义和自我放纵。

文化的百花齐放、百家争鸣，完全可以按需索取，实现自我精神的自洽。而按照正确唯一性的标准，显然自洽的并非正确。

我们在反思、盘点自己人文精神的时候，实际上就是在寻找正确精神生活的伦理基础。

其实，正确与否，极易辨别，却难在选择。错误的思想精神，因为迎合人懈怠的心理、惯性的方式、自洽的学说，而大行其道成为流行品种；正确的思想精神，因为需要严格的自律、辛苦的付出、非人的煎熬，而被多数人摈弃。

《后汉书·窦融传》载："欲设闲离之说，乱惑真心。"真心，指的是纯洁善良的心。本文题目"真'心'不改"，指的是正确的精神确定了，就万不可改变，要永远"真"下去，精神追求勇往直前。

再拓展

1. 精神，是指人的意识、思维活动和一般心理状态；是生物体脑组织所释放的一种不可见的暗能量；哲学上，是过去事和物的记录及此记录的重演。选取自己最得意的三件事，从中分析自己的精神气质。

2.《尚书·周书·泰誓》载："惟天地万物父母，惟人万物之灵。"如你感兴趣，请搜集资料，整理中国传统文化中的人文精神。

3. 2014年9月3日，在纪念中国人民抗日战争暨世界反法西斯战争胜利69周年座谈会上，习近平缓缓念出屈原的传世名句："诚既勇兮又以武，终刚强兮不可凌。身既死兮神以灵，魂魄毅兮为鬼雄。"请谈谈对这句话的理解。

第七节　丹“心”永在：让自己的良心时时光明正大

◎明智的良心不会凭空而来，而是用良心的光芒投射到行动中，目标坚定，处事圆融，日积月累而成。

◎约·库克说：“良心强调的是‘应该’二字。”良心不应该仅仅作用在对别人的评价上，而更应该作用在对自我的关照与修养上。

◎所谓“光”，就是要让自己的心灵能得到阳光的普照，心中能发光，脚底有力量。所谓“明”，就是要明辨是非，明明白白、真真切切，就像明镜似的，事事处处做个明白人，而不仅仅是聪明人。所谓“正”，就是要正确，心正则身正，身正则行正。所谓“大”，就是内心要强大，心中格局要大，从心灵世界出发，张开双臂把自己的未来打开，拥抱无比灿烂、波澜壮阔的大世界。

【微案例】

从一名普通的浇铸工到全国技术能手，需要多长时间？大冶有色金属公司稀贵厂的精炼工、高级技师宋幸福用了30年。

宋幸福1985年从部队转业进入大冶有色金属公司当了一名普通工人。宋幸福只有高中学历，刚进厂时，他利用业余时间自学，很快脱颖而出，成为中频炉修理专家。

2005年，宋幸福和武汉科技大学的蔡麒麟教授共同设计完成了中频炉模拟控制系统改数字控制系统项目，这一设计改造使中频炉实现了数字化管理。

2012年5月，“宋幸福职工创新工作室”成立，3年多便已创新攻关项目200项，为公司创利3000万元。目前，“宋幸福职工创新工作室”已有多名成员，其中学历最高的为博士。

前几年，伦敦贵金属交易所提出30kg银锭必须用平模浇铸方能正式注册交易，这种工艺在公司是空白。宋幸福经过反复对比、试验，一举攻克技术难题。该公司从而在伦敦贵金属交易所一次注册成功，使公司的白银产品顺利打入国际市场。

2014年12月，“宋幸福职工创新工作室”又接到公司要在英国伦敦贵金属交易所完成3公斤黄金注册工作任务。经过大半年的努力，2015年8月，3公斤黄金在英国伦敦贵金属交易所注册成功，这也是湖北省唯一一家、全国第三家有此技术成果的公司。

宋幸福说，一个人不怕底子薄，不怕学历低，只要爱岗敬业肯钻研，就能在岗位上做好本职工作。

【大讨论】

经过30年的不懈努力，仅仅高中学历，从一般普工成长为全国技术能手，宋幸福在成为企业核心竞争力的同时，实现了幸福人生。下面，我们探讨的问题是要成为一名职场精英，必须有一颗什么样的职业良心。

其一，职业良心的“光”

光，通常指照在物体上，使人能看见物体的那种物质，如太阳光、灯光、月光，以及看不见的红外线和紫外线等。在物理学上，光的本质是一种处于特定频段的光子流，光源发出光，是因为光源中电子获得额外能量。从光的本质特征来形容人的良心,还是很恰当的,马克思说:“良心是由人的知识和全部生活方式来决定的。”良心固然是人之本能,但它有丰富的能量来源,本身就在传播着能量,有些能量是显意识,有的是“看不见”的潜意识。光一般沿直线传播,光速很快,良心的外显也是瞬息而至。法国18世纪伟大的启蒙思想家、哲学家卢梭在《忏悔录》中写道:“心被那神圣之火燃烧起来的人,总是想法子把他的心倾吐出来的,要把满腔的东西拿给人看的。这样的人恨不得把心掏出来放在脸上,他决不会想什么修饰打扮。”王阳明就是用光来比喻良心的,“你未看此花时,此花与汝心同归于寂;你来看此花时,则此花颜色一时明白起来,便知此花不在你的心外”,请注意这个“寂”字,并不是不存在,而是没有与自己的心互动。职业良心也是如此,凡事不进入内心,就心不在焉,心中就发不出能量,也就是俗话说的“眼中无活”。

其二,职业良心的“明”

明,最早见于甲骨文,其本义是明亮、清晰,后延伸至懂得、了解,由此形成的成语有明辨是非、明察秋毫、明争暗斗、明知故问、明知故犯等。20世纪英国小说家劳伦斯说:“每个人都必须按自己心灵的良心来生活,但不是按任何理想。使良心屈从于信条,或理念,或传统,甚至是内在冲动,那是我们的堕落。”王阳明认为:“良知”是统一主观与客观的认知主体,既是“知是知非”的“知识心”,又是“知善知恶”的“道德心”。我们认为,职业良心的“明”,就是指内心是否有明辨是非的能力,做出明智的职业活动,而不是浑昧的甚至愚蠢的举动。在职场生活中,我们发现聪明不等于明智,聪明反被聪明误,机关算尽太聪明,反误了卿卿性命。明智是实践理性的德性,是智慧人生的标准。王安石在《陆忠州》中写道:“英英陆忠州,学问辅明智。”明智指通达事理,有远见,做出明智的选择。其实,真正约束一个人的,只有他自己的良心。明智的良心不会凭空而来,而是用良心的光芒投射到行动中,目标坚定,处事圆融,日积月累而成。明智永无止境,只能简单粗暴地划分成几个段位,在什么段位上就能从容地做好什么段位上的事情,它与工作岗位密切相关,但绝不会拘泥于工作岗位。

其三,职业良心的“正”

正,本义是从一从止或守一而止,引申为目标、标准、榜样,不偏斜,匀称适当,平正;无邪恶,无私心杂念,坚守正道,正确发展,主持正义,终止罪恶。从良心角度出发,正的本义与良心主体契合,首先自己的良心要正确、正经、正当;正的引申义则反映到人的行为举止上,完成了理论上的自洽。

约·库克说："良心强调的是'应该'二字。"良心不应该仅仅作用在对别人的评价上，而更应该作用在对自我的关照与修养上。中国现代著名作家林语堂说："聪明以为可，良知以为不可，则不可之；聪明以为不可，良知以为可，则可之。良知为主，聪明为奴，其人必忠；良知为奴，聪明为主，其人必奸。"德国著名哲学家叔本华说："名誉是表现在外的良心，良心是隐藏在内的名誉。"在中国传统世俗文化中，很多中国人在统计选票、清点财物等的时候，都还保持着用"正"字计数的习惯，以彰显团体选举的公正。在职场生活中，良心的正确、正当、正经，直接关系到职业行为的正确与恰当。

其四，职业良心的"大"

大，通常指速度、面积、体积、容量、数量、强度、力量、能量超过一般或超过所比较的对象，与"小"相对。从造字法上看，由"一"和"人"组合而成，就如一个人张开双臂的形状，寓天大地大人亦大之意。中国传统文化中有很多心大的元素，譬如"宰相肚里能撑船"等俗语，譬如韩信胯下之辱等典故，譬如卧薪尝胆等成语。英国前首相丘吉尔说："比海更宏伟的是蓝天，比天更宏伟的是良心。"法国人文主义思想家蒙田在《散文集》中写道："美丽的心灵是那种博大、开朗而又准备容纳一切的心灵。"在职场生活中，我们发现部分人心胸不够大，为了鸡毛蒜皮的事就斤斤计较，只看眼前不管未来，内心格局不大境界不高，这导致他提升的速度不快、空间不大。大境界才能有大胸怀，大格局才有大作为。要能够立足自我，把握自我，注重"贵我"，给自我树立信心，激发自己的潜质潜能，用心做事，在实践中锻炼自己的才能，滋养自己的心灵，在良心的滋养与实践的磨砺中形成一个完整的、互动的、良性的闭环生态系统。

【新思维】

有人说："人如果没有良心，哪怕有天大的聪明也活不下去。"如果这样说有道理，那么说明世界上活着的人都有良心，"人人皆可为尧舜"。

《咬文嚼字》评出了2017年度十大流行语，"你的良心不会痛吗"入围其中，说明了"良心"依然是这个社会关注的核心问题之一。

不管是职业活动还是世俗生活，良心都不应仅仅用来指责，而应引导人自身达到应然性的自洽。

良心不应只是"让狗吃"的东西，它需要用光明正大来诠释。

所谓“光”，就是要让自己的心灵能得到阳光的普照，心中能发光，脚底有力量。

所谓“明”，就是要明辨是非，明明白白、真真切切，就像明镜似的，事事处处做个明白人，而不仅仅是聪明人。

所谓“正”，就是要正确，心正则身正，身正则行正。

所谓“大”，就是内心要强大，心中格局要大，从心灵世界出发，张开双臂把自己的未来打开，拥抱无比灿烂、波澜壮阔的大世界。

宋曾协《送王炎弼赴山阳守以兵卫森画戟宴寝凝清香为》载：“丹心日月明。”宋文天祥《过零丁洋》载：“留取丹心照汗青。”丹心指的是赤心、忠心。本文题目“丹‘心’永在”，指的是忠于自己的良心，让良心保持着赤诚的状态，时时刻刻光明正大。

再拓展

1. 良心，是指个人内心的是非感，对自己行为、意图或性格的好坏的认识；同时具有一种做好人好事的责任感，常被认为能引起对于做坏事的内疚和悔恨。试选取自己最内疚的三件事，回忆反思这个过程。

2. 陆九渊《杂说》载：“宇宙便是吾心，吾心即是宇宙。”王阳明《大学问》载：“心之本体，本无不正，自其意念发动，而后有不正。”如你感兴趣，请搜集整理陆王心学的主要观点。

3. 2015年两会期间，习近平总书记在参加贵州省代表团全体会议时说，他很景仰龙场悟道的王阳明先生，贵州的文化传人对王阳明先生的学习更应该有深刻的心得。王阳明的心学正是中国传统文化中的精华，也是增强中国人文化自信的切入点之一。请你谈谈对这两句话的理解。

第八节　得"心"应手:职业良心与人文精神的辩证关系

职业良心不仅仅体现在"注水猪""地沟油"上,本质上是在人之本性上与人文精神的合一。作为一名现代职业人,辩证地理解和把握职业良心与人文精神的关系非常重要。

【小概念】

◎职业良心

职业是参与社会分工,利用专门的知识和技能,为社会创造物质财富和精神财富,获取合理报酬,作为物质生活来源,并满足精神需求的工作。

良心是被现实社会普遍认可并被自己所认同的行为规范和价值标准,是道德情感的基本形式,是个人自律的突出体现。

职业良心是指有着特殊职业的从业人员领悟了社会对自己的要求,而具有的为社会尽具体义务的明确意识,或简单地说,就是从业人员对职业责任的自觉意识。

◎ 人文精神

人文就是人类文化中的先进部分和核心部分,即先进的价值观及其规范。其集中体现的是:重视人,尊重人,关心人,爱护人。

精神是过去事和物的记录及此记录的重演,包含人类精神,如人的意识、思维活动和一般的心理状态。

人文精神是一种普遍的人类自我关怀,表现为对人的尊严、价值、命运的维护、追求和关切,对人类遗留下来的各种精神文化现象的高度珍视,对一种全面发展的理想人格的肯定和塑造。

【大讨论】

职业良心的动机定向作用。从业人员在作出某种行为之前，如果具有职业良心，就能根据履行职业义务的伦理道德要求，对行为的动机进行自我检查，凡符合职业道德要求的动机就予以肯定，凡不符合职业道德要求的动机就进行抑制或否定，从而作出正确的选择或决定。

职业良心的监督作用。职业人在职业活动进行过程中，对符合职业伦理道德要求的情感、意志和信念，职业良心就给予激励并促使其坚持下去；对于不符合职业道德要求的情绪、欲望或冲动，职业良心则予以抑制，促使从业人员自行改变其行为方向和方式，纠正自私欲念或偏颇情感，避免产生不良后果。

职业良心的评价作用。在职业活动结束以后，职业良心能够对自己的职业活动及其结果作出自我表现评价。对履行了职业义务的良好结果和影响，会得到内心的满足和欣慰；对没有履行职业义务的不良后果和影响，进行内心谴责，表现出内疚、惭愧和悔恨，促使其主动自觉地纠正错误。

职业良心的作用类型。职业良心在职业过程中的实践主要有两种方式，一种是直觉的方式，一种是理智的方式。直觉的作用形式是指职业良心以一种无形的力量，甚至潜意识的本能、顿悟，使职业行为沿一定的方向进行。譬如学车时的“一踩二挂三看四转五按六手刹”，背了许多遍记不住，再操作时还犯错，但开了几年车后，不经思考就能熟练地完成这些规范动作，这就是潜意识里的直觉。理智的作用方式是指经过职业道德情感的冲突而作出的深思熟虑的、合乎理性的选择，自觉遵守职业道德规范，履行自己的职业道德义务。这种作用方式，是使从业人员的内心世界服从于职业道德的自我道德法庭。很多中国留学生到国外读书时有到餐厅打工刷盘子的经历，餐厅要求盘子必须刷7遍，中国留学生就不明白，本来刷3遍就很干净了，为什么一定要刷7遍呢？于是就发生了激烈的思想斗争，斗争的结果是要么刷3遍被解雇，要么刷7遍保住打工的职位。

中国传统文化中的人文精神。中国古代的大禹治水、女娲补天、精卫填海、夸父逐日等神话故事，体现出浓烈的人文精神。中国传统文化的人文精神主要体现在以人为本、天人合一和人文思维三个方面。《周易》载：“刚柔交错，天文也。文明以止，人文也。观乎天文，以察时变；观乎人文，以化成天下。”《周易》是中国传统思想文化中自然哲学与人文实践的理论根源，是古代汉民族思想、智慧的结晶，被誉为“大道之源”，为群经之首、设教之书。夏朝以天命立国，商朝以鬼神立国，到了西周，则以人文立国。与西方文化相比，以人为本的人文精神是中国文化最根本的精神，也是一个最重要的特征。中国文化不是靠外在的神或造物主，而是靠人本身道德的自觉和自律，强调人的主体性、独立性、能动性，这就是中国文化以人为本的人文精神。

西方文化的人文精神。狭义上是指文艺复兴时期的一种思潮，其核心思想为：关心人，以人为本，重视人的价值，反对神学对人性的压抑；张扬人的理性，反对神学对理性的贬低；主张灵肉和谐、立足于尘世生活的超越性精神追求，反对神学的灵肉对立、用天国生活否定尘世生活。广义上则指欧洲始于古希腊的一种文化传统，其基本内涵确定为三个层次：人性，对人的幸福和尊严的追求，是广义的人道主义精神；理性，对真理的追求，是广义的科学精神；超越性，对生活意义的追求。简单地说，就是关心人，尤其是关心人的精神生活；尊重人的价值，尤其是尊重人作为精神存在的价值。

【新思维】

其一，职业良心不仅是“善与恶”，更是“对与错”

良心，是中国传统文化中最古老的伦理命题之一，孟子认为“人之初，性本善”，荀子认为“人之初，性本恶”，告子认为“人性可善可恶”。由此出发而产生的“程朱理学”和“陆王心学”深刻地影响了中国近现代的发展，甚至促成了日本明治维新的思想发育。

从社会实践看，人们更多关注的是事物的“善与恶”；从人性应然性的发展规律上看，或者从“善与恶”的本质上探讨，却是“对与错”的问题，或者说仅仅从“善与恶”的角度去诠释职业良心是远远不够的，达不到事物的本质。

我们的错误方式方法可以有千万条，但正确的只有一种。固然，这种正确可能无限接近于事物的本质规律，或许永远达不到完全正确的程度，但这是评价社会活动的唯一标准，这是我们努力的方向，正因为这个方向才形成社会变革与发展的根本动力。

"两权相利取其重,两权相害取其轻"是科学决策的基本原则,这就是适当、合适的问题。《论语·庸也》载:"中庸之为德也,其至矣乎。"中庸之道,指不偏不倚、折中调和的处世态度,这是正确的,如果单纯地用善恶规则去解决,怎么做都是错。"妻子与母亲掉进水里先救谁"的问题,难倒了众多丈夫,实践中却是按当时的情形才能做出合适的正确的判断与行动。

"君子藏器于身,待时而动",往往按常规观点,一个行动必须等到条件成熟了才可以实施,而现实的情况却是任何事情的实施条件都不能充分到100%,一般成熟到60% ~ 70%是合宜的,合宜就是正确的。往往条件越不成熟,成功后的效益越大。

其二,人文精神不仅是理性更要关注超越性

中国传统文化中的人定胜天与天人合一,都属于人文精神的范畴,两者存在着强烈的辩证关系,这就需要理性精神来解决。

父母年老重病住院,儿女砸锅卖铁为父母治病是一种孝道,然而若他们已到了倾家荡产的程度,医生说再有一万元或许有救,而此时儿女一分钱也借不到了,怎么办?

顺其自然则大逆不道;卖房卖血则对其他家人不负责任,这是一个涉及理性的两难问题。

理性,是人的本质属性,是人区别于其他生物的本质特征,是人文精神的核心内容之一。

理性,就是遵循事物发展的规律,进行精准判断、综合分析、权衡利弊,做出正确的行动,保障目的的达成。

理性,就要超越感性,超越事物的本身,上升到精神层面。

人文精神的超越性,主要体现在人对生活、生命意义的追求上。人的生命意义绝对不在生命的终点,而在生命的过程,从很大程度上讲,人生的本身就是实践生命、探寻生命意义的过程。

如果个人把生活的意义局限于个人本身,则格局无限狭小,就会自我矮化,视野、事业的格局就不大,也就达不到大视野。

人文精神的超越性往往体现在社会服务上、时代情怀上、事业使命上、事业成就上。

超越，最难的不是超越别人，而是超越自己。只有不断地超越自己，才能更好地体现自己人文精神的超越性。

其三，职业良心与人文精神的相向发展

做人要有良心，凭良心做人、凭良心办事是几千年来中国人做人处世的箴言。

职业本身就是创造社会价值的行为，核心就是“善”，本质就是“良心”，也就是说职业良心是职业行为的基础，没有职业良心就不会是一个职业人。

职业良心来自于对自身人之属性的认同，来自于对自身人文精神的尊重，来自于对自身人文精神的实践与升华。

人文精神不会凭空而来，而是在人的社会实践和职业实践中逐渐生成、成形、壮大的。如果仅仅是职业外的实践，人文精神就不足以支撑职业良心的形成；在职业实践中不断培育起的人文精神，就与职业良心合为一体了。

职业良心是人文精神的重要组成部分，人文精神体现在职业实践中就是职业良心。职业良心与人文精神相辅相成、相互提升、携手进步。

《庄子·天道》载：“不徐不疾，得之于手而应于心。”得心应手，指心手相应，运用自如，多形容技艺纯熟。本文以“得‘心’应手”命题，旨在提醒职业者时刻关注职业良心与人文精神的培育，这样才能在职业活动中从容应对、游刃有余。

第五章　职业纪律与个人修养

◎职业生活如何过得舒心、顺心、快乐？对于职业纪律来说，必须把外在的约束内化为个人的修养，这样才能应然地自洽；对于个人修养来说，纪律的恪守就是修养的外在德性，展示的是修养的境界。对于一个现代职业人来说，必须要辩证好职业纪律与个人修养的内在关系。

◎如果简单地把职业纪律置于个人修养之外，那么职业纪律就失去了温度，在职业者心里变成了冷冰冰的"身外之物"，就不能内化于心，外化于行，职业者在工作中就始终处在"别扭"的状态中，一不小心就违反纪律甚至酿成大祸。

◎当一个人的修养到了基本适应职业纪律的时候，他就会成为一名合格员工；当一个人的修养到了恪守职业纪律的时候，他就会成为一名优秀员工；当一个人的修养到了纪律自律的程度，他就可能成为一名模范员工。

◎遵纪守法是个人修养的根本内容，当纪律深深扎根于人的思想和道德修养时，纪律就不再是约束，而当纪律上升为自觉遵守的伦理道德规范的时候，人们才能实现真正意义上的自由，才能对所有的职业纪律不觉得"别扭"，才能执行起来"通体舒泰"，才能让纪律成为自己的内在修养，让自己达到自律的状态。

第一节　知“心”知底:规则是社会运行的中枢神经

◎古今中外,人的社会性都是相通的,都要讲究规则,没有规则,各吹各的号,各拉各的调,就会杂乱无章,甚至杀戮四起,人们的基本安全都无法保障,还奢谈什么幸福?诚取天地正气问人间暖凉,法引规矩方圆律世间万象。

◎透视一个国家、一个地域的文明程度,可以有多个角度多个方法,本质的一点是规则的建立和执行情况。文明程度越高,规则往往就越多。

◎生活的幸福来自内心的安宁,内心的安宁来自规则的遵循。试想一下,一个犯规成性的人,天天想的是惩罚随时降临,内心始终惶恐,吃不下睡不着,甚至不敢到外面的世界晒晒阳光,这样怎么会有幸福感?

【微案例】

如何理解一个社会的运行规则？我们在国学大师、学界泰斗季羡林先生的散文集《留德十年》中，看到有这样一个情节描述。

二战末期，盟军进入大反攻，苏联红军完成了对德国柏林的包围，德国百姓食物短缺，燃料匮乏，生活陷入了前所未有的困境。

由于德国冬季非常寒冷，燃料缺乏可能导致许多居民冻死。为了生存，一些居民开始进山砍伐树木，当作燃料取暖。而当时的德国行政管理名存实亡，控制力几乎为零，一切都处于无政府状态。

当战争结束后，人们却惊讶地发现，全德国没有发生一起居民乱砍滥伐事件，他们全部忠实地执行了规定：只砍枯藤朽木。

季老由衷地感叹，循规蹈矩、一丝不苟是德国人遵守的一条规则，任何时候都不会被破坏，这已经深入到他们的骨子里，即使处于无政府状态，也不会改变。

【大讨论】

听与德国人打过交道的人说，德国人很“死板”，只有原则性，没有灵活性，找德国人办事很难，讲程序，讲规则，没有半点“变通”的余地。德国人深信：社会是一个整体，人与人之间遵守规则，才会使生活变得愉快、和谐、安定。但也正是这种社会所有人都认同并恪守的规则意识，让德国创造了2300多个世界名牌，让“德国制造”成为品牌保障。

其一，规则的建立与社会的运行

马克思说，“人是一切社会关系的总和”，从某种程度上说，人就是一种政治性的高级动物，必须要过社会化的生活，否则，人的属性就会被严重质疑，譬如从小就与狼一起生活的“狼孩”。人生的目的就是过幸福的生活，毋庸置疑，而作为一个社会或者一个单位，就是要从所有成员需求的最大公约数出发，制定并实施一些规范性的动作标准，保障绝大多数追求幸福生活的过程不被侵害或者骚扰。波兰现实主义作家莱蒙特认为：“世界上的一切都必须按照一定的规矩秩序各就各位。”中国儒家代表孟子说：“不以规矩，不能成方圆。”古今中外，人的社会性都是相通的，都要讲究规则，没有规则，各吹各的号，各拉各的调，就会杂乱无章，甚至杀戮四起，人们的基本安全都无法保障，还奢谈什么幸福？诚取天地正气问人间暖凉，法引规矩方圆律世间万象。一个好社会和好单位的标志是：除了规则，一切都是零。一个坏社会和坏单位的标志是：一切规则都是零。一种游戏，一种规则。玩得起，继续；玩不起，出局。举一个极端的例子，所谓的小偷强盗，貌似强悍实则虚弱，他们在既定的规则内竞争失败，才会破格以求，然而天网恢恢疏而不漏，总也逃脱不了被制裁的命运，他们整日惶恐不安，幸福也与之无缘。

其二，规则的发展与文明的进步

战国末期法家学派代表人物韩非子说："欲成方面圆而随其规矩，则万事之功形矣，而万物莫不有规矩，议言之士，计会规矩也。"英国唯物主义哲学家培根说："人们都是凭天性思考，按规则说话，照习俗办事。"透视一个国家、一个地域的文明程度，可以有多个角度、多个方法，本质上的一点是规则的建立和执行的情况。文明程度越高，规则往往越多。譬如高速公路上不能让羊群牛群上去，高铁动车上全程戒烟，更不能随地吐痰，慢慢地，我们发现高声喧哗也渐渐地少了，这就是文明的进步，也是规则的发展。在社会发展过程中，规则总是有强烈的发展性，范冰冰"阴阳合同"逃税事件一度成为2018年社会关注的焦点，最终范冰冰需要补齐的税款和罚金约为8.84亿元，固然行业发展有些不健康的流俗，但不能成为逃避规则的理由。

其三，规则的遵循与内心的安宁

苏联作家帕斯捷尔纳克曾经发出这样的感慨："生活是一个宏伟的竞技场，大家尽可以在那里进行夺取胜利的较量，但必须老老实实地遵守比赛规则。"诚然，如果没有规则，就没有输赢的意义，也就没有比赛的意义。正如日本漫画《火影忍者》男性角色旗木卡卡西的定义："在忍者的世界里，不遵守规则和规定的人被称作废物。"当我们每个人都发自内心地愿意遵守生活规则的时候，我们的环境会变得更整洁、更有序，人与人之间相处会更和谐；如果没有规则的制约，社会秩序就会变得混乱，不遵守规则的人最终只会给自己的生活带来不便，甚至还会酿成惨祸，危及他人，危害社会。别把生活当作游戏，谁游戏人生，生活就惩罚谁，这不是劝诫，而是规则。西点校友、著名工程技术专家乔治·W. 戈瑟尔斯说："在好规则面前，懂得捍卫和遵守，生活中才会享受更多的明媚阳光。"生活的幸福来自内心的安宁，内心的安宁来自规则的遵循。试想一下，一个犯规成性的人，天天想的是惩罚随时降临，内心始终惶恐，吃不下睡不着，甚至不敢到外面的世界晒晒阳光，这样怎么会有幸福感？

其四，规则的框架与个性的发展

1992年，邓小平同志的南方谈话有一句耐人深思的话："我们之所以能够打败蒋介石，就是不讲老规矩，不按老路子打，一切看情况，打赢算数。""不讲老规矩"，是创新；"一切看情况"，是战争规律；"打赢"，是目标。宋代宰相吕公著说："规矩备具，而能出于规矩之外；变化不测，而亦不背于规矩之外。"西点军校1987届毕业生、Compass集团总裁约翰·克理斯劳说："规则和纪律要一定遵守，但这绝不应该成为你墨守成规的借口。"这两个例子论述的都是规则与创新的关系。正如前文所述，所有规则的法理价值都在于促进绝大多数成员追求幸福，它绝不会抹杀或者毁灭人的个性，否则就与规则的原旨相违背，这就需要一个度的把握，所有的自由只有在规则框架下才能持久地实现，所有的个性也只有在规则的框架内才能健康地发育。所有的巨匠、大师都是在严格的规矩中施展他们的创造才能的，万通董事长冯仑说过一句很抽象的话："学万科，我们终于做到了比较从容、专业地发展；学柳传志，我们学到了一个好的价值观，企业比较稳；学马云，就要学习在新商业文明下的规则怎么生存。"作为个性异常突出的中国互联网传奇人物，作为世界500强排名300位的大企业，也必须遵循规则，我们呢？

【新思维】

个性与规则，个人与社会，个体与群体，内圣与外王，是人生哲学的永恒话题。

成人的标准或许就是基本上遵守规则，成功的标志或许就在于创新和创造。

人生就像一场大家按照规则进行的球赛，胜利者永远属于恪守规则而热情飞扬的人。

规则或许来自法律、制度、公约，或许来自社会生活中的方方面面，有时可以朗朗上口地背诵出来，有时却是看不见摸不着，但它真切地存在，不以个人的意志为转移。

汉朝李陵《答苏武书》载："人之相知，贵相知心。"知心，指的是彼此契合，腹心相照。本文题目中"知'心'知底"，指的是从本质上、从心灵深处出发认知规则的价值，规则是社会运行的中枢神经。

再拓展

1. 规则，是指运行、运作规律所遵循的法则，一般指由群众共同制定、公认或由代表人统一制定并通过的，由群体里的所有成员一起遵守的条例和章程。请你按照规则的定义，梳理一下当地聚会的规则。

2. 战国吕不韦《吕氏春秋·不苟论·自知》载："欲知平直，则必准绳；欲知方圆，则必规矩。"汉朝刘安《淮南子·诠言训》载："矩不正，不可以为方；规不正，不可以为圆。身者，事之规矩也。未闻枉己而能正人者也。"如你感兴趣，搜集整理中国古代的规矩文化。

3. 2014年10月23日，习近平总书记在中共十八届四中全会第二次全体会议上说："小智治事，中智治人，大智立法。治理一个国家、一个社会，关键是要立规矩、讲规矩、守规矩。法律是治国理政最大最重要的规矩。推进国家治理体系和治理能力现代化，必须坚持依法治国，为党和国家事业发展提供根本性、全局性、长期性的制度保障。"请谈谈你对这段话的理解。

第二节 戒“心”永存:纪律是科学发展的必须

◎所有的个性、所有的自由、所有的冲动,在必然性的科学技术面前,都显得苍白无力;所有的科学技术生产活动,都需要严格的生产纪律要求,这不是哪位老板、哪位高管一时的心血来潮之举,而是科学技术发展的必然要求。

◎标准化的操作规范必然离不开生产纪律,没有纪律的生产活动是盲目的,违背科学规律的,必然被淘汰;没有纪律意识的员工,同样如此。

◎当我们把生活、工作形式放到哲学原理、科学原理、逻辑思维的放大镜下重新审视后,会发现:一切的法律、一切的规则、一切的纪律绝大部分内容是如此的应然、如此的自洽、如此的适当。

【微案例】

2000年10月13日，某纺织厂职工朱某与同事一起操作滚筒烘干机进行烘干作业。朱某在向烘干机放料时，被旋转的联轴节挂住裤脚口摔倒在地。待旁边的同事听到呼救声后，马上关闭电源，使设备停转，才使朱某脱险。但朱某腿部已严重擦伤。引起该事故的主要原因是烘干机马达和传动装置的防护罩在上一班检修作业后没有及时罩上。

2001年5月18日，四川广元某木器厂木工李某用平板刨床加工木板，李某进行推送，另有一人接拉木板。在快刨到木板端头时，遇到节疤，木板抖动，李某疏忽(因这台刨床的刨刀没有安全防护装置)以致右手脱离木板而直接按到了刨刀上，瞬间李某的四个手指被刨掉。在一年前，木器厂就为了解决无安全防护装置这一隐患，专门购置了一套防护装置，但装上用了一段时间后，操作人员嫌麻烦，就给拆除了，结果不久就发生了事故。

2002年4月23日，陕西一煤机厂职工小吴正在摇臂钻床上进行钻孔作业。测量零件时，小吴没有关停钻床，只是把摇臂推到一边，就用戴手套的手去搬动工件，这时，飞速旋转的钻头猛地绞住了小吴的手套，强大的力量拽着小吴的手臂往钻头上缠绕。小吴一边喊叫，一边拼命挣扎，等其他工友听到喊声关掉钻床，小吴的手套、工作服已被撕烂，右手小拇指也被绞断。

【大讨论】

实在不忍心选择一些动辄伤亡上百人的案例，那样太让人难过。我们总在思考一个问题，为什么一涉及科学技术的生产领域，纪律要求就越来越严格，甚至到了严酷的程度？科学技术是为人服务的，为什么就不能对人宽容一点？这是一个很有趣、很有现实意义的话题。

其一，农耕文明与商工文明

“三亩地一头牛，老婆孩子热炕头”是千百年来中国农民最原始、最真挚的梦想生活方式，这是适应了封建社会的农耕文明，但这种小农生产方式是典型的个体行为，自家的地、自家的犁，想下地就下地，想种啥就种啥。日出而作，日落而息，没有规章，没有制度，没有约束。交上皇粮不怕官，孝敬父母不怕天。你耕田来我织布，我挑水来你浇园。突然有一天，耕田用上了大型机械，织布用上了机械流水线，浇园用上了柴油抽水机，社会生产步入了工业时代,人的组织方式、工作观念就彻底地发生了变化。商工文明是一个完整的人类思想、生产、生活、组织管理的文明形态,它包括思维方式的理性化,价值观念的人本化,交换方式的市场化,生产方式的工业化,分配方式的普惠化,生活方式的城市化,政治组织的民主化,社会管理、交往方式的法治化,发展趋势的全球化等要素或特点。小农经济思想严重不适应甚至阻碍这种发展,其所展现出的随心所欲,公私不分、上下不分、内外不分、轻重不分,是制约时代发展的腐朽思想。苏联杰出的教育家、作家马卡连柯说:“纪律是集体的面貌,集体的声音,集体的动作,集体的表情,集体的信念。”个人要融入商工文明的时代,就必须要有足够的纪律意识。

其二,技术逻辑与纪律支撑

法国杰出的马克思主义思想家拉法格说:“机器的生产方式是现代工业最本质的特征。”所谓机器,是由各种金属和非金属部件组装成的装置,消耗能源,可以运转、做功,用来代替人的劳动,进行能量变换、信息处理以及产生有用功。值得大家注意的是,所有的机器都以科学技术为支撑,科学技术必然讲逻辑,必然讲必然性。譬如我们开车,一踩油门,必然加速,如果出现多次偶然性,就是出了问题,需要修理。科学技术在设计时按人的意志发展的同时,也对人的操作提出了更严格的标准,在创造了巨大动力的同时,也会对生产的环节提出更高的技术要求。如果不遵循科学的必然性,科学必然会对人做出破坏性的惩罚,这就是规律。标准化、自动化及流水线的生产方式,必然要求用种种手段保障流程被严格执行,作为操作者的人,稍一疏忽违章操作,就会受到必然性的惩罚。所以,所有的个性、所有的自由、所有的冲动,在必然性的科学技术面前,都显得苍白无力;所有的科学技术生产活动,都需要严格的生产纪律要求,这不是哪位老板、哪位高管一时的心血来潮之举,而是科学技术发展的必然要求。

其三,工艺原理与规则运营

工艺是由设备等构成的平台设施要素、原理贯穿的过程要素、智能化的软硬件要素、标准化的执行要素、流程的操作要素等构成的用于生产产品的方法与过程。工艺原理是指工业产品的加工制造技术方法,包括从原料投入到产品包装全过程的原料配方、工艺路线、工艺流程、工艺流程图、工艺步骤、工艺指标、操作要点、工艺控制等。请大家注意,所有的工艺都讲究规则,所有不遵循工艺原理的生产活动,都极有可能造成大量不合格的产品,譬如灯泡拧不进灯头里就是废品,譬如大型设备往往是众多工艺的合成,一个细节的不到位,就会导致这个生产活动的失败。中国精细化管理研究所所长汪中求的定义是:“细节的不等式意味着1%的错误会导致100%的错误。”这就是任何一种工艺都需要培训的原因,标准化的操作规范必然离不开生产纪律,没有纪律的生产活动是盲目的,违背科学规律的,必然被淘汰;没有纪律意识的员工,同样如此。

其四,职业成长与规则养成

职业养成理论认为,人的一生本质上是成长与探索的过程,是以自己的兴趣和能力获取知识以应对职业需求的过程。职业的一大特征就是它的规范性,这包括两个含义:一是职业内部的规范操作要求性,操作不规范就必然造成不合格的产品,还可能酿成生产事故;二是职业道德的规范性,存在着一个伦理范畴的规范性。市场经济必然讲究竞争法则,生产效率特别重要,永丰金控公司执行长卢正昕先生说:“企业的执行力靠的就是纪律。”现代管理学之父德鲁克说:“在所有组织中,90%左右的问题是共同的,不同的只有10%。只有这10%需要适应这个组织特定的使命、特定的文化和特定语言。”毛仲强说:“现代企业管理的重大责任,就在于谋求企业目标与个人目标两者的一致,两者越一致管理效果就越好。”从企业的角度讲,规则纪律都是发展的必须,被迫的行动都还投入巨大的资金进行这方面的建设;从员工个人的角度讲,在市场经济的大潮中,个人只能随着潮流调整自己人生的航向,去主动、积极地学习和遵守这些纪律规则。在这方面,企业和员工的利益与诉求是高度一致的。马克思的人生感悟是:“一个人应该:活泼而守纪律,天真而不幼稚,勇敢而鲁莽,倔强而有原则,热情而不冲动,乐观而不盲目。”

【新思维】

我们耗尽大好的青春年华学习科学知识,缺乏的却是科学的精神。

我们仅仅感受到的是科学实验的好玩与创新,却没有关注到科学技术的严谨与规范。

规则是群体形成的中枢,规则是技术的神经,纪律是企业的命门。

当我们把生活、工作形式放到哲学原理、科学原理、逻辑思维的放大镜下重新审视后，会发现：一切的法律、一切的规则、一切的纪律绝大部分内容是如此的应然、如此的自洽、如此的适当。

当今的青年人谈“戒”色变，谈“戒”厌恶，而殊不知出自人类智慧的“戒”却是生命的“防火墙”。

《管子·君臣下》载：“戒心形于内，则容貌动于外矣。”戒心，指的是戒备之心。本文题目“戒‘心’永存”，指的是在工作生活中时时刻刻存有戒心，因为纪律是科学发展的必须。

再拓展

1. 纪律，指为维护集体利益并保证工作进行而要求成员必须遵守的规章、条文。盘点自己过去纪律遵守的情况，想想以后应该怎么做。

2.《管子·立政》载：“令则行，禁则止，宪之所及，俗之所被。如百体之从心，政之所期也。”如你感兴趣，请整理中国古代关于纪律的阐述。

3. 2015 年 1 月 13 日，习近平总书记在十八届中央纪委五次全会上的讲话中提出：“要加强纪律建设，把守纪律讲规矩摆在更加重要的位置。”请谈谈对这句话的理解。

第三节　惊“心”动魄：纪律是安全生产的“生命线”

◎事故统计表明，70%的事故是违章操作造成的。违章操作的主观因素是自我表现、好胜心态、麻痹侥幸心理、马虎敷衍、贪图方便、逆反心理等，核心的问题在于内心没有真正地树立规则纪律意识，戒心不强。

◎请大家注意，这些规章制度不是凭空而来、从天而降的，是前人用鲜血和生命写成的，任何人都没有必要再用自己的鲜血和生命去验证。

◎生命，只有掌握在自己手中才有意义；命运，只有把握在自己手中才有价值；安全，只有自己驾驭才更稳妥。

【微案例】

2013年5月20日10时51分，位于山东省章丘市的保利民爆济南科技有限公司乳化震源药柱生产车间发生爆炸事故，造成33人死亡、19人受伤，直接经济损失6600余万元。

事故原因：废药在回收复用过程中混入了起爆件中的太安（硝酸酯类炸药典型代表），提高了危险感度。太安在4号装药机内受到强力摩擦、挤压、撞击，瞬间发生爆炸，引爆了4号装药机内乳化炸药，从而殉爆了502工房内其他部位炸药。

事故性质：保利民爆济南公司安全管理混乱且长期违法违规组织生产。经调查认定，此事故是一起生产安全责任事故。

【大讨论】

一场事故，导致33人死亡、19人受伤，涉及52个家庭，血淋淋的惨痛教训让我们不得不关注安全生产的红线，这条红线就是带电的“高压线”，就是“生命线”。对于任何一个行业的员工或者即将走上工作岗位的“准员工”来说，安全生产红线都是不可触碰的，谁触碰了谁就要付出沉重的代价，因为“人命关天”。

其一，安全事故与违章操作

生产中的安全事故，是指生产经营单位在生产经营活动（包括与生产经营有关的活动）中突然发生的，伤害人身安全和健康，或者损坏设备设施，或者造成经济损失的，导致原生产经营活动暂时中止或永远终止的意外事件。1986年4月26日凌晨1点23分，苏联统治下乌克兰普里皮亚季邻近的切尔诺贝利核电厂的第四号反应堆发生了爆炸，所释放出的辐射线剂量是二战时期爆炸于广岛的原子弹的400倍以上，导致事故前后3个月内有31人死亡，之后15年内有6～8万人死亡，13.4万人遭受各种程度辐射疾病的折磨，方圆30公里地区的11.5万多民众被迫疏散，总共损失大概2000亿美元，是近代历史中代价最“昂贵”的灾难事件。生产安全事故主要是人的过失造成的，主要表现为违章作业、冒险作业等。违章操作是指职工不遵守规章制度，冒险进行操作的行为。事故统计表明，70%的事故是违章操作造成的。违章操作的主观因素是自我表现、好胜心态、麻痹侥幸心理、马虎敷衍、贪图方便、逆反心理等，核心的问题在于内心没有真正地树立规则纪律意识,戒心不强。据资料统计,20世纪60年代,在美国每年工亡数超过6000人,职业病死亡超过50000人,非致命的工伤超过600万人,GDP损失超过1100亿美元。人世间最宝贵的莫过于生命,生命无价,生命对每一个人只有一次。人的一切活动和价值都以生命的存在和延续为根基,没有生命就没有了一切。从本质上说,企业在安全生产上负有主体责任,但对个人来说,安全生产不仅是对企业负责任,更是对自己生命负责任,也是对家庭负责任。人命关天,生命至上,从本质上讲,任何组织都承担不起一个人生命的责任,只有自己对自己的生命负责才,人生有价值。

其二,安全意识与纪律保障

工业化生产方式极大地提高了生产效率,改善了人类的生存状况,也带来了社会结构的巨大变革。此种生产方式给从事生产活动的劳动者带来的伤害(死亡、受伤和职业病)是其影响中巨大的副产品。由于技术的推动,生产规模越来越大、集中度越来越高,并在各个行业领域实现了不受时间和季节限制的连续作业。这样的生产方式与传统的农业生产方式相比较,具有高度的危险性,并在事实上造成了劳动者的群死群伤,直至成为广泛关注的社会经济问题。工业化生产方式带来的巨大效益,使我们不能放弃,只能对其带来的危害进行有效地规避,这就需要充分的生产纪律予以保障,所以人们制定了众多行之有效的规章制度。请大家注意,这些规章制度不是凭空而来、从天而降的,是前人用鲜血和生命写成,任何人都没有必要再用自己的鲜血和生命去验证。"安全来于警惕,事故处于麻痹。巧干带来安全,蛮干招来祸端""隐患险于明火,防范胜于救灾,责任重于泰山""安全是生命之本,违章是事故之源",这其中都蕴含着血的教训。安全生产,人人有责;一分责任,十分落实。落实就要落到心里去,落到行动中,自我安全意识淡薄,侥幸麻痹心理作祟,往往容易出现问题。

其三,安全生产与技术进步

由科技引发的安全问题,必然要用科技的手段来解决。2017年,江苏省徐州市副市长毕于瑞在接受采访时说:"安全生产不能搞人海战术,关键靠技术。"2018年5月13日,广东省深圳市罗湖区天乐大厦物业管理单位组织人员在地下室化粪池进行清理和设备检修时,1名作业人员不慎掉进化粪池,其他3名作业人员在营救过程中也相继落入化粪池,该事故造成3人死亡、1人受伤。同年5月26日,广东省东莞市华业鞋材有限公司,1名员工进入4号皮浆池不久晕倒,3名工友先后入池救人,均晕倒在池中。事故造成4

人死亡。在事故发生过程中,积极应对没有人不行,但不懂技术盲目施救更不行。要想防患于未然,最根本的一条是更新技术。科技是驱动安全生产发展的不竭动力和重要支撑,从科学技术的角度来看,安全科技是安全生产的实力支撑,要依靠技术进步搞好安全生产,向技术进步要安全、要效益。这就要求要有更精密的操作技术和更严格的生产规范,譬如当前流行的六西格玛、6S管理方式,六西格玛管理(Six Sigma Management)是20世纪80年代末首先在美国摩托罗拉公司发展起来的一种新型管理方式,推行六西格玛管理就是通过设计和监控过程,将可能的失误减少到最低限度,从而使企业可以做到质量与效率最高,成本最低,过程的周期最短,利润最大,全方位地使顾客满意;6S管理是兴起于日本企业的一种管理模式,是5S的升级,6S即整理(SEIRI)、整顿(SEITON)、清扫(SEISO)、清洁(SEIKETSU)、素养(SHITSUKE)、安全(SECURITY),6S管理让企业对员工管理有了明确的规范性。

其四,安全文化与个人修养

安全是个体生活的基本需求,安全事故是典型的负能量,直接对个人、家庭、社会产生破坏。安全文化是企业在长期的生产经营过程中形成的物质文化和精神文化的总和,是安全的价值观、信念、理想、最高目标、传统、风气、行为准则的复合体,包括安全的物质文化、安全的制度文化、安全的精神文化。安全文化是沉淀于企业及其员工内心深处的安全意识形态,在企业中形成安全文化力场,作用于企业的每一个人,就像一只看不见的手,凡是脱离安全生产的行为都会被这只手拉回到安全生产的轨道上来,能够提升个人安全素质,增强安全生产的自觉性。安全生产人人抓,生产安全靠大家;安全生产,人人有责。这不是一句简单的口号,对个人来说,一丝不苟的技术操作、坚定不移的安全文化信仰,才是保障自己不出事故的根本。在重大事故面前,临危不惧,熟悉技术,在保障自身安全的情况下施救,才能不扩大危害,对企业和工友负责,万不可一腔热血,莽撞行事。

【新思维】

我的自由我做主,这没有错,那么,我的安全谁做主?

当前,有的人因安全感而形成焦虑的情绪,为何焦虑?本质上是自己目前的所作所为按逻辑推理指向了不确定、不能把握的方向。

安全，固然有客观的环境因素，但主要来自自己主观上的把握。

生命，只有掌握在自己手中才有意义；命运，只有把握在自己手中才有价值；安全，只有自己驾驭才更稳妥。

纪律，从本质上讲，不是枷锁，而是保护自己生命的“安全阀”。一时的侥幸，只会让你向危险的深渊跨进一步。

《战国策·楚策四》中记载的“故疮未息，而惊心未去也，闻弦音，引而高飞，故疮陨也”，说的是惊弓之鸟。惊心，指的是惊惧的心境。本文题目“惊‘心’动魄”，主要是说，针对纪律意识淡薄的人而言，要惊其心动其魄，让他切实明白一个简单而重要的道理——纪律是安全生产的“生命线”。

再拓展

1. 安全是指没有受到威胁，没有危险、危害、损失，作为人类的本能欲望，安全可以表述为没有物质危险和精神恐慌而使人处于自由的状态。请运用已有的知识，盘点排查学习、工作、生活中的安全隐患。

2.《十问》载：“尧问于舜曰：‘天下孰最贵？’舜曰：‘生最贵。’”《亢仓子·君道篇》载：“夫国以人为本，人安则国安。”《左传·襄公十一年》载：“居安思危。思则有备，有备无患。”如你感兴趣，请收集整理中国古代的安全文化。

3. 2013年上半年，全国多个地区接连发生多起重特大安全生产事故，造成重大人员伤亡和财产损失。正在国外访问的中共中央总书记、国家主席、中央军委主席习近平对此高度重视，6月6日就做好安全生产工作再次作出重要指示：“接连发生的重特大安全生产事故，造成重大人员伤亡和财产损失，必须引起高度重视。人命关天，发展决不能以牺牲人的生命为代价。这必须作为一条不可逾越的红线。”请谈谈对这句话的理解。

第四节 推“心”置腹：个性自由与秩序纪律的孪生关系

◎事物发展往往有两面性，前面有阳光，后面必然有阴影，极度自由的背后必然隐藏着隐患。

◎这是一个崇尚个性的时代，张扬自己的青春，人生才会灿烂多彩，然而过度张扬就成了张狂；这也是一个尊崇纪律的时代，收敛自己的个性，工作生活才会更安全，然而过于内敛就成了冷漠，成了懦弱。

◎自由不是自家垄断的独有的买卖，秩序却涉及每个人安身立命的根本。魔高一尺道高一丈，如果把自由张扬成魔，秩序就是那个道。

【微案例】

那是图辛第三次开除新员工，给他印象特别深刻。

图辛作为部门领导，把部门情况向新人小刘做了简单介绍，小刘表现出一脸轻松的样子。

随后图辛给小刘安排了工作，其实活儿比较简单，只要用心就可以做好。对于给自己分配的任务，小刘当时就表示这与她的专业不符，她表示自己怎么也是重点学校毕业的，要跟着团队做项目，而不是做调研。

图辛一副很有耐心的样子听完小刘的陈述。由于公司规定对于新入职员工要尽量满足其工作范围内的需求，于是图辛把小刘安排到一个项目组里，然而仅过了一周，小刘就在和客户的沟通过程中发生口角，甚至和对方爆粗口，于是，一个稳拿的项目打了水漂。

图辛得知情况后，通知小刘去人事部办理离职手续。

小刘非常气愤，表达了遇人不淑、怀才不遇等一系列情绪。

【大讨论】

"出来混，迟早是要还的"，这句台词是《无间道2》中吴镇宇饰演的倪永孝经常挂在嘴边的一句话，现在早已成了流行语。名牌大学毕业生小刘有散漫的自由，也有谩骂客户的自由，但纪律规则却像一把悬在头上的达摩克利斯剑，随时会落下来惩罚她。惩前毖后，社会的规则就是纠正这些自由乱纪的行为，为给犯了错误的人一个机会。但这个机会，只能通过自己正确的行为来得到。下面，我们重点聊聊个性自由和秩序纪律的辩证关系。

其一，自由的真谛与个性的培养

1964年，毛泽东主席在修改周恩来总理的政府工作报告时，写下了这样一段话，"人类的历史，就是一个不断地从必然王国向自由王国发展的历史。这个历史永远不会完结"。在认识上，自由王国指的是人们在认识和实践活动中，认识了客观事物及其规律并自觉依照这一认识来支配自己和外部世界的一种社会状态。请注意，自由王国在客观事物及其规律的框架下才能实现，而非心血来潮、一意孤行的所谓自由。法国启蒙运动时期的思想家孟德斯鸠也说过，"自由就是做法律所许可的一切事情的权利"；美国联邦最高法院大法官金斯伯格也感慨过，"自由只存在于束缚之中，没有堤岸，哪来江河"，古今中外，人类社会总是如此。自由的真谛是懂得节制，就像火车在轨道上行驶，就像马路两边的防护栏，它们是限制也是保护，让你知道自己一直在正确的道路上，你能去更远的地方。自由与放肆的分别，如同狗与狼的分别。纵欲不是真自由，纵欲的苦果是被欲望所奴役。个性的张扬在规则的保护下才有意义，自由王国的实现在规律支撑下才有价值。

其二，秩序的价值与纪律的意义

罗·安·约翰逊有句名言入选了新东方的经典语录，“自由只会倒在她自己的剑下”，也就是说，不尊重客观事物的规律而追求的自由会让人失去自由，这就要让我们再来关注秩序和纪律。商工文明的建立，必然要引导整个农耕社会的转型，这需要一个过程，譬如在排队过程中，总有一些人想方设法地插队。整个社会秩序的变迁，往往有很多人献出生命和热血；社会习俗秩序的变迁，需要一个漫长的过程。爱尔兰政治家伯克说：“良好的秩序是一切美好事物的基础。”18世纪英国著名文学家斯威夫特说：“万事离不开方法，世界离不开秩序。”任何一个社会，都在追求人的幸福生活，良好的秩序是必然的保障，从很大程度上讲，秩序就是按照社会发展的正确规律逐步完善的，符合事物发展永久合理性的运行系统，世界上绝大多数事物都按照一定的规矩秩序而各就各位、各尽其责。秩序意味着绝大多数人的安宁和光明，同时，也意味着所有人内在的自由和自我控制。秩序反映在社会运行中，就形成一种强大的力量，这是绝大多数人的真正幸福所在。秩序一般反映在社会运行中，反映在企业运营中，就成了纪律。纪律保障的是企业运行的安全、效率和效益，当纪律成为大家一致遵守的秩序，企业和个人的效益才能得到充分的保障。

其三，个性的张扬与纪律的内敛

这是一个个性满棚、张扬并当道的时代，是社会的发展和文明的进步。事物发展往往有两面性，前面有阳光，后面必然有阴影，极度自由的背后必然隐藏着隐患。“秩序，只有秩序才能产生自由”，这句话是“浪漫之都”法国的谚语；“为了享有自由，我们必须控制自己”，这是被誉为20世纪现代主义与女性主义先锋的英国作家伍尔芙的人生感悟。这是一个崇尚个性的时代，张扬自己的青春，人生才会灿烂多彩，然而过度张扬就成了张狂；这也是一个尊崇纪律的时代，收敛自己的个性，工作生活才会更安全，然而过于内敛就成了冷漠，成了懦弱。我们要创新，要求变，要张扬自己的个性，让生活、工作热情沸腾；我们要规范，要稳定，要收敛自己的浮躁，让自己成为在多种规则约束和支撑下的高速列车。

其四，自由的意义与秩序的保障

自由是秩序存在的意义，没有自由的秩序是无根之木、无源之水。社会秩序以让绝大多数人获得自由为目的，它让个人无限扩张，进而实现公共自由最大化，其存在的最大意义便是追求和维护自由。同时，秩序又是自由发展的保障，缺乏秩序约束的绝对自由犹如脱缰的野马，是极度危险的。自由都是相对而言，世界上所有的绝对很可能都是错误的。

【新思维】

不管出于矫情还是深沉，人本身就是一个矛盾体。

我们没有可能也没有必要规避这些矛盾，因为矛盾是促进人发展的内在动力和核心缘由。

人生需要辩证，矛盾需要使用，自由和秩序同样如此。

自由不是自家垄断的独有的买卖，秩序涉及每个人安身立命的根本。

魔高一尺道高一丈，如果把自由张扬成魔，秩序就是那个道。

汉刘向《列女传·明德马后》载："时及政事，后推心以对，无不当理。"推心，指的是以诚相待。《后汉书·光武帝本纪》载："萧王推赤心置人腹中，安得不投死！"推心置腹，意思是把自己的心放在对方的肚子里，比喻待人真诚。本文题目"推'心'置腹"，指的是以赤诚的心和大家探讨一个道理，那就是个性自由与秩序纪律是孪生关系，辩证把握才能在工作生活中游刃有余，"不管风吹浪打，胜似闲庭信步"。

再拓展

1. 秩序，意思是有条理地、有组织地安排各构成部分以求达到正常的运转或良好的外观。社会秩序是指动态有序平衡的社会状态。请你盘点一下工作、学习、生活中破坏秩序的现象。

2.《韩非子·定法》载："法者，宪令著于官府，刑罚必于民心，赏存乎慎法，而罚加乎奸令者也。"如你感兴趣，请搜集盘点中国古代的法治思想。

3. 2015年9月22日，习近平接受美国《华尔街日报》书面采访时说："网络空间同现实社会一样，既要提倡自由，也要遵守秩序。自由是秩序的目的，秩序是自由的保障。我们既要充分尊重网民交流思想、表达意愿的权利，也要构建良好的网络秩序，这也是为了更好保障广大网民合法权益。"请你谈谈对这句话的理解。

第五节 铭“心”刻骨:“负能量”与“正能量”的不同导向

◎抱怨与感恩联系起来思考,会让人把问题看得更清楚。当今社会有些人往往吃着人家的饭,砸着人家的锅,问题的本质就在于封建腐朽思想与极端自由主义思潮交合在了一起,既然你看到了问题,就应该想办法解决,而不是一味地发牢骚,对单位不满完全可以辞职离开,没有必要散布消极情绪,这是职场大忌。

◎问题和矛盾是永远存在的,永远是促进社会发展的内生动力,解决问题和矛盾就是事业发展和实现自己人生价值的过程。人生,就是一场自己与自己的较量:让积极打败消极,让快乐打败忧郁,让勤奋打败懒惰,让坚强打败脆弱。

◎佛的本意是“觉者”“知者”“觉”,自觉、觉他、觉行圆满,是智慧,而不是逃避现实、逃避责任、拒绝成长,口称“佛系”,必不为真佛所容。

【微案例】

大壮厌倦了天天充斥着牢骚不满、人浮于事的生活，毅然离开了工作了12年“旱涝保丰收”的单位，进入了一个只有十几个人的小民营企业，做HR。

这个企业有些特殊，总经理对下属员工有个规定：“上班时间不准说负面的语言，不得向别人倒垃圾。”

因为有这项不成文的“规定”，上班期间每有人情绪不佳，嚷嚷“烦死了”，抱怨某个客户“讨厌死了”的时候，都会有同事提醒对方——哎，你又倒垃圾了，乐捐吧！这项规定具体执行下来就是如果有人说了负面的话语，比如“气死了、烦死了、讨厌死了……”就要乐捐10元。乐捐（罚款）好像从未被在公司真正执行过，但在大家心中已经种下了积极的心态的种子。

在积极文化推动下，这家企业越来越兴旺，应聘者越来越多。与此同时大壮也就对带有负能量的人特别敏感。有一天，大壮刚刚视频面试了一位求职者，求职者的视频无法显示，换到手机上仍然黑屏（此前已经通过视频面试了其他候选人，排除企业设备的因素），应聘者泄气地讲了一句“那我就没办法了”。隔着几百公里，大壮在电脑这端都能感受到他的消极无力。一个建立起积极心态的人是不会在面试中这样讲话的，因为他们身上已根植下“凡事不说‘不可能’三个字”的心锚。在积极心态者眼里，“凡事都有至少三个以上的解决方案”，有这种思维方式的人，不管在职场还是在生活中，都很少沮丧或颓废地表示“那我就没办法了”。因为一个人嘴上说的，就是他的人生。

【大讨论】

积极的心态是一切成功人士走向成功的黄金原则，大壮所在的公司实际上倡导的是光明思维文化。光明思维，是指学习主体善于使自己始终沉浸在乐观向上、积极进取的良好心理氛围中，使大脑处于活跃开放、正向求索的信念状态，从而调动和开发自己的创新潜能并导向成功的思维方法。一级光明思维，黑了北方还有南方，看到的世界有黑暗也有光明；二级光明思维，塞翁失马，焉知非福，黑暗也可以转化为光明；三级光明思维，发生即恩典，无论黑暗与光明都能充实自己的人生。下面，和大家聊聊“负能量”和“正能量”的话题。

其一，抱怨与感恩

“负能量”一词来自“正能量”，“正能量”的流行源于英国心理学家理查德·怀斯曼的专著《正能量》，书中将人体比作一个能量场，通过激发内在潜能，可以使人表现出一个新的自我，从而更加自信，充满活力。负能量则是人负面情绪的集合，它可以使人拥有一个消极心态。在所有负能量中杀伤力最大的是抱怨，抱怨指的是心中不满，诉说别人不对，把所有问题都推给别人，从来不从自身找原因。特许经营专家刘文献的定义是："抱怨是往鞋子里倒水，越抱怨自己越难受。"不抱怨，不言苦，不忧伤，不认输。压抑了，换个环境深呼吸；困惑了，换个角度静思考；失败了，蓄满信心重新再来。这才是正确的态度。美国政治家富兰克林曾经说："我未曾见过一个早起、勤奋、谨慎、诚实的人抱怨命运不好。"同是美国政治家的杰弗逊也说过："从不浪费时间的人，没有工夫抱怨时间不够。"当代婚姻家庭教育专家杨璟丽则从另一个角度看待这个问题，她认为"学会感恩而不是抱怨，就是迈向成功的起点"。抱怨与感恩联系起来思考，会让人把问题看得更清楚。当今社会有些人往往吃着人家的饭，砸着人家的锅，问题的本质就在于封建腐朽思想与极端自由主义思潮交合在了一起，既然你看到了问题，就应该想办法解决，而不是一味地发牢骚，对单位不满完全可以辞职离开，没有必要散布消极情绪，这是职场大忌。德国著名哲学家尼采说："感恩即是灵魂上的健康。"感恩这个国家，感恩这个社会，感恩这个时代，感恩这个工作机会，远比整天抱怨更有积极的意义和价值。人只有怀着一颗感恩的心对待家庭，对待周边的一切，才能积极地使用自己的生命，从而把握自己的命运。

其二，浮躁与坚定

固然，浮躁是个人的人生态度，但并非不可指责。当今社会，浮躁情绪已经严重冲淡了理性的思考，这突出表现在总想一夜暴富，急功近利，做事盲目，对未来充满焦虑，缺乏精神寄托等。表现在生活中就如一份工作坚持不到三个月就说没前途，不干了；看一部电影都没办法保证从头看到尾，要快进；没法看完一本书，翻了个目录就着急拍照发朋友圈；等等。有人感慨，浮躁是现代社会的通病，每个人都需要一种觉醒与自我救赎。中世纪波斯诗人萨迪说："事业常成于坚忍，毁于急躁。"英国唯物主义哲学家培根也曾说："忍耐能使灵魂宁静。无论是谁，假如丧失忍耐，也就丧失灵魂。"英国作家约翰生说："成大事不在于力量的大小，而在于能坚持多久。在追逐梦想的路上，惟艰苦奋斗的精神，可以助你成功。"浮躁的人，做人做事都不脚踏实地，干什么事情都糊弄，没有长远的打算，做一天和尚撞一天钟，这是职场大忌，这样的人不会在工作上、事业上走长远。按照规律推理，要做成一件大事，需要时间做充分的保障，需要全身心地投入，否则永远不会成功。

其三，消极与积极

消极本质的问题是不求进取、意志消沉，消极的人必然要受到消极人生的蹂躏。消极突出表现在工作生活没有目标和努力的方向，没有自信并害怕失败，习惯埋怨责备，总找各种借口，夸大困难，否认现实，目光短浅，对未来悲观，眼高手低，好高骛远，不能坚持做事，习惯半途而废，等等。当前有个网络流行词，叫"佛系生活"，这说的是一种极端消极的生活态度和生活方式，与之相生的佛系青年则指芸芸众生中崇尚一切随缘、不苛求，崇尚得过且过、不太走心的活法和生活方式的青年人，本质上就是一种人生颓废的宣泄。在现实生活中，态度往往决定一切，今天你是否成功取决于你昨天的态度，今天的态度决定了你明天是否成功；积极的人在每一次忧患中都看到一个机会，而消极的人则在每个机会中都看到某种忧患。道理很简单，问题和矛盾是永远存在的，永远是促进社会发展的内生动力，解决问题和矛盾就是事业发展和实现自己人生价值的过程。人生，就是一场自己与自己的较量：让积极打败消极，让快乐打败忧郁，让勤奋打败懒惰，让坚强打败脆弱。生活中，一个好的心态，可以使你乐观豁达；一个好的心态，可以使你战胜苦难；一个好的心态，可以使你淡泊名利。生活中，除非工作生活的必需，尤其是成长时期，都要远离消极的人，斯坦福大学的研究表明，长期接触负面信息会扰乱学习、记忆、注意力和判断力，大脑在一次性处理了很多刺激信息后，可能会丧失集中注意力或记忆的能力，特别是这种稳定的负面信息流会引发不良情绪，和长期发牢骚的人共事会影响工作效率。

其四，乡愿与担当

几千年前，孔子就对乡愿派恨之入骨，破口大骂："乡愿，德之贼也。"汉代徐干《中论·考伪》载："乡愿亦无杀人之罪，而仲尼恶之，何也？以其乱德也。"清朝王宜山《围炉夜话》载："孔子何以恶乡愿，只为他似忠似廉，无非假面孔；孔子何以弃鄙夫，只因他患得患失，尽是俗心肠。"乡愿这个词含义丰富，孔子所谓的乡愿大概是指伪君子，指那些看似忠厚实际没有一点道德原则，只知道媚俗趋时的人。乡愿派在现代职场中大有人在，因其有一定地位、社会经验和话语权而对青年人的思想危害甚大，他们往往以"智者"自居，教唆青年人趋炎附势、明哲保身、投机取巧，这本质上就是在引导青年人不创新、不担当、不作为、不冒尖，以维护自己在单位中的"中不溜"的地位。担当是一种可贵的精神，事业成功的必须，乐于担当体现的是一种干事创业的思想情怀，敢于担当体现的是一种迎难而上的责任意识，善于担当体现的是一种有勇有谋的能力素质。当今世界缺的不是人，缺的是勇于担当、干事创业的人，只有勇于担当才有锻炼自己的机会，有多大的担当就会迎来多大的平台。

【新思维】

冷静观察一下芸芸众生，失败的人生往往与抱怨结伴，成功的人生一定与感恩同行。

浮躁永远是人生大忌，脚踏实地的人生才踏实。

佛的本意是“觉者”“知者”“觉”，自觉、觉他、觉行圆满，是智慧，而不是逃避现实、逃避责任、拒绝成长，口称“佛系”，必不为真佛所容。

人本身就是一个能量场，只有付诸行动能量才会喷薄而出，正能量当然在人生中起到正向作用，负能量当然就是负向作用。

负能量当然不能长久地为社群、单位所容忍，因为它阻碍了人们对美好生活的向往。

《三国志·吴志·周鲂传》载：“铭心立报，永矣无贰。”铭心，指的是铭记在心。唐朝李白《上安州李长史书》载：“深荷王公之德，铭刻心骨。”铭心刻骨，形容人们对某些人与事记忆深刻，难以忘记。本文题目“铭‘心’刻骨”，旨在提醒青年职业者切实明白一个道理，“负能量”与“正能量”必然会导向不同的人生道路。

再拓展

1. 能量(energy)是物质的时空分布可能变化程度的度量，用来表征物理系统做功的本领。在哲学上，事物自身的能量只能用虚数表示，只有通过释放方法，才能拥有用实概念表达的抽象概念。请你思考，自身有多大能量，在学习、工作、生活中释放了多大能量？

2. 老子《道德经》载：“合抱之木，生于毫末；九层之台，起于累土；千里之行，始于足下。为者败之，执者失之。是以圣人无为故无败，无执故无失。民之从事，常于几成而败之。慎终如始，则无败事。”苏轼《晁错论》载：“古之立大事者，不惟有超世之才，亦必有坚忍不拔之志。”如你感兴趣，请搜集中国传统文化中充满正能量的名人名言。

3. 2015年4月28日，习近平总书记在庆祝“五一”国际劳动节暨表彰全国劳动模范和先进工作者大会上说：“我们要始终弘扬劳模精神、劳动精神，为中国经济社会发展汇聚强大正能量。劳动是人类的本质活动，劳动光荣、创造伟大是对人类文明进步规律的重要诠释。正是因为劳动创造，我们拥有了历史的辉煌；也正是因为劳动创造，我们拥有了今天的成就。我们一定要在全社会大力弘扬劳模精神、劳动精神，引导广大人民群众树立辛勤劳动、诚实劳动、创造性劳动的理念，让劳动光荣、创造伟大成为铿锵的时代强音，让劳动最光荣、劳动最崇高、劳动最伟大、劳动最美丽蔚然成风。”请谈谈对这段话的理解。

第六节　平"心"静气:"潜规则"的文化倾向

◎企业文化当然与创立者的愿景、思想、情怀有关,但运行起来就是所有员工人格的黏合,个人修养既是企业文化的贡献者,也是服从者,否则就是融入不了企业。

◎每个企业都有自己独特的文化,区别只在是否有属于自己心中的文化而已,俗话说到什么山唱什么歌,融入企业永远是第一位的。

◎我们没有必要把"潜规则"妖魔化,但要主动作为,积极工作,主动担当。为企业创造价值是整个职场的核心价值,只要凭着良心努力做事,提升自己的素质能力,什么样负面的"潜规则"都奈何不了你。大不了,再找平台发展,前提是你有足够的实力。

【微案例】

某酒店的中餐部和西餐部各有一名主管。西餐主管林很会逢迎领导，世故圆滑的他进酒店不久便当上了主管。中餐主管肖为人木讷，做事认真，对员工和善，缺点是爱顶撞上司，常为林所取笑。

一天，林因违反酒店的规定向客人索要小费，被顾客投诉到行政经理那里。由于和经理关系不错，经理替他向客人赔礼道歉，事情便不了了之。这件事让林认准了一个理：只要和经理搞好关系，犯了错也没问题。

后来，行政经理跳槽走了，新经理走马上任。这时，林又想尽办法笼络新来的经理，而肖依然故我。

过了几个月，酒店生意滑坡。为了开源节流，老板命各部门进行裁员，而主管也只留一个。这时候，有好心的员工提醒肖，叫他不要那么倔，去经理那儿打点打点，以免失业。但事情的结果却出人意料，经理竟然炒掉林留下了肖。

经理解释说，他是很想炒掉肖，但却找不到炒他的理由。他工作踏实，员工又拥护他，炒了他怕会牵连到自己。

【大讨论】

主管林信奉潜规则被炒鱿鱼，主管肖呢？这是一个大家都关心的有趣话题。

其一，群体人格与文化属性

群体人格是指对形成独特的群体行为模式而产生影响的，包括群体心理、群体规范和目标等的群体特质，用以确定和表明群体一些持久而稳定的特点和形成的行为模式。简单地说，即指群体的惯常行为，作用在企业上就是经营理念、运行的价值观等。文化属性一词来源于电视剧《天道》(改编自豆豆的小说《遥远的救世主》)，其中，主人公男一号丁元英对文化属性的描述如下：透视社会依次有三个层面：技术、制度和文化。小到一个人，大到一个国家一个民族，任何一种命运归根到底都是那种文化属性的产物。强势文化造就强者，弱势文化造就弱者，这是规律，也可以理解为天道，不以人的意志为转移。强势文化就是遵循事物规律的文化，弱势文化就是依赖强者的道德期望破格获取的文化，也是期望救主的文化。强势文化在武学上被称为“秘籍”，而弱势文化由于易学、易懂、易用，成了流行品种。主管林本质上属于弱势文化，把命运依托在经理身上，希望在竞争中胜出；主管肖自强自立，遵循企业发展的规律，经理如果辞掉他，老板和员工就不答应，这就是强势文化。文化本身是指一个群体在其发展过程中所形成的各种共同理念和特有技能，是一个群体共同人格的外在表现，是文化对个体人格的具体影响。因此，群体人格和文化属性是从不同的角度对社会和人性的思考与反映。

其二，企业文化与个人修养

企业文化是企业在管理和创造活动中形成的具有本企业特色的精神财富和物质形态的总和，它以企业价值观为核心，还包括企业的信仰、观念、态度、工作方式、工作气氛和工作行为等。个人修养就是人在个体心灵深处经历自我认识、自我解剖、自我教育和自我提高的过程后所达成的境界，作为一种无形的力量，个人修养约束着个人的行为。有人说："三流的企业人管人，二流的企业制度管人，一流的企业文化管人。"华为总裁任正非的理解是："世界上一切资源都可能枯竭，只有一种资源可以生生不息，那就是文化。"阿里巴巴集团创始人马云也将企业文化（使命、愿景、价值观）定位为创业成功的关键要素。为什么企业家都注重企业文化？英国前首相丘吉尔认为："人们塑造组织，而组织成型后就换为组织塑造我们了。"企业文化当然与创立者的愿景、思想、情怀有关，但运行起来就是所有员工人格的黏合，个人修养既要是企业文化的贡献者，也要是服从者，否则就是融入不了企业。案例中主管林、主管肖及经理、老板、其他同事，都是该企业文化的塑造者，但每个人当然对企业的核心文化有着不同的理解，主管林、主管肖也不同，所以在这场裁员博弈中，采取了不同的策略。

其三，软文化与潜规则

任何一种企业都会有软文化或者隐形文化，"软"，是说文化本身起的作用不是强制性的，而是通过潜移默化的规范作用来实现的。"隐"，是说企业文化是看不到摸不着的，但会作用在企业的方方面面。一叶知秋、见微知著，往往从一个小方面就能大致判断出企业的核心文化，譬如车间的整洁度。这种现象在高等职业教育改革中表现得尤为突出，在国家示范校、骨干校乃至省技能名校、优质校申报与建设中，几年过后，我们会发现留下的都是软的东西，包括学校发展的精气神，教职工的思维方式、教学模式、办学理念，等等。最早对潜规则进行研究的是吴思先生，他从经济学的理性人假设出发对潜规则进行描述性的界定，认为"潜规则是人们私下认可的行为约束”，这种行为约束可降低交易成本，强化双方彼此行为预期的稳定性，以隐蔽的形式存在，获取正式规则所不能提供的利益。譬如，“锁定一个行业、锁定一个企业、锁定一个职业，终有所成”“做好时间管理，不做与工作无关的事”“工作时间用心工作，工作之外思考工作”等，这些都不能成为制度尤其是法律，但这是事业成功的必须。又如，战争时期，黄继光舍身堵枪眼，董存瑞挺身炸碉堡，沂蒙姐妹入水搭浮桥，这些行为都不能用纪律界定，这是一种可歌可泣的文化精神。台湾前“文化部长”龙应台说过一段让人深思的话，“人本是散落的珍珠，随地乱滚，文化就是那根柔弱又强韧的细线，将珠子穿起来成为社会。当公民社会不再依赖皇权或神权来巩固它的底座，文化、历史是公民社会最重要的黏合剂”。所以有人说，写在纸上的规则叫制度，不言而喻的规则叫文化。

其四，明潜规则与个人取舍

明规则和潜规则本身就是一对欢喜冤家，在潜规则的生成过程中，当事人并不只是交易的两方，而应加上代表正式规则的第三方。潜规则的“潜”表明更高层次的正式制度和规则的存在。当潜规则超出明规则的正向预期，理所当然地要支持甚至大力表彰；当潜规则低于明规则的正向预期，甚至到了违规违纪的程度，当然要严肃处理；当潜规则并没有危害单位和社会利益，可作为单位运行的润滑剂，施加一定引导。有人说，企业文化其实是由内部的“潜规则”决定的，也有人说，潜规则才是企业真实的游戏方法，也是更加真实的企业文化，这都有道理，但不能听之任之，任由发展。对企业而言，可以让“潜规则”合理的地方“露出表面”，大家共同遵守；对社会而言，要大张旗鼓地提倡规则意识，坚决反对“潜规则”意识；对国家而言，应该不断完善明规则，吸纳潜规则中合理之处，进行整合并予以规定，其不道德之处一定要坚决消灭，使和谐社会不断进步；对个人而言，要善于取舍，既要独善其身，更要有所作为。

【新思维】

存在即合理，是客观唯心主义的理论。从“潜规则”的角度看，首先客观存在的，我们不能视而不见；其次，有的合理，有的不合理；再次，合理的要“扬”，不合理的要“弃”。

作为一名成功的职业者，首先要做到适应，不能一味地当“愤青”，否则站不稳脚跟；也不能做“潜规则”的俘虏，否则将一事无成。

每个企业都有自己独特的文化，区别只在是否有属于自己心中的文化而已，俗话说到什么山唱什么歌，融入企业永远是第一位的。

我们没有必要把“潜规则”妖魔化，但要主动作为，积极工作，主动担当。为企业创造价值是整个职场的核心价值，只要凭着良心努力做事，提升自己的素质能力，什么样负面的“潜规则”都奈何不了你。大不了，再找平台发展，前提是你有足够的实力。

《荀子·大略》载：“是非疑，则度之以远事，验之以近物，参之以平心，流言止焉，恶言死焉。”平心，用心公平，态度公正。平心静气，意思是心情平和，态度冷静，譬如古人所讲的“泰山崩于前而色不变，居众人之中而无怒”。本文题目“平‘心’静气”，旨在说明用公平的心、冷静的态度对待“潜规则”的文化倾向。

再拓展

1.“潜规则”是相对于“元规则”“明规则”而言的。它是指看不见的、明文没有规定的、约定俗成的、无局限性的，却又是广泛认同、实际起作用的、人们必须“遵循”的一种规则，其可弥补明规则不足之处，因此，合理之处应当予以弘扬，不合理之处即应扼杀于摇篮之中。请从正向、负向两个角度梳理工作、学习、生活中的“潜规则”。

2.王阳明《官讳经》载：“情显机现也，情隐人秘也。逢凶不怒，遭忌勿怨。困用小人，顺恕君子。理不压众，勇非无忌，懦者改智，智者改策也。”如你感兴趣，请搜集梳理中国古代社会的“潜规则”。

3. 2016年1月12日，习近平在第十八届中央纪律检查委员会第六次全体会议上说：“要抓住建章立制，立‘明规矩’、破‘潜规则’，围绕发生的腐败案例，查找漏洞，吸取教训，着重完善党内政治生活等各方面制度，压缩消极腐败现象生存空间和滋生土壤，通过体制机制改革和制度创新促进政治生态不断改善。”请谈谈对这句话的理解。

第七节　动“心”忍性:“修”得规则“养”得纪律

◎虽然规则本身的内容是对“做何事”问题的回答,但我们作为行动者是否有按照规则来“做事”的能力和意愿,则是对“是何人”问题的回答。

◎要知道,领导有情,管理无情,纪律更是绝情,公司没有了纪律,就成为一盘散沙,企业管理容不得半点私情。

◎唯一可行的办法就是以规则和纪律作为自己人生修养的参照物,“修”得通体舒泰,“养”得游刃有余,在此基础上任由发展。

【微案例】

2018年10月28日，重庆万州公交发生坠江事故，让全国人民揪起了心。尽管经过多方努力，公交车终于打捞上岸，但15条生命却再也无法挽回，让人唏嘘。

这天，公交公司早班车驾驶员冉某沿22路公交车路线正常行驶，9时35分，乘客刘某在龙都广场四季花城站上车，其目的地为壹号家居馆站。由于道路维修改道，22路公交车不再行经壹号家居馆站。当车行至南滨公园站时，驾驶员冉某提醒到壹号家居馆的乘客在此站下车，刘某未下车。当车继续行驶时，刘某发现车辆已过自己的目的地站，要求下车，但该处无公交车站，驾驶员冉某未停车。10时3分32秒，刘某从座位起身走到正在驾驶的冉某右后侧，靠在冉某旁边的扶手立柱上指责冉某，冉某多次转头与刘某解释、争吵，双方争执逐步升级，并相互有攻击性语言。10时8分49秒，当车行驶至万州长江二桥距南桥头348米处时，刘某右手持手机击向冉某头部右侧。10时8分50秒，冉某右手放开方向盘还击，侧身挥拳击中刘某颈部。随后，刘某再次用手机击打冉某肩部，冉某用右手格挡并抓住刘某右上臂。10时8分51秒，冉某收回右手并用右手往左侧急打方向（车辆时速为51公里），导致车辆失控向左偏离越过中心实线，与对向正常行驶的红色小轿车（车辆时速为58公里）相撞后，冲上路沿，撞断护栏坠入江中……

【大讨论】

15条生命瞬间即逝，15个家庭陷入悲痛，因为一个人缺乏规则纪律的修养，就戕害了15个无辜生命。根据调查事实，我们可以判定乘客刘某实施危害车辆行驶安全的行为，严重危害车辆行驶安全；驾驶员冉某应当认识到还击及抓扯行为会严重危害车辆行驶安全，其行为严重违反公交车驾驶人职业规定，因此两人均涉嫌犯罪。追根究底，虽然一个属于社会规则的问题，一个是工作纪律的问题，但两者都是缺乏修养的问题。

其一，规则意识与人生境界

规则意识，是指发自内心的、以规则为自己行动准绳的意识。规则意识分三个层次：首先，要熟知掌握规则的知识；其次，要有遵守规则的愿望和习惯；再次，遵守规则要成为人的内在需要。从规范向素质的转变，对于个人来说，意味着规则不再仅仅是一种外在强制，从而在某种意义上使人获得了真正的自由。按孔子的话来说，这就是“从心所欲，不逾矩”。在现实生活和工作中，一个人有没有规则意识，规则意识强不强，不仅会决定做事的效率，也会决定做人的境界。虽然规则本身的内容是对“做何事”问题的回答，但我们作为行动者是否有按照规则来“做事”的能力和意愿，则是对“是何人”问题的回答。中国近代著名思想家、文学家、哲学家胡适在《道德和规则》中写道：“一个肮脏的国家，如果人人讲规则而不是谈道德，最终会变成一个有人味儿的正常国家，道德自然会逐渐回归；一个干净的国家，如果人人都不讲规则却大谈道德，谈高尚，天天没事儿就谈道德规范，人人大公无私，最终这个国家会堕落成为一个伪君子遍布的肮脏国家。”

其二，纪律红线与言行底线

20世纪70年代，日本非常有名的职业经理人岸信一雄突然被伊藤洋货行的董事长伊藤雅俊解雇了，这在日本商界引起了不小的震动，就连舆论也以轻蔑刻薄的口气批评伊藤雅俊，在舆论的猛烈攻击下，伊藤雅俊理直气壮地反驳道：“秩序和纪律是企业的生命，对不守纪律的人一定要处以重罚，即使会因此降低团队的战斗力也在所不惜。”要知道，领导有情，管理无情，纪律更是绝情，公司没有了纪律，就会成为一盘散沙，企业管理容不得半点私情。不管是企业还是员工，必须树立红线意识和底线思维。底线思维是一种思维技巧，拥有这种技巧的思想者会认真计算风险，估算可能出现的最坏情况，并且接受这种情况，底线思维会影响我们的生活态度，能够提供继续前进时所必需的那份坦然。纪律红线有哪些？概括地说有以下几种：贪污公款；吃拿卡要；行贿受贿；偷工减料；制假售假；欺诈客户；编造数据；出卖公司机密；拉帮结派，搞小团伙；内外勾结，输送利益；等等。什么是“红线”？什么是“底线”？1954年陈毅元帅写了一首《手莫伸》的诗，“手莫伸，伸手必被捉。党与人民在监督，万目睽睽难逃脱。汝言惧捉手不伸，他道不伸能自觉。其实想伸不敢伸，人民咫尺手自缩”。1965年，他还说了一句一再被人转引的名言，“善有善报，恶有恶报；不是不报，时候未到；时候一到，一切都报！”

其三，意志坚韧与习惯养成

在工作和学习中，好逸恶劳、投机取巧等不良思想总在挑战着我们的良心，要想克服，就要靠坚韧的意志。英国著名物理学家牛顿说：“聪明人之所以不会成功，是由于他们缺乏坚韧的毅力。”英国哲学家罗素作出了正面的回答：“伟大的事业根源于坚韧不断的工作，以全副的精神去从事，不避艰苦。”在现实生活中，我们发现只有具有坚强的意志品质，才能帮助我们在学习中养成良好的习惯。美国著名社会心理学家马斯洛认为："心若改变，你的态度跟着改变；态度改变，你的习惯跟着改变；习惯改变，你的性格跟着改变；性格改变，你的人生跟着改变。"中国著名教育家陶行知先生的观点是："思想决定行动，行动养成习惯，习惯形成品质，品质决定命运。"如何让规则和纪律成为自己内心真正需要的习惯？在行为心理学中，有一种现象叫"21天效应"，一个人的动作或想法，如果重复21天就会变成一个习惯性的动作或想法。这大致分为三个阶段：第一阶段，1～7天左右，此阶段表现为"刻意，不自然"，需要十分刻意地提醒自己；第二阶段，7～21天左右，此阶段表现为"刻意，自然"，但还需要意识控制；第三阶段，21～90天左右，此阶段表现为"不经意，自然"，无需意识控制。请注意，在习惯养成的过程中，坚韧的意志非常重要，更请注意的是，习惯是一种顽强而巨大的力量，它可以主宰你的人生。

其四，自觉行为与规则信仰

在重庆万州公交发生坠江事故时，司机冉某和乘客刘某肯定知晓这些基本的规则和纪律，但这些规则和纪律并没有铭刻在他们心中，成为规则信仰和自觉行为。近代中国著名记者和出版家邹韬奋说："自觉心是进步之母，自贱心是堕落之源，故自觉心不可无，自贱心不可有。"自觉，指自己有所认识而主动去做，即内在自我发现、外在创新的自我解放意识。然后，按照规律自发地去执行，这就到了规则信仰的境界。重庆万州公交发生的坠江事故表明，一个社会的正常运转，不仅仅靠法律，更多靠的是约定俗成的规则和公德意识。当遵守规则成为一种信仰，公众会尊崇和敬畏规则，尊重和追求相信规则、依靠规则、执行规则的自觉品质，一种良性的秩序也自会形成。规则必须被信仰，否则形同虚设。苏联作家阿法纳西耶夫说："管理首先是人为达到自己目的而进行的自觉活动。"不管是企业管理还是个人发展，只有让遵规守纪成为自觉行为，成为一种信仰，才能从根本上解决问题。

【新思维】

人生，在于一个"修"字，修养、修德、修为、修学、修身。低调做人是修养，高调做事是修为。人生，也在于一个"养"字，任你叱咤风云还是淡泊明志，不过修炼一个"心"字。

规则和纪律不是飞来之灾，更不是针对某个人的"紧箍咒"，而是社会和单位发展的应然必须，与之对抗显然不是明智之举，铡刀霍霍在前硬用脚踢，显然愚蠢之极。

唯一可行的办法就是以规则和纪律作为自己人生修养的参照物，“修”得通体舒泰，“养”得游刃有余，在此基础上任由发展。

世界上最高明的处世哲学不是妥协，而是适应。职场菜鸟首先要学会适应，最重要的是适应新单位的规则和纪律。

唐韩愈《论淮西事宜状》载：“赏厚可令廉士动心，罚重可令凶人丧魄。”动心，指思想、感情引起波动。《孟子·告子下》载：“故天将降大任于是人也，必先苦其心志，劳其筋骨，饿其体肤，空乏其身，行拂乱其所为，所以动心忍性，曾益其所不能。”动心忍性，比喻历经困苦而磨炼身心，不顾外界阻力，坚持下去。本文题目“动‘心’忍性”，指的是由心出发坚忍不懈，直至把规则和纪律变成自己的习惯，乃至信仰。

再拓展

1. 修养，本意是指培养高尚的品质和正确的待人处世的态度，求取学识品德之充实完美。请你评估一下目前你的规则和纪律的修养程度。

2. 孔子《论语》载：“君子之过也，如日月之食焉：过也，人皆见之；更也，人皆仰之。”朱熹《少年进德录》载：“不奋发，则心日颓靡；不检束，则心日恣肆。”如你感兴趣，请搜集整理中国古代有关规则修养的观点。

3. 2013 年 8 月 28 日至 31 日习近平总书记在辽宁考察时强调：“领导干部要把深入改进作风与加强党性修养结合起来，自觉讲诚信、懂规矩、守纪律，襟怀坦白、言行一致，心存敬畏、手握戒尺，对党忠诚老实，对群众忠诚老实，做到台上台下一种表现，任何时候、任何情况下都不越界、越轨。”请谈谈对这句话的理解。

第八节　舒"心"岁月:职业纪律与个人修养的辩证关系

职业生活如何过得舒心、顺心、快乐？对于职业纪律来说，必须把外在的约束内化为个人的修养，这样才能应然地自洽；对于个人修养来说，纪律的恪守就是修养的外在德性，展示的是修养的境界。对于一个现代职业人来说，必须要辩证好职业纪律与个人修养的内在关系。

【小概念】

◎职业纪律

职业是参与社会分工，利用专门的知识和技能，为社会创造物质财富和精神财富，获取合理报酬作为物质生活来源，并满足精神需求的工作。

纪律是在一定社会条件下形成的，一种集体成员必须遵守的规章、条例的总和，是要求人们在集体生活中遵守秩序、执行命令和履行职责的一种行为规则。

职业纪律是在特定的职业活动范围内从事某种职业的人们必须共同遵守的行为准则。它包括劳动纪律、组织纪律、财经纪律、群众纪律、保密纪律、宣传纪律、外事纪律等基本纪律要求以及各行各业的特殊纪律要求。

◎个人修养

个人，一般指一个人或是一个群体中的特定的主体。个人是伦理道德活动的主体，是人的自然属性和社会属性的统一体，并以独特的方式进行伦理道德活动的单个的人。

修养指逐渐养成的待人处事的正确态度。核心是培养高尚的品质和正确的待人处世的态度，求取学识品德之充实完美。

个人修养就是人在个体心灵深处经历自我认识、自我解剖、自我教育和自我提高的过程后所达成的境界，就是个人认识、情感、意志、信念、言行和习惯的修炼和涵养。一个人只有通过自觉地遵循社会伦理道德体系的要求，更好地履行个人的社会义务，并不断地提升个人的人生境界，才能修养成良好的内在素质，即所谓个人修养高尚。

【大讨论】

职业纪律具有明确的规定性和一定的强制性，是职业人必须遵循的，没有讨价还价的余地。个人修养具有一种无形的强大力量，约束着我们的日常行为。

职业纪律的特征。一是职业性。职业纪律以职业活动和职业性质的特点为根据，结合用人单位工作具体情况，以职业行为为调整对象，对职业者产生约束力。二是安全性。职业纪律的重要价值目标在于实现职业活动的安全，对生产过程的安全展开，起到重要的保障作用，生产性企业的安全性尤为突出。三是自律性。职业者在长期的职业实践中为维持和保护自己的安全和健康，出于自身利益的考虑，也要求有一套能保证正常生产劳动的规则和程序，因此，职业纪律又是劳动者自觉自愿遵守的规则。四是制约性。职业者违反职业纪律要受到制裁，违纪行为不仅要受到用人单位的行政处分或经济惩罚，触犯刑律的甚至会受到刑事处罚。

职业纪律的作用。执行职业纪律可以维护正常的安全生产和工作程序，保证职业活动顺利有序地进行，促进经济发展；可以促使职业者安全规范地行使自己的劳动权利，提高劳动效率，进而提高单位的工作绩效；可以提升单位科学管理水平，促进企业内部管理的制度化；有利于企业文化的形成，提高伦理道德建设水平。

职业纪律的范围与种类。职业纪律的调整范围是整个职业活动过程以及与职业活动过程有关的一切方面，包括工作时间、劳动态度、执行生产、安全、技术、卫生等规程的要求以及服从管理、考勤等方面的全部内容。职业纪律的种类主要包括时间纪律、组织纪律、岗位纪律、协作纪律、安全卫生纪律、品行纪律等。

个人修养的主要内容。一是修身。就是在道德、情操、理想、意志等各个方面能够保持良好的修炼心态，使自己的心灵得到净化，持之以恒，修身终生。二是养性。就是通过自我反省体察,使身心达到完美的境界,使自己的本性不受损害。三是戒生气。戒掉生气,你的人生才更容易胜利,当然也可发脾气,但要适度可控。四是戒自卑。戒自卑能使人因自强而崛起,人格不能自我矮化,要相信自己能够通过努力做成事。五是戒嫉妒。与其将有限的精力消耗在嫉妒他人的成功上,不如抓住时机,以他人为榜样,做一些实事。六是戒诱惑。要抵制各种不良诱惑,不断完善自身素质,加强个人修养,提高道德品质,同时保持一份健康平和的心态。

个人修养的基本路径。有人概括为"知""情""意""信""行"五个方面。"知",即伦理道德认知,是人们对于客观存在的道德关系以及处理这种关系的道德原则规范的认识,包括伦理道德概念的形成和伦理道德判断力的提高。"情",即道德情感,是指人们对现实生活中的伦理道德关系和行为所产生的情绪反应,是在"知"的基础上产生的,并往往会直接影响人们的行为取向。"意",即伦理道德意志,是指人们在履行伦理道德义务中,自觉克服一切困难和障碍而作出行为抉择的努力和保持持之以恒的精神。"信",即伦理道德信念,是指人们对某一伦理道德的深刻而有根据的真诚信服及由此产生的对该伦理道德义务的强烈的责任感。"行",即习惯化了的伦理道德行为,是指人们由于自身的伦理道德修养,使其自觉遵守伦理道德原则和规范并形成一种日常的行为习惯。

【新思维】

职业纪律的遵循和个人的修养是什么关系？这是一个必须要理清的问题。如果简单地把职业纪律置于个人修养之外,那么职业纪律就失去了温度,在职业者心里变成了冷冰冰的"身外之物",就不能内化于心,外化于行,职业者在工作中就始终处在"别扭"的状态中,一不小心就违反纪律甚至酿成大祸。

其一,职业纪律是检验员工职业素养的重要内容

在人本主义盛行的时代,没有哪个单位会故意整人,所有的纪律规范基本上都是出于工作需要才制定出来的,制定出来后,还要反复地论证以适应当前青年人的接受程度,也可以说职业纪律是最低限度的工作要求。

从职业素养的角度看,职业纪律的执行程度是检验员工是否合格的首要标准。如果没有起码的纪律意识，那就很难适应职场生活，自由散漫成性，哪个单位都不会允许。或许，也有个别人一直自由地“混”在一个单位，但这肯定有不可言说的原因，如果用科学分析，这绝对不正常。也就是说这个人职业岗位的保障不是自身的原因，而是另有支撑，当有一天这个支撑不存在后，这个人就会面临被辞退的危险。在现实的职场生活中，我们也发现个别人不是纪律意识淡薄，而是松懈。一次侥幸没有发现问题，就沾沾自喜，这种侥幸心理占了上风，就会导致持续的松懈，早晚也就必然会出问题。

俗话说：“小心驶得万年船。”对于一名优秀的员工来说，职业纪律就是底线。纪律是高压线，规矩是生命线。遵守纪律不仅是一种觉悟，更是一种义务。要让守纪律成为你的日常生活习惯，不触红线、不越雷池、心存敬畏、三省吾身。

当今职场流行的“三大纪律”很有道理。一是公司纪律。每个公司都有自己的规章制度，不要触碰这些红线。无论在哪个公司上班，触碰了公司红线的人，都不会有好下场。二是团队纪律。公司有公司的制度，每个部门可能还有自己的规定。如果违反了这些规定，只能让部门的员工对你另眼相看。三是个人纪律。不要以为不触碰公司制度就是好员工，如果管不住自己，经常做一些出格的事情，就会遭人嫌弃。

其二，个人修养是遵循职业纪律的主体前提

纪律不是单位显示权威和权力的工具，其中包含很多训练的成分，可以训练员工养成良好的工作习惯和个人修养。

个人是遵守纪律的主体，也是个人修养的主体，只有纪律的遵守到了个人修养的层面，纪律才能成为自律的内容。

当一个人的修养到了基本适应职业纪律的时候，他就会成为一名合格员工；当一个人的修养到了恪守职业纪律的时候，他就会成为一名优秀员工；当一个人的修养到了纪律自律的程度，他就可能成为一名模范员工。

从职业纪律的角度分析，个人修养一般要做到三个方面：一要心中有“戒”守底线。心中有“戒”是为人之本、处世之本，要“守身如玉当慎初”，要以守住职业纪律为底线，管得住行为、抵得住诱惑、锤炼出底气。二要做人有“惧”懂规矩。要经常反省自己、磨炼自己、提升自己，以职业纪律检点自己，规范自己的行为，做到不踩红线、不越轨、不出界，自觉遵守单位的规矩。三要行为有“责”讲规则。凡事讲责任讲规则，按规则要求创造更大的效益，在帮助单位发展的同时提升自我，这才是职场“正道”。

其三，遵纪守法与个人修养的合二为一

遵纪守法是现代职业人安身立命的根本、从容生活的保障、事业发展的坦途。君子坦荡荡，小人常戚戚。“常戚戚”的原因一般不是突发事故，而是违纪违法带来的不安定因素。不做亏心事，不怕鬼叫门，说的也是这个道理。

世界上的事情往往最根本的才是最珍贵的，在失去的时候才觉得珍贵，遵纪守法就是如此。

遵纪守法是个人修养的根本内容，当纪律深深扎根于人的思想和道德修养时，纪律就不再是约束，而当纪律上升为自觉遵守的伦理道德规范的时候，人们才能实现真正意义上的自由，才能对所有的职业纪律不觉得“别扭”，才能执行起来“通体舒泰”，才能让纪律成为自己的内在修养，让自己达到自律的状态。

元关汉卿《裴度还带》载：“休越朝廷法例，舒心赔纳。”舒心，指心情舒畅适意。本文题目“舒‘心’岁月”，旨在提醒职业者要科学地辩证职业纪律与个人修养的关系，当恪守职业纪律内化为个人修养的时候，职场生活就会顺心如意、通体舒泰。

第六章　工匠精神与人文素养

◎职业首先基于人而存在，工匠首先是人，这就离不开人文。真正的“工匠精神”应该是职业精神、职业技能、人文素养三者的统一。

◎工匠精神本质上就是对中国传统文化当中坚韧和创造精神的延续，其内涵是一丝不苟、心无旁骛，锲而不舍、百折不挠，精益求精、追求卓越，敢为人先、勇于创新。

◎中国传统文化的人文精神把人的道德情操的自我提升与超越放在首位，注重人的伦理精神和艺术精神的养成，人格自我完善的观念广泛深入人心。

◎人文素养体现在职业活动中即为工匠精神。爱岗敬业、劳动光荣的信念，遵纪守规、严格自律的坚持，就是体现。发自肺腑、专心如一的热爱，废寝忘食、尽心竭力的付出，就是体现。锲而不舍、臻于至善的追求，出类拔萃、巧夺天工的卓越，就是体现。冰心一片、物我两忘的境界，雷打不动、脚踏实地的淡定，就是体现。

第一节　全“心”全意：敬天敬地敬业敬自己敬使命

◎可以说“信念”是具体化的“信仰”，是我们身心成熟的一个标志，是一个人的立身之本。一个人拥有了强有力的职业信念，就拥有了百折不挠的心理根基，就可以从容应对事业中的许多不测风云。

◎有趣的事情不一定重要，但成年后的你我必须要学会一件事情，那就是把重要的事情变得有趣，这才是关键。

◎一个真正的工匠，并不在乎别人怎么看，敬业是一种内心的需求，一种发自肺腑的坚守，一种坚不可摧的信仰，一种超然物外的使命和担当。

【微案例】

下面是来自美国西雅图一所小学图书馆管理员的叙述：

1965年，我在华盛顿的一所学校图书馆当管理员。有一天，一位负责教九岁儿童班的老师来找我，说她班上有个学生功课完成得比其他所有孩子都快，他想再找个活干，能否在图书馆里干点什么。我说："让他来吧。"一会儿，一个身材瘦小、沙色头发的男孩走进来了。他问道："你们有活儿让我干吗？"

我给他讲解有关杜威十进位制的图书分类上架法，他听后立刻心领神会。后来我又给他看一大摞过期借阅书卡，书卡上的书我起先认为已经还了，但是实际上由于书卡有误，这些书找不着了。他问我："这是件侦探式的工作吗？"我回答说："是。"话音刚落，他就像一名所向无敌的侦探似的干起来了。

老师进来告诉他该休息的时候，他已经找出三本书卡有误的书。他不肯休息，坚持要把活先干完。老师说馆内空气不好，应该呼吸一下新鲜空气，他这才停下手头的工作。

次日早晨，他来得很早。他说要干完找书的工作。下班时，他又说要当一名正式的图书馆管理员，我很痛快地答应了，因为他干起活来孜孜不倦。

几周以后，我发现办公桌上有张留言条，邀请我到这个男孩家里吃晚饭。我应邀去了并且过得很愉快。临走时，他母亲说，他们全家要搬到毗邻的社区去住，孩子也得转学。但是孩子首先挂念的就是他不能再在原学校的图书馆里工作了，谁来找那些丢失的图书呢？

孩子要走了，我与他依依惜别。起先我认为他就是一个普普通通的孩子，可是他的那份工作热情使我觉得他非同寻常。

我很想念他。可是这种思念之情持续的时间并不长，因为几天之后，他又回来了。他告诉我，新去的那所学校的图书馆管理员不让学生在图书馆帮忙干活儿。他高兴地说："妈妈又让我回原校念书了，爸爸上班路上叫我搭段车，要是他有事，我就走着来上学。"

我当时脑子里闪过一个念头：这孩子的决心和毅力如此之大，将来一定能干番事业。然而我尚没料到，他长大以后，竟成为一名信息时代的奇才，一位微型软件的巨头，一个世界的首富。

他的名字叫：比尔·盖茨。

【大讨论】

从成功后的历史节点和角度分析成功者的经历，必然会找出符合辩证唯物主义和历史唯物主义的规律，譬如比尔·盖茨。伦理讲究规律的普遍性，事情的对与错，因果的应然，侧重于必要性，但也需要充分性做支撑，必要条件更针对个人德性，充分条件更针对资源和环境，两者的有效结合，就成为一个人职业成功的“充要”条件。

其一，职业理想与立业意识

俄国批判现实主义作家列夫·托尔斯泰说：“理想是指路明灯。没有理想，就没有坚定的方向；而没有方向，就没有生活。”陈毅元帅说：“我们如果没有理想，我们的头脑将陷入昏沉；我们如果不从事劳动，我们的理想又怎样实现？”职业理想是指人们对所从事的职业和要达到的成就的向往和追求，是成就事业的前提。理想在职业问题上的反映就是职业观，职业观具有三个基本要素：维持生活、发展个性、承担社会义务。在三个基本要素中哪一个要素占主导地位，就决定一个人职业观的类型与层次。与职业理想紧密相连的是立业意识，是指确立职业和实现目标的愿望，其意义在于利用职业理想目标的激励导向作用，激发从业者的奋斗热情并指引其走向成才方向。英国有句谚语——“事业是生命之盐”——用以说明一个道理，没有事业的人生将会无滋无味、没有气力。挪威戏剧家易卜生用“人的灵魂表现在他的事业上”这句话表明事业对人生发展的重要性；俄国著名作家车尔尼雪夫斯基用“人必须有一个无法放弃、无法搁下的事业，才能变得无比的坚强”这句话说明事业对人生修养的重要性。不管是职业还是事业，都必须从理想和意识的根源上梳理自己的思想。

其二，职业信念与从业态度

美国“石油大王”洛克菲勒说过一句很有气势的话，“即使你们把我身上的衣服剥得精光，一个子儿也不剩，然后把我扔在撒哈拉沙漠的中心地带，但只要有两个条件——给我一点时间，并且让一支商队从我身边路过——那要不了多久，我就可以重建整个王朝”。这是一个信念和态度的问题。我党经济工作卓越领导人薄一波的人生感悟是：“如果把人生比之为杠杆，信念则好像是它的‘支点’，具备这个恰当的支点，才可能成为一个强而有力的人。”职业信念是指对职业的敬重和热爱之心，表示对事业的迷恋和执著的追求。可以说“信念”是具体化的“信仰”，是我们身心成熟的一个标志，是一个人的立身之本。一个人只要拥有强有力的职业信念，就拥有了百折不挠的心理根基，就可以从容应对事业中的许多不测风云。与之相连的是从业态度，是指从业人员对自己所从事职业的看法以及所表现的行为举止，包括选择方法、工作取向、独立决策能力与选择过程的观念，就其本质而言，职业态度就是劳动态度，是从业人员对社会、对其他社会成员履行职业义务的基础。在职场生活中，我们发现成绩并不一定取决于技术、设备等客观因素，往往取决于态度和信念。"世纪伟人"爱因斯坦说："由百折不挠的信念所支持的人的意志，比那些似乎是无敌的物质力量具有更大的威力。"英国作家塞缪尔·约翰逊的感悟是："伟大的作品不只是靠力量完成，更是靠坚定不移的信念。"如何培养良好的职业信念与从业态度？苏联著名教育实践家和教育理论家苏霍姆林斯基给出的结论是："信念只有在积极行动之中才能生存，才能够得到加强和锻炼。"

其三，职业情感与心灵滋养

《论语》载："知之者不如好之者，好之者不如乐之者。"中国近代维新派代表人物梁启超认为："凡职业都具有趣味，只要你肯干下去，趣味自然会发生。因此，做账切忌：粗心大意，马虎了事，心浮气躁。做任何事都一样，需要有恒心、细心和毅力，那才会到达成功的彼岸。"职业情感是指人们对所从事职业的愉悦的情绪体验，包括职业荣誉感和职业幸福感。职业情感是一种简单化的主观体验，是一种外在化的情绪表现，是一种内省化的心情心境。积极的职业情感导引从业者从自身工作的社会意义和性质上去认识职业，不计较个人得失，怀有满腔的热忱和执著的爱心，并善于克服各种困难，表现出强烈的职业责任意识，并能以极大的精力付诸行动。消极的职业情感导引从业者把自身工作仅仅当作谋生的手段，较多地考虑个人得失和物质待遇，流露出对职业的不满情绪，对工作怀着消极的情感，缺乏强烈的职业责任感。如果从层次上划分，第一层次是职业认同感，第二层次是职业荣誉感，第三层次是职业敬业感。职业情感与心态、观念、心灵、幸福紧密相关，取决于在职场中心灵滋养的程度。这就需要职业者建立健康、积极、乐观的阳光心态，塑造进取意识，赋予心灵能量，不抱怨、不埋怨、不放弃，用正确的观念和负责任的心态经营家人、同事和朋友的关系，不断提升人生幸福指数。有趣的事情不一定重要，但成年后的你我必须要学会一件事情，那就是把重要的事情变得有趣，这才是关键。

其四，职业伦理与人生使命

日本企业家吉田忠雄说："如果我们能替别人的利益着想，那么，我们的事业才能繁荣，我们的事业繁荣了，就会给更多的人带来利益。"这就涉及职业伦理的问题。职业伦理从社会伦理学的视角研究职业活动中的伦理关系及其调节原则。对于职业者个人，伦理基于人的实践生命的需要，基于个人的幸福和选择，基于理性和目的性，在心灵、活动与结果之间形成一种应然性的因果关系；对于企业而言，更多的是企业愿景和社会需求相契合，企业使命与职业者人生使命相协调。马克思的观点是："作为确定的人，现实的人，你就有规定，就有使命，就有任务，至于你是否意识到这一点，那是无所谓的。"中国著名建筑师林徽因也认为："我们应当相信，每个人都是带着使命来到人间的。无论他多么的平凡渺小，多么的微不足道，总有一个角落会将他搁置，总有一个人需要他的存在。"使命，对于每个人都是一种真切的存在，不管对于家庭、朋友还是单位、社会，很遗憾的是，在浮躁成风的时代里，很多人并没有意识到自己的使命，或者忘记了自己本然的使命。奥地利一小说家曾作出这样的感慨："人一生最大的幸运，就是在年富力强时发现了自己的人生使命。"

【新思维】

敬业，是职业活动的基础，也是工匠精神的首要品质。

一个人在职场中安身立命的底气从哪里来？首要的还是来自敬业，懂得敬业、能够敬业、做到敬业，是一个人在职场中提升自己、拓展事业的前提。

理想、意识、信念来自内心，态度、情感、道德、伦理就体现在日常职业生活中。

职场中最大的谎言，就是表现得很敬业，整天地忙忙碌碌，整天地诉说干了多少，但就是不出成绩，这属于假敬业。

其实，一个人是否真的敬业，不仅看眼里是否有活，更要久久为功，所谓"路遥知马力，日久见人心"。

一个真正的工匠，并不在乎别人怎么看，敬业是一种内心的需求，一种发自肺腑的坚守，一种坚不可摧的信仰，一种超然物外的使命和担当。

全心全意是指投入全部精力，毫无保留。本文题目“全‘心’全意”，旨在提醒职业者要怀有诚敬、敬畏之心对待自己的职业，在工作中毫无保留地投入自己全部的精力，保障职业活动的成功。

再拓展

1. 敬业是一个人对自己所从事的工作及学习负责的态度。请评估自己在学习和工作中的敬业程度。

2.《礼记·学记》载，“三年视敬业乐群”；《论语》载，“敬事而信”“言忠信，行笃敬”；《朱子语类》载，“‘敬’字功夫，乃是圣门第一义”。如你感兴趣，请梳理中国传统文化中的敬业思想。

3. 2016年10月21日，习近平总书记在纪念红军长征胜利80周年大会上的讲话中指出：“长征胜利启示我们：心中有信仰，脚下有力量；没有牢不可破的理想信念，没有崇高理想信念的有力支撑，要取得长征胜利是不可想象的。”请谈谈对这句话的理解。

第二节　明“心”善行:学以致用知行合一勇于实践

◎事实上,在工作中尤其是在项目中的学习,目标导向强烈,内在需求强烈,学习效果更佳。“学以致用”是普遍的治学原则,“用以致学”是职场正道。

◎有了想法就要去做,做往往就会有收获,而很多人往往不敢去尝试,也就沦为“坐而论道”了。

◎“纸上得来终觉浅,绝知此事要躬行”,“磨”的是知识;“宝剑锋从磨砺出,梅花香自苦寒来”,“磨”的是意志;“先天下之忧而忧,后天下之乐而乐”,“磨”的是格局;“情顺万物而无情,终日有为而心常无为”,“磨”的是心境和担当。

【微案例】

"人最怕的是认真，只要认真什么事都能做好。"对中煤张家口煤矿机械有限责任公司数控车工郭云鹏而言，对数控技术产生浓厚兴趣的机缘，就是当年一个偶然的机会接触到公司的进口数控设备。

这之后，他拿出一年的工资积蓄，跑到北京买了一台二手电脑。

"上班期间很忙，是没有空余时间来钻研设备的，只能用自己下班的零散时间来学习。"郭云鹏在工友都休息的时候还抓紧时间学习，很多夜晚别人都睡觉了，他还在继续琢磨，拖着疲惫的身体边看书边操作。

他仅仅是个技校毕业生，没有系统的知识理论体系，手头资料少，身边也没有前辈可以请教，只能凭借自己对教材的理解与实际操作来提高自己的技术水平。所以，当他遇到问题的时候，只能自己不停地钻研，直到找到问题的答案。

后来单位领导得知他一直在学编程，就把他调到数控车间了。对于新的设备，他还是秉承刻苦钻研的精神，从无到有，从少到多，不断积累和提高专业技术水平。2009年，他又被调入工艺研究所。当时，在这个岗位上的人多数都是大学生。"我操作虽熟练，但理论知识比较匮乏。"就这样，他在自己的工作岗位上继续埋头钻研，学习的脚步从未停止。

就这样，他逐渐从一名普通的一线车间工人，成长为了一名技术精湛的工艺员。

如今他已经成为公司的高级技师，获得第十三届"全国技术能手"，并当选全国人大代表。

【大讨论】

一名技校毕业生成长为高级技师并不稀奇，但要成为一名研究所的研究员则是一个奇迹。郭云鹏的成功在于他抓住了信息化将要普及的历史机遇，在工作中学习和研究，从而实现了人生的飞跃。在这个过程中，我们可以总结出职场学习的规律，甚至理论与实践的内在规律。

其一，学以致用与用以致学

中世纪波斯诗人萨迪说："有知识的人不实践，等于一只蜜蜂不酿蜜。"中国当代科学家周海中说："学而不用则废，用而不学则滞；学用必须结合，二者缺一不可。"这两句话论述的都是理论与实践的关系。"学以致用"最根本的是把理论的知识和实际的应用联合起来，由浅入深地达到熟能生巧的目的，学到的东西要经常揣摩，真正地理解其含义，然后按照理论的要求应用到实际生活中，再把生活中遇到的问题，通过学习新的知识来解决，就这样相互促进学习，逐步加深自己的理论知识与实践应用。学不致用，不仅是社会资源的极大浪费，更是知识不能内化、理论不能验证、创新创造不能展开的最大障碍。因此，学以致用是学习者基本的方法和路径。随之深化的是"用以致学"，因为要用，所以才学，这是一种"以终为始"的学习理念，是人们在解决问题时的本能反应，是一个引发并导致有效学习的指导原则。在工作中，基于项目、任务、问题的学习，以"输出使用"带动"输入学习"，自然效率高，"用以致学"的原则的导向是真正地学习。我们经常强调"在工作中学习，在学习中工作"，就连学习型企业的建设，都强调了这一原则。有人说，在知识爆炸的今天，一个人在学校学到的知识，仅占他一生所学的10%。事实上，在工作中尤其是在项目中的学习，目标导向强烈，内在需求强烈，学习效果更佳。"学以致用"是普遍的治学原则，"用以致学"是职场正道。

其二，知行合一与行知明道

《实践论》是毛泽东主席的经典性哲学著作，其副标题就是"论认识和实践的关系——知和行的关系"。中国古代哲学家认为，不仅要认识（"知"），尤其应当实践（"行"），只有把"知"和"行"统一起来，才能称得上"善"。知是指良知，行是人的实践，知与行的合一，既不是以知来吞并行，认为知便是行，也不是以行来吞并知，认为行便是知。这本质上说明一个道理，认识事物的道理与在现实中运用此道理，是密不可分的一回事。在现实生活中，我们发现要做到知行合一，真的很难。道理一般大家都懂的，区别就在于是否按照道理去做，做人做事的差别基本上就在于此。深一步讲，有了想法就要去做，做往往就会有收获，而很多人往往不敢去尝试，也就沦为"坐而论道"了。行知明道从知行合一生发而来，指的是在实践中明白道理或者发现新的知识，很多时候往往是先有成功的实践，后有总结实践的理论。德国哲学家费希特说："所有的理论法则都依赖于实践法则。"俄国某唯物主义哲学家也说："凡在理论上必须争论的一切，那就干脆用现实生活的实践来解决。"

其三，主观能动与客观必然

主观能动性是指人们在实践基础上能动地认识世界和改造世界的能力和作用，是意识对客观世界的反映，是一个透过现象达到事物本质的过程。

所谓能动地改造世界,是指人通过实践按照自己的尺度去安排原来的客观世界。在职业管理领域,有一种主观能动原理,指向人是生产力中最活跃的因素、最宝贵的资源,人具有主观能动性。企业或组织应高度重视员工主观能动性的开发和管理控制,提供和创造良好的条件,使员工的思维运动更活跃,主观能动作用得到更好的发挥。客观必然性是指事物发展、变化中的不可避免和坚定不移的趋势。在职业活动中,主观能动性呈现出工作的激情、昂扬的斗志、强烈的意志,属于感性的范畴;客观必然性呈现的是理性、规律、逻辑,属于理性的范畴。这两者并不矛盾,而是辩证统一的关系,在职业发展中遵循客观规律是正确发挥主观能动性的前提,充分发挥主观能动性是认识和利用职场客观规律的必要条件,只有在职业实践中充分发挥主观能动作用,才能实现职业发展的巨大成功。

其四,事上磨砺与实践精神

艰辛知人生,实践长才干。"事上磨"是阳明心学的方法论,王阳明认为,历事才能炼心,在事上磨炼,内心才会拥有强大力量,个人才能真正成长。"纸上得来终觉浅,绝知此事要躬行","磨"的是知识;"宝剑锋从磨砺出,梅花香自苦寒来","磨"的是意志;"先天下之忧而忧,后天下之乐而乐","磨"的是格局;"情顺万物而无情,终日有为而心常无为","磨"的是心境和担当。实际上,人的每一项实践活动,都会对自己的心灵世界产生影响,人的规则意识都是在实践中得到培养,人的修养也是在不断改正错误中得到提升,人的才能更是在实践中磨炼而成。从哲学上讲,实践是人类自觉自我的一切行为,只有在自觉的意识下才是人性的、人格的,即所谓"实践出真知",这就需要给予实践以精神气质。职业活动中的实践精神,立足于踏踏实实地干,敢于开拓创新,善于在实践中发现问题解决问题,直至成为名副其实的职场精英。

【新思维】

学与用、知与行、理论与实践的辩证关系,是人类活动的核心问题之一。

知行不一,学不致用,是制约人发展的最大问题,也是浮躁社会风气形成的根本原因之一。

知的问题,在教育高度普及的时代,好似已经不是问题。但知了不去做,就成了大问题。譬如几乎所有人都懂得刻苦学习的道理,但总有人学习不刻苦、不努力，这就是知行不一。

知了就去做还不够，还要在行的过程中发现新的道理，这是知行合一的深层次，也是创新和创造的必然要求。

在职业活动中，我们发现条件和环境并不是核心要求，其最根本的是员工的精气神，也就是主观能动性。同样一项工作，不同人执行，往往会有不同的效果。有的人总是幻想着所有条件都具备，一切按部就班就能完成任务，一遇到点问题就畏难发愁，束之高阁，或者把问题和困难上交领导，这就是主观能动性缺失的一种表现。

《元史·仁宗纪三》载："明心见性，佛教为深；修身治国，儒道为切。"明心，指的是使心思清明纯正。本文题目"明'心'善行"，旨在提醒职业者要明白自己的心灵，善于实践，做到学以致用，知行合一。

再拓展

1. 学习，是指通过阅读、听讲、思考、研究、实践等途径获得知识或技能的过程。从广义上看，学习是人在生活过程中，通过获得经验而产生的行为或行为潜能的相对持久的行为方式。请你总结出过去效果、质量、作用最突出的3次学习活动，分析其共同的特点。

2. 黎靖德《朱子语类》载："知之愈明，则行之愈笃；行之愈笃，则知之益明。"王阳明《传习录》载："知之真切笃实处即是行，行之明觉精察处即是知。知行功夫，本不可离。"如你感兴趣，请分析出朱熹与王阳明对知行关系的不同理解。

3. 2018年5月2日，习近平总书记在北京大学考察时与青年学生分享了他的读书心得，他说："我喜欢文学、历史，为了用好一个成语，经常翻阅很多词典，一物不知深以为耻。插队时，身边学生有些家学渊源，大家常在一起谈论。有些人在谈论具体问题时引用典故和案例，可以做到信手拈来。这使我认识到，学术、知识不能只是在嘴上，要联系实际，做到知行合一、格物致知、学以致用。所以，我后来看书很注意联系实际。"请谈谈对这段话的理解。

第三节 专“心”致志：专注持一坚忍不拔攻坚破难

◎专注，在很大程度上就是一个人最好的修行。专注做一件事，花长时间把一件事做到极致，远胜于把一万件事做得平庸。

◎我们探求的成功之道，一定是实践活动与结果之间是一种必然的逻辑关系，否则，就不能称之为科学。

◎智慧从来不是某类人的专利，而聪明往往会诱导人抛弃专注，转向投机取巧的怀抱。

【微案例】

用一生的时间来“心无旁骛”地磨镜子，这种“蠢事”恐怕很少有人愿意做。

17世纪的荷兰，一位初中毕业生在代尔夫特市政厅当了门卫。看门比较清闲，他为了打发多余的时间，就打磨镜片。

这个青年非常专注和细致，多年来持之以恒的打磨生涯，使他的技术超过专业技师，他磨出的复合镜片的放大倍数，比专业人士都要高。

就这样，青年锲而不舍地磨了60年镜片，也因此让他发现了当时科技尚未知晓的一个广阔的世界——微生物世界。41岁时，他把《列文虎克用自制的显微镜，观察皮肤、肉类以及蜜蜂和其他虫类的若干记录》寄到英国皇家学会。经过证明，他的科学实验完全属实，这一举轰动了整个学术界，他因此成为荷兰显微镜学家、世界微生物学的开拓者。

这个青年就是科学史上鼎鼎大名的，活了91岁的荷兰科学家安东尼·列文虎克。

逝前，他把磨制的最好的26架显微镜和几百个放大镜无偿送给英国皇家学会，他的显微镜至今还有人在使用。

【大讨论】

初中毕业生与显微镜学家，门卫与世界微生物学的开拓者，相差太大，以至于很多人怀疑这个案例的真实性，但事实就是如此。这个案例给我们很深刻的启发，就是做事情的专注和坚持。

其一，致良知与大工匠

“心即理”“知行合一”“致良知”是阳明心学的三大核心命题。王阳明认为，良知人人具有，个个自足，是一种不假外力的内在力量。“致良知”就是将良知推广扩充到万事万物。“致”本身即是兼知兼行的过程，因而也就是自觉之知与推行实践知行合一的过程。“良知”是“知是知非”的“知”，“致”是在事上磨炼，见诸客观实际。“致良知”即是在实际行动中实现良知，知行合一。如果说知行合一是方法论，致良知就是一个巨大的行动系统。典型的工匠行为是制作制造，核心的是把自己心中的美好想象，通过自己的技术活动，把器材变成美好的产品。致良知作用在工匠行为上，就是要追求心中期望的至善至美，不断地更新提升技艺，不断地完美自己的良知想象，认真地处理好每一个细节,直至让自己的产品蕴含着文化情感,这样才能让大家认可和赞美自己的产品,自己才能成为人人点赞的大工匠。"世纪伟人"爱因斯坦说:"对一个人来说,所期望的不是别的,而仅仅是他能全力以赴和献身于一种美好事业。"这是一种彻彻底底的致良知。

其二,专注力与真修行

中国百度执行长官李彦宏曾说过的"对于像我们这样一个拥有这么多的员工、资金和外面可能性投资的企业来讲,可以做的事、能够做的事实在是太多,但是我们宁愿专注,只做好中文搜索引擎",讲的就是专注。潍柴集团董事长谭旭光也表示,过去十年里,潍柴集团迅速成长,心无旁骛专攻主业,实现了从小到大、由弱变强的历史性跨越,这也是专注。专注力,指一个人专心于某一事物或活动时的心理状态,是把视觉、听觉、触觉等感知觉集中在某一事物上的能力。"世纪伟人"爱因斯坦的理解是:"一个人只有以他全部的力量和精力致力于某一事业时,才能成为一个真正的大师。"美国作家马克·吐温说:"人的思想是了不起的,只要专注于某一项事业,那就一定会做出使自己感到吃惊的成绩来。"正和岛创始人刘东华说:"一个人围着一件事转,最后全世界可能都会围着你转;一个人围着全世界转,最后全世界可能都会抛弃你。"专注,也就是全力以赴,人生最大的遗憾不是没有达成目标,而是没有为目标尽力。专注可以是一个工作时间单元的专注,更重要的是一段长时间甚至一生的专注。专注,在很大程度上就是一个人最好的修行。专注做一件事,花长时间把一件事做到极致,远胜于把一万件事做得平庸。当前,有些人做事太过浮躁,朝三暮四,什么事情都是三分钟的热度,一遇到问题就像缩头乌龟,这样永远也做不成大事。所以说,专注不仅仅是个能力,更是一种人生真正的修行。

其三,三层次与守破离

工匠精神一般有三个层次:从自然层次来看,要有一种耐心和专注的坚守精神;从道德层次来看,要有一种严谨和负责的敬业精神;从审美层次来看,要有一种追求极致和超越事功的体验精神。匠,是时间积蓄,是物力倍增,是思想沉淀,是行为递进。匠,更多是道的虚意与默化,匠道精神是器物本体之灵魂,也就是把产品附上匠人的思想、灵魂。形而上之道的哲学经纬观与形而下的本体艺术观的互为呼应,方为匠心独具,所以说"技可进乎道,艺可通乎神"。"守破离"源自于日本剑道学习方法,后发展到其他武术与行业。"守"指最初阶段须遵从老师教诲,达到熟练的境界;"破"指试着突破原有规范;“离”指自创新招数,另辟新境界。“守”,就要扎扎实实地打好基础,基础不牢地动山摇;“破”,就要遵守规律,开拓创新,敢于尝试,完成超越;“离”,就要形成风格,开创一个崭新的自我境界。从某种程度上讲,达到“离”的层次,才能算是一个成功的工匠,才会得到社会认可,受到企业重用。

其四,大极致与新精神

俄国批判现实主义作家列夫·托尔斯泰说:“人类的使命,在于自强不息地追求完美。”互联网思维中有一种极致思维,是关于产品和服务体验的思维,具体来说是把用户体验做到极致,超越用户的预期,打造让用户尖叫的产品,从而赢得用户的芳心。极致,是一种生活态度。决定一个人高度的,是把一件事做到极致的能力。把一件事做到极致的人,运气都不会太差。把一件事做到极致,你就成功了。把事情做到极致,就是一种修行。要想在工作中出众,关键就在于,你要能够坚持不懈、专心致志地把一件事情做到极致。工作中的大极致,是信念、态度、知识、技术、劳作等多方面的汇融,是工作德性的完美阐释,是一种精神境界的充分表达。当然,极致是一种阶段性的定性,真正的工匠总在挑战过去的极致,以始终保持极致的状态,所以众多影视演员总是说最好的作品是下一部,这就是不断突破自我、追求完满的极致精神。从人生意义上说,具有工匠精神的人,最好的作品或许就是他的生活,他自己。

【新思维】

人生本身就是不断探求和践行成功之道的过程,而成功之道就像“武林秘籍”,涉及的元素可能很多,但关键的一条就是专注。

只要你选择了符合社会发展的领域,只要你专注一辈子,就必然能做出成就。

我们探求的成功之道,其实践活动与结果之间必然有一种逻辑关系,否则,就不能称之为科学。

超人和庸人的区别或许就在于专注度,当你长时间全身心地投入一件事情,达到忘我的境界时,必然会得到一个令自己都想象不到的成果。

拨开浮云见天日,我们发现学历和智商并不是成功的决定性要素,初中生成为科学家、院士的比比皆是,智力平庸的往往会在专注中脱颖而出。智慧从来不是某类人的专利,而聪明往往会诱导人抛弃专注,转向投机取巧的怀抱。

或许世界上最有效的办法就是最原始、最基于人性的、最笨的方法。

《韩非子·忠孝》载:“专心于事主者,为忠臣。”《孟子·告子上》载:“不专心致志,则不得也。”专心,指的是用心专一,一心一意,也指专一之心。专心致志,意为用心专一,聚精会神,丝毫不马虎,把心思全放在一件事上,形容非常认真地去做某件事。本文题目“专‘心’致志”,旨在提醒职业者在工作过程中要专一用心,极尽自己的意志,做到专注持一、坚忍不拔、攻坚破难,以实现自己的职业成就。

再拓展

1. 专注,专心注意,集中全部精力去完成一件事,全神贯注。请对你个人做事专注度作以评估,找到改进的方法。

2. 黎靖德《朱子语类》载:“只收敛身心,整齐纯一,不恁地放纵,便是敬。”王阳明《传习录》载:“持志如心痛。一心在痛上,岂有功夫说闲话、管闲事?”如你感兴趣,请梳理中国传统文化中有关专注的论述。

3. 2014年5月4日,习近平总书记在北京大学师生座谈会上说:“青年有着大好机遇,关键是要迈稳步子、夯实根基、久久为功。心浮气躁,朝三暮四,学一门丢一门,干一行弃一行,无论为学还是创业,都是最忌讳的。‘天下难事,必作于易;天下大事,必作于细。’成功的背后,永远是艰辛努力。青年要把艰苦环境作为磨炼自己的机遇,把小事当作大事干,一步一个脚印往前走。滴水可以穿石。只要坚韧不拔、百折不挠,成功就一定在前方等你。”请谈谈对这段话的理解。

第四节　精“心”制造:精益求精力求完美突破自我

◎在现实生活中,一个人能承担多大的责任,就往往能取得多大的成功。担责任,始成长;尽责任,方进步。当今中国的工匠精神,除了需要一种对完美的执著追求和对质量的精益求精的精神,还要有一种心存敬畏的态度和敢于担当的意识。敢于担当就应视产品质量如生命,就应视社会需求为父母,就应视民族振兴为己任。

◎精致思维就是区别精英和菜鸟的标志物,是一种具体的、清晰的、符合逻辑的思维方式,它的基础是理性和推理。它有两个目标,一是无限接近真相,二是最小化他人歧义。

◎奖励虽然基于你的过去,但更是奖励你的未来。一个整天吹嘘自己过去的人,没有未来;一个仅仅靠过去的知识、经验指导工作的人,也没有未来。相对于蓬勃发展的时代而言,他们就是落后的代表、时代的弃儿。

【微案例】

秋山利辉出生于1943年的日本奈良。他小时候很不聪明，成绩总是倒数第一，也没有特长，父母和老师都觉得这小子完了。

13岁那年，邻居家的鸡舍坏了，他自告奋勇帮忙维修。没想到一周后，秋山竟然做了一个很漂亮的两层鸡笼。惊讶万分的老太太说了一句话："学会木工的话，你一辈子就不发愁啦！" 于是，他终于找到了人生的方向。

从此，放学回家路上，他总喜欢跑去看木匠干活，看完回到家再自己揣摩。不知不觉间，秋山竟然学会了基本的木工活。

16岁那年，初中毕业后，秋山去一家寄宿式木工学校做了学徒，前三年他从中悟得了一名工匠应有的举止和礼仪规范。19岁那年，秋山终于开始全方位接触木工手艺，他像一把刀一样扎进木艺钻研中，三年后毕业时，他成了学校最优秀的学生。

毕业后，他进了一家木工所。由于天分与努力，秋山很快成了所里收入最高的匠人，后来加入了日本排名第一的木工所。

一年后，秋山辞职开始自己揽活。"真正的大师级匠人，不为钱而工作。我最后呈现给客人的物品，一定超过他的要求一倍甚至更多。"正因如此，秋山的美名不胫而走。很快，五星饭店找他定做餐桌。接着，美术馆找他定做各种用具。再接着，各种奢侈品牌开始来找他。最后，连国会议事堂、日本皇室都找来了。

于是，很多人慕名前来求学。当时很多木工已经开始用钉子干快活了，但秋山依然坚持用榫卯结构，"我不做用用就丢的东西，我做的是能够传世的家具"。秋山心中有这样一份固执的坚持，他想把这份坚持传递下去，当看到很多年轻人前来求学时，一个想法便在他脑中油然而生："我要办一所培养一流匠人的学校。"于是，"秋山木工"便应运而生。

32岁那年，秋山开始招收学徒，开始构建自己的学徒制度。这个制度，技术占40%，而品行占60%。"我想培养的，不是会做事的工匠，而是会好好做事的一流工匠。"

他写了一本书，叫《匠人精神》，主要讲述了淬炼心性、养成自己、以孝育人的成功实践，以及唤醒每个人一流精神的故事。

【大讨论】

一个人生下来，就有自己的使命，秋山利辉的使命是做世界上一流的工匠，在工业大生产的时代弘扬匠人精神。一个人一生执著于一件事情，精益求精、力求完美、做到精致、历久弥新，就能实现自己的社会价值和人生价值，就会迎来尊严和尊重，就能实现人生的超越。

其一，敢于担当与善于负责

英国小说家毛姆说："要使一个人显示他的本质，叫他承担一种责任是最有效的办法。""美国的孔子""美国文明之父"爱默生说："责任具有至高无上的价值，它是一种伟大的品格，在所有价值中它处于最高的位置。"华为总裁任正非也是这样认为的，他曾表示："一个员工的能力和绩效的评判标准，是从他的责任心来衡量的。"在现实生活中，一个人能承担多大的责任，就往往能取得多大的成功。担责任，始成长；尽责任，方进步。当今中国的工匠精神，除了需要一种对完美的执著追求和对质量的精益求精的精神，还要有一种心存敬畏的态度和敢于担当的意识。敢于担当就应视产品质量如生命，就应视社会需求为父母，就应视民族振兴为己任。俄国批判现实主义作家列夫·托尔斯泰说："一个人若是没有热情，他将一事无成，而热情的基点正是责任心。"从工匠精神生发到个人成长上，我们发现基本上可以把责任和担当作为一个人品性和德性的"试金石"，一个担负不起自己责任的人，自由对他没有意义；一个对家庭不负责任的人，永远是长不大的"巨婴"；一个对工作不负责不担当的员工，永远属于职场"菜鸟"，他们不堪重用，甚至在单位可有可无，时刻面临着被辞退的危险。

其二，精益生产与修行道场

"精益"这个词主要用于一种思想的描述、一种生产方式的描述、一种有效事物的描述。精益思想是指运用多种现代管理方法和手段，以社会需求为依据，以充分发挥人的作用为根本，有效配置和合理使用资源，最大限度地为企业谋求经济效益的一种新型的经营管理理念。精益生产，就是一种以满足用户需求为目标，力求降低成本、提高产品的质量、不断创新的资源节约型的生产方式。这种衍生于丰田生产方式的管理哲学，风靡全球，它追求生产的合理性、高效性，将职业伦理推到了更高的层次，对员工素质提出了更高的要求。员工必须树立精益思想、提高自我管理能力、发扬团队精神，这样才能适应这种生产方式，它的方方面面都与员工伦理道德体系相关联，这就需要员工把车间当作道场，把工作看成一种精神的磨炼。很多人认为工匠是一个机械重复的工作者，其实工匠有着更深远的意思。他代表着一个时代的气质，坚定、踏实、精益求精。身在哪，心就在哪；手作用在哪，心就专注到哪。没有心的精益求精，就没有产品的极致与完美；没有员工的身心修行，就没有精益生产的自发自觉。

其三，精致思维与完美境界

美国物理学家费曼曾对他的学生说："如果你喜欢一个事，又有这样的才干，那就把整个人都投入进去，要像一把刀直扎下去直到刀柄一样，不要问为什么，也不要管会碰到什么。"与其诸事平平，不如一事精通，分散精力的人不会成功，这是一种铁律。张艺兴在《而立·24》中写道："把喜欢的事做到极致，做给自己看，也做给怀疑我们的世界看。"精致，不是生活中的小矫情，而是一种奋发向上的人生态度。有人说，精致思维就是区别精英和菜鸟的标志物，是一种具体的、清晰的、符合逻辑的思维方式，它的基础是理性和推理。它有两个目标，一是无限接近真相，二是最小化他人歧义。简单地讲，就是把问题想明白，构建起一种从愿望到行动到结果的必然逻辑关系。有了这种必然的逻辑关系，目标导向明确，方法导向正确，路径导向精准、科学而简约，成功的几率就会无限扩大。有了这种思维，理想不再是幻想，行动不再杂乱无章，人生不再暗无天日。俄国批判现实主义作家列夫·托尔斯泰说过一句话，"人类的使命，在于自强不息地追求完美"。在现实工作中，很多人习惯"差不多就行"，不管质量如何，敷衍应付完成任务就行。这种极为惰性的工作理念，会使质量永远陷于低层次的状态，极不适应市场竞争。道理很简单，不管你是这个业务的新手还是老手，你所面对的竞争都来自整体行业。即使你认为完美了，也不一定能达到竞争对手的水平，即使超越了所有的对手，你也是在一定时空下处于先进，只有始终坚持精致思维追求完美，才有可能保持竞争的相对优势。

其四，突破自我与实践生命

躺在过去的功劳簿上过日子，一切的美好与荣耀在未来就会与自己绝缘。恩情似乎就是一瓢水，倒出去永远不会回来，不像山泉，永远会有新的内容注入。奖励虽然基于你的过去，但更是奖励你的未来。一个整天吹嘘自己过去的人,没有未来;一个仅仅靠过去的知识、经验指导工作的人,也没有未来。相对于蓬勃发展的时代而言,他们就是落后的代表、时代的弃儿。你的人生中最大的进步就是不断突破自我,只要能每天进步一点,你就能走在前沿。要自己树立突破自我的信念,不要被他人打扰,也不要半途而废,这是一个长期的过程,需要一点一滴地去积累,去实践,去努力,去奋斗。要先知道自己平时最擅长的,才能知道自己薄弱的地方,然后试着有针对性地去突破。要做到的不仅仅是突破我们所不擅长的东西,更应把我们所擅长的做得越来越好。突破自己是没有限度的,无论你现在已经达到了怎样的水平,你永远都会有突破的空间,所以永远不要认为自己一定做好了,人无完人,每个人都有值得提高的地方,要尽力地使自己做得更好。人的生命在于自我实践、自我实现、自我超越,只有在生命的不断完善、不断实现、不断升华中完美自己,才有价值和意义,才能获得快乐和幸福。

【新思维】

人一出生,从本能地寻找食物到第一次站立、第一次行走、第一次说话、第一次背诵唐诗……都是一个个自我突破的过程,在这过程中我们体验到了人生的美好、生活的快乐、成长的激情。

这是基本的规律。如果人生没有突破,就会被时代抛弃,成为行将就木的人。

人生的突破,以过去为基础,面向未来,立足当下,一年没有提升就是一年的失败,一月没有突破就是一月的失败,一天没有进步就是一天的失败。这种突破需要内心永不枯竭的动力和意愿,小突破需要小意志,大突破需要大意志。

突破不会凭空而来,从天而降,需要牢不可破的坚强意志和持之以恒的投入。在长时间的自我突破中,人在心理意志乃至思想层面会发生很大的变化,形成勇于实践、大胆创新、攻坚破难的精神。这种精神叫精益求精。

《汉书·董仲舒传》载:“子大夫其精心致思,朕垂听而问焉。”精心,指的是用心、专心。本文题目“精‘心’制造”,旨在提醒职业者只有立足于心,全身心地投入,才能做到精益求精、力求完美、突破自我,成为名副其实的大国工匠。

再拓展

1. 完美是指完备美好，没有缺陷，是心里遐想的世界，现实中不存在，是人们渴望得到并追求的一种理念和动力，是存在于思想中的。请选取过去一年中自己认为最得意的三件事，评估它们的完美程度，分析改进的策略。

2.《礼记·大学》载："致知在格物，物格而后知至。"程颢认为："穷理而至于物，则物理尽。"朱熹认为："所谓致知在格物者，言欲致吾之知，在即物而穷其理也。"王阳明认为："物者，事也，凡意之所发必有其事，意所在之事谓之物。格者，正也，正其不正以归于正之谓也。正其不正者，去恶之谓也；归于正者，为善之谓也。夫是之谓格。"如你感兴趣，请梳理中国古代文化中的格物致知思想。

3. 2016年4月26日，习近平总书记在安徽与知识分子、劳动模范、青年代表座谈时说："无论从事什么劳动，都要干一行、爱一行、钻一行。在工厂车间，就要弘扬'工匠精神'，精心打磨每一个零部件，生产优质的产品。在田间地头，就要精心耕作，努力赢得丰收。在商场店铺，就要笑迎天下客，童叟无欺，提供优质的服务。只要踏实劳动、勤勉劳动，在平凡岗位上也能干出不平凡的业绩。"请谈谈对这段话的理解。

第五节　慧“心”独具：信仰科学尊重规律勇于创新

◎按唯物主义的观点，真正做到知行合一、实事求是，就会创造神奇，开创未来，走向成功，就是所谓的“神”。

◎当你不为外在现象所迷惑，尊重科学，按照规律做人做事，你会发现所谓的“神奇”“神话”，原来是如此的容易，如此的简单，如此的真切。

◎把科学作为一种信仰，把规律作为一种信念，把理性作为一种精神，人生的境界才能得到不可估量的提升。

【微案例】

呼和浩特铁路局呼和焊轨段代理高级工程师郭晋龙，虽然只有高中文化程度，但他潜心钻研电子技术30多年，坚持勤奋学习，刻苦钻研，遵循科学规律，努力破解生产中的技术难题，从而完成了从电工到高级技师的华丽转变，同时成为全国铁路系统知名的焊轨技术专家。

他先后获全路技术能手、火车头奖章、全国五一劳动奖章、全国劳动模范等多项荣誉。并先后开展技术革新和新工艺设计19项，累计为国家和企业创造直接经济效益达1100万元。他多次参与国外进口尖端设备电气部分的安装调试工作，屡获外国专家赞誉。还应邀为全国铁路11个焊轨单位排除急难故障，挽回因换轨、淬火设备故障停产所造成的经济损失200余万元。他研发的"焊轨基地焊接生产线钢轨输送连锁控制系统"等多项技术成果，被国内10余家企业30多条生产线采用。

2011年1月，郭晋龙凭借"钢轨焊缝双频正火设备及工艺"获得国家科学技术进步二等奖，成为中国铁路工人中登上国家科技最高领奖台的第一人，并多次受到党和国家领导人的亲切接见。

郭晋龙自学成才的先进事迹，2007年编入全国中小学生美德教育读本《当代中国著名人物美德故事丛书》。

他说："这没有奥秘，只有不断地学习，在学中干，在干中学，拥有知识和技能，咱们工人才更有力量。"

【大讨论】

一个高中文化程度的普通电工，登上国家科技最高领奖台，好似是一个"神话"。其实，在科学发展和科技发明中，并不看学历、资历，公平、公正地靠成果说话是科技发明的基本准则，所谓"英雄不问出处"。固然，教育资历是基础，但基础与成果的距离很大。在现实生活中，我们发现只要实事求是地按规律办事，往往会创造出令常人感到不可思议的"神话"。

其一，科学信仰与智慧人生

平心静气地想一想，我们从小学一年级开始，学的就是科学；我们日常生活所用、所见的绝大多数都是科学技术的创造发明；我们未来的发展，必然更依靠科学、使用科学，但我们所缺失的恰恰是科学的精神和信仰。英国科学史家丹皮尔说:“科学给人以确实性,也给人以力量。只依靠实践而不依靠科学的人,就像行船人不用舵与罗盘一样。”“世纪伟人”爱因斯坦说:“科学研究能破除迷信,因为它鼓励人们根据因果关系来思考和观察事物。”美国物理学家康普顿说:“科学赐予人类最大的礼物是什么呢?是使人类相信真理的力量。”关于科学与信仰的关系,著名科学家赫尔巴特有一句名言:“当喉咙发干时,会有连大海都一饮而尽的气概,这便是信仰;等到口渴时,至多只能喝两杯,这就是科学。”对翱翔学者赵晓鹏来说,科学已经不仅仅是他研究的对象或从事的专业,而是已经完全融入了他的生命之中,“我热爱科学,这不是几分钟的热度,而是持续一生的热情,科学已经成为我的信仰”。作为一名以科学技术为安身立命之根本的现代职业者来说,不应仅仅把科学作为方法、路径,更应该把科学放在信仰的高度上来认识。把科学作为自己的信仰,是职业者创新创造的根本。科学是人类求真的一种态度,是人类认识客观世界后得到的客观规律;科学的方法是可以重复的,它可以对自然客观世界做出很大程度的改变。基于这种信仰,我们才能敬畏和遵循科学的规律,才能有效而安全地发明创造,才能让人生充满智慧,成为真正的“智者”。

其二,尊重规律与实事求是

《汉书·河间献王刘德传》载:“修学好古,实事求是。”实事求是,在现当代中国高频率出现,是贯穿我们党的全部实践、全部理论的一条基本线索,是中国共产党人世界观、方法论的基石。1941年5月19日,毛泽东主席在《改造我们的学习》中作出了这样的表述:“实事”就是客观存在着的一切事物,“是”就是客观事物的内部联系,即规律性,“求”就是我们去研究。言简意赅,切中要害,醍醐灌顶。古希腊著名哲学家苏格拉底说的“人类在改造世界的过程中,总是在做两件事情。一是认识客观世界的现象、本质、规律;二是尽力追求自我完善和发展”,本质上讲的是“实事求是”;英国生物学家、进化论的奠基人达尔文说的“科学就是整理事实,以便从中得出普遍的规律和结论”,讲的也是“实事求是”的思路。事实上,只要尊重科学,善于把握事物的规律,掌握事物发展的方向,就会事半功倍,拥抱成功;否则,就必然会导致失败。持之以恒地学习,努力掌握规律,达到熟悉的境地,也就能融会贯通,运用自如了。在现实生活中,我们发现一个令人忧虑的现象,就是声称科学却不按科学办事，懂得道理却不按道理行事，明白规律却倒行逆施，俗话说就是“揣着明白装糊涂”。从深层次讲，也不是真明白。按唯物主义的观点，真正做到知行合一、实事求是，就会创造神奇，开创未来，走向成功，就是所谓的“神”。当你不为外在现象所迷惑，尊重科学，按照规律做人做事，你会发现所谓的“神奇”“神话”，原来是如此的容易，如此的简单，如此的真切。当然要做到这一点，还得内求，需要远大的理想、深沉的情怀、坚强的意志。

其三，创新思维与创造发明

“创新、协调、绿色、开放、共享”是新时代五大发展理念，创新为第一位。创新有三层含义：更新，创造新的东西，改变。创新思维是指以新颖独创的方法解决问题的思维过程，通过这种思维能突破常规思维的界限，以超常规甚至反常规的方法、视角去思考问题，提出与众不同的解决方案，从而产生新颖的、独到的、有社会意义的思维成果。美国著名科幻小说家阿西莫夫说：“创新是科学房屋的生命力。”美国管理学大师彼得斯说：“距离已经消失，要么创新，要么死亡。”深圳金田集团董事局主席黄汉清说：“只有先声夺人，出奇制胜，不断创造新的体制、新的产品、新的市场和压倒竞争对手的新形势，企业才能立于不败之地。”纵观历史，横贯东西，人类社会发展的基本特征就是创新。只有创新，才能推动人类社会的进步；只有创新，才能让企业在激烈的市场竞争里站稳脚跟，赢得先机；只有创新，才能让自己的生命保持勃勃生机。中国人民教育家陶行知说：“处处是创造之地，天天是创造之时，人人是创造之人。”创造发明是创新的过程和结果，事实上，人生就是一个不断创新创造的过程，区别只在于范围的大小而已。局限于个人，就对个人发展有意义；扩大到社会，就是对社会发展有价值。法国近代微生物学的奠基人巴斯德说：“不要在已成的事业中逗留着！”沉溺于过去的成就，就意味着自我沦丧。

其四，逻辑理性与创意人生

创意是创造意识或创新意识的简称。它是指对现实存在事物的理解以及认知所衍生出的一种新的抽象思维和行为潜能，是一种通过创新思维意识，从而进一步挖掘和激活资源组合方式，进而提升资源价值的方法。智者顺时而谋，愚者逆理而动。创意离不开逻辑理性，作为具有社会属性的个人,所有的活动都闪耀着理性的光芒;作为科学活动,都必须讲究逻辑、因果、必然。物理学家王业宁说:“要创新需要一定的灵感,这灵感不是天生的,而是来自长期的积累与全身心的投入。”中国著名文学家金克木说:“独创有两方面:一是形式的新颖,一是个人人格的化入。”人格在工作中的化入,就是创意人生的捷径,当然要尊重逻辑理性。实现创意人生的最大敌人是舒服,保守就是舒服的产物。如果沉溺于舒服的保守中不能自拔,逻辑和理性就形同虚设,创新创意就不复存在。如同人的潜能,它绝对不是物质的存在,个人若不去发挥、不去挖掘、不去激发,潜能就永远躲在心灵深处的阴暗角落里“打瞌睡”,创意同样如此。所以,逃离舒适区,是创意保鲜的重要准则。记住中国地质学家李四光提醒的一句话:“作了茧的蚕,是不会看到茧壳以外的世界的。”

【新思维】

科学知识、事物规律,不是谁的“独家买卖”,是人人都可以随意取用的共享资源。就像“自助餐”,游戏的规则是:不管是典型的吃货,还是厌食症患者,绝对尊重个人的意愿和选择,只要你去取,只要吃得下,就可以大快朵颐。

吃得下还得要消化得了,不然没有价值和意义。对于科学知识,不是说你吃下了就可以了,关键要看“用”。就像电脑,输入不是目的,输出才有价值。

知与用、入与出的辩证统一,就是知行合一、实事求是、勇于践行,这样才能把理论与实践完美地结合起来,实现人生的跨越。

规律的价值来自遵循,科学的价值来自使用。在这个过程中,有些人可能仅仅对科学抱着叶公好龙的态度——如果把科学作为女人脸蛋上的脂粉,科学就不能发挥出其应有的作用。

把科学作为一种信仰,把规律作为一种信念,把理性作为一种精神,人生的境界才能得到不可估量的提升。

嵇康《声无哀乐论》载:“器不假妙瞽而良,籥不因慧心而调。”慧心指的是聪慧之心。本文题目“慧‘心’独具”,旨在提醒职业者要让自己的心灵变得聪慧,信仰科学、尊重规律、勇于创新。

再拓展

1. 科学，是一个建立在可检验的基础上，对客观事物的形式、组织等进行预测的有序的知识系统，是关于发现、发明、创造、实践的学问，是人类探索、研究、感悟宇宙万物变化规律的知识体系的总称。请你选取在过去一年里你所认为最成功和最失败的两个案例，分析其科学性。

2.《论语》载："士不可以不弘毅，任重而道远。仁以为己任，不亦重乎？死而后已，不亦远乎。"《老子》载："祸兮，福之所倚；福兮，祸之所伏。"《墨子》载："仁人之所以为事者，必兴天下之利，除天下之害。"如你感兴趣，请梳理中国古代优秀的哲学思想。

3. 2016年11月30日，习近平总书记在中国文学艺术界联合会第十次全国代表大会、中国作家协会第九次全国代表大会中指出："希望大家勇于创新创造，用精湛的艺术推动文化创新发展。优秀作品反映着一个国家、一个民族文化创新创造的能力和水平。广大文艺工作者要把创作生产优秀作品作为中心环节，不断推进文艺创新、提高文艺创作质量，努力为人民创造文化杰作、为人类贡献不朽作品。广大文艺工作者要努力创作同我们这个文明古国、我们这个蓬勃发展的国家相匹配的优秀作品。中国人民不仅将为人类贡献新的发展模式、发展道路，而且将把自己在文化创新创造中取得的成果奉献给世界。"请谈谈对这段话的理解。

第六节　从“心”所欲：把握伦理坚持自律跨越自由

◎伦理是研究道德的理论，不局限于“是什么”，更侧重的是“为什么”。如果我们深究出道德背后的原因和规律，不仅明白外在规范的“必须这样做”，而且知晓“为什么一定要这样做”，那就做到知行合一了。

◎时间是人的生命，空间是人的创造；没有时间，一切空间都将化为乌有；不珍惜自己的时间，本质上就是浪费自己的生命。

◎自律是一种不可或缺的人格力量。真正的自律是一种信仰、一种自省、一种自警、一种素质、一种自爱、一种觉悟，它会让职业者发觉健康之美，感到幸福快乐、淡定从容、内心强大，永远充满积极向上的力量。

【微案例】

联想集团有限公司董事局名誉主席柳传志，因德高望重被选为全球CEO发展大会联合主席。

时间观念反映着一个人的工作态度和生活态度，而柳传志就以“自律”在业界享有盛名。

柳传志以“管理自己”的方式“感召他人”。他很守信，这首先表现在他的守时上，柳传志本人在守时方面的表现让人惊叹。在20多年无数次的大小会议中，他迟到的次数大概不超过5次。

有一次他到中国人民大学去演讲，为了不迟到，他特意早到半个小时，坐在车里等待，开会前10分钟从车里出来，到会场时一分不差。

记忆犹新的是在2007年上半年，温州商界邀请柳传志前往“交流”。

当时，暴雨侵袭温州，柳传志搭乘的飞机迫降在上海，工作人员建议第二天早晨再乘机飞往温州，柳传志不同意，担心第二天飞机再延误无法准时参会，于是叫人找来公务车连夜赶路，终于在第二天早上6点左右赶到了温州。

当柳传志红着眼睛出现在会场，温州的那位知名企业家激动得热泪盈眶。

万通控股董事长冯仑对柳传志的评价是：“伟大在于管理自己而不是领导别人。”

【大讨论】

自由从哪里来？自律源于哪里？在社会活动中如何讲究伦理价值而使自身立于不败之地？柳传志的理解是：“经营企业，如果心肠冷漠，肯定做不长久，一定要以心换心、诚恳相待。如果没有铁的纪律约束，企业肯定也不行，要把握好这个度。”“回想我们那一代企业家的创业经历，更多是缘于商业环境的制约。那时候经营企业既需要经营智慧，也需要政治智慧，需要懂得忍让。我自己领悟出的道理有两个：不在改革中成为牺牲品，有理想而不理想化。”

其一，伦理与道德

长期以来，伦理学界将“伦理”与“道德”视为“相近相通”，并“互相替用”，然史实并非如此。在古希腊时期，“伦理”与“道德”就有区别，黑格尔更将两者“严格分开”；在中国古代，早有“伦理”（“人伦”）与“道德”这两个词。尧新瑜在《伦理学研究》2006年第4期撰文指出，“伦理”与“道德”是伦理学或道德哲学中的两个核心概念，“西学东渐”以来，中西“伦理”与“道德”概念经过碰撞、竞争和融合，当代“伦理”概念日益明晰，二者划分与范畴日益清晰，即“伦理”是伦理学中的一级概念，而“道德”是“伦理”概念下的二级概念。伦理是应然性的社会关系，道德应当如何规范。伦理强调的是由人构成的人伦关系，这些关系是外在的、客观存在的；道德则要将伦理客观化的道理、原则化为内在的规范和德性，具有主观性。伦理构成了道德的基础和前提；道德则成为伦理的载体和形式。伦理更关注的是和谐，这是伦理关系的核心；道德则更强调规范，这是伦理关系的外在形式。在日常用法上，“伦理”更具客观、外在、社会性意味；“道德”更多地或更有可能用于个人，更含主观、内在、个体性意味。在价值上，伦理的核心是正当（适当、合适、合宜等），道德的核心是善（或美德、德性、好等）。在规范上，伦理具有普遍性，道德具有独特性。在评价上，伦理的尺度是对与错，道德的尺度是好与坏、善与恶。总之可以这样认为，伦理是研究道德的理论，不局限于“是什么”，更侧重于“为什么”。如果我们深究出道德背后的原因和规律，不仅明白外在规范的“必须这样做”，而且知晓“为什么一定要这样做”，那就做到知行合一了。在当今社会，道德基本上属于外在的要求，而伦理却是内在的需求，从自我需求、自我发展、自我实现的人性出发，构建一种应然性的伦理道德实践系统，更有价值、更有意义、更易接受。

其二，时间与空间

从外在评价上，柳传志的自律主要体现在时间上。时间是人的基本支撑和重要核心资源。时间对于每个人都绝对公平，即使最有财富、最有权势的人，也不能用金钱去购买一分一秒。在一定时空下的风云际会，才能构成事。时间的伟大之处在于，它是一切空间的魔术师和清洁工，“滚滚长江东逝水，浪花淘尽英雄”。一切财富、建筑、成果、荣誉、健康等要素都会随着时间存在、成长或消逝。时间不但公平，而且公正，它会准确地衡量出每个人的付出，给予相应的空间回报。俄国哲学家别林斯基说：“在所有的批评家中，最伟大、最正确、最天才的是时间。”“现代法国小说之父”巴尔扎克说：“人的全部本领无非是耐心和时间的混合物。”国际共产主义的杰出活动家季米特洛夫说：“要找出时间来考虑一下，一天中做了什么，是正号还是负号。”这些说明的就是这个道理。时间是人的生命，空间是人的创造；没有时间，一切空间化为乌有；不珍惜自己的时间，本质上就是浪费自己的生命。鲁迅说：“时间就是生命，无故地空耗别人的时间，实在无异于谋财害命的。”守时本质上就是尊重别人的生命，没有时间观念本质上是腐朽的小农经济思想在作祟，不是一个合格的现代职业人。苏联作家高尔基说：“世界上最快而又最慢，最长而又最短，最平凡而又最珍贵，最易被忽视而又最令人后悔的就是时间。”在飞机场、高铁站，我们经常发现步履匆匆、心急火燎的乘客，从这一现象就可以观察出他人的生活态度、工作观念，请记住：要想做到从容与优雅，必须要有充分的提前量。

其三，自省与自尊

《论语·里仁》载：“见贤思齐焉，见不贤而内自省也。”自省是孔子提出的一种自我道德修养的方法。孔子的学生曾子很能力行“自省”这一主张，他经常做到“吾日三省吾身”，即检查自己“为人谋而不忠乎？与朋友交而不信乎？传不习乎？”毛泽东主席曾多次强调：“人不能没有批评和自我批评，那样一个人就不能进步。”苏联作家高尔基说：“最伟大的胜利，就是战胜自己。”“现代法国小说之父”巴尔扎克说：“自满、自高自大和轻信，是人生的三大暗礁。”这些话从不同角度阐述了自省的重要性。自尊，是个人基于自我评价产生和形成的一种自重、自爱，并要求受到他人、集体和社会尊重的情感体验，是人格自我调节结构的心理成分。自尊有强弱之分，过强则变成虚荣心，过弱则变成自卑。德国哲学家黑格尔说过：“人应尊敬他自己，并应自视能配得上最高尚的东西。”俄国批判现实主义作家屠格涅夫也说:“自尊自爱,作为一种力求完善的动力,是一切伟大事业的渊源。”自尊之于个人,往往易于接受和追捧;自省之于个人,往往易被忽视和淡忘。人在认识、改造自然和社会的过程中,往往在实践中形成一些新的知识、理论、德性乃至价值观、方法论,由于自身的认知水平和社会的发展变化,人就需要不断地改正自己的错误,也就是在不断地改正错误的过程中,人才得到进步和提升,这个过程或许会随着生命的终结而停止。自省在于内心的修养,在于内求;自尊更多关照外在的评价,在于外协。自尊会促进自省,自省是自尊的基础。

其四,自律与自由

《左传·哀公十六年》载:“呜呼哀哉! 尼父,无自律。”唐朝张九龄《贬韩朝宗洪州刺史制》载:“不能自律,何以正人?”明朝李东阳《石公墓志铭》载:“虽居官久,家无赢赀,亦以俭自律,不少变。”自律,指在没有人现场监督的情况下,通过自己要求自己,变被动为主动,自觉地遵循法度,拿它来约束自己的一言一行;指不受外界约束和情感支配,根据自己的善良意志,按自己颁布的道德规律而行事的道德原则。古希腊哲学家柏拉图说:“自制是一种秩序,一种对于快乐与欲望的控制。”俄国作家陀思妥耶夫斯基说:“如若你想征服全世界,你就得征服自己。”法国著名画家德拉克洛瓦说:“一个人一旦明白事理,首先就要做到诚实而有节制。”这些讲的都是关于自律的道理。“自由”在中国古文里的意思是“由于自己”,就是不由于外力,是自己做主。在欧洲文字里,“自由”含有“解放”之意,是从外力制裁之下解放出来,才能自己做主。自由的定义是在此条件下人类可以自我支配,凭借自由意志而行动,并为自身的行为负责。法国启蒙运动时期的思想家孟德斯鸠的名言是:“自由是在法律许可的范围内任意行事的权利。”英国著名哲学家穆勒的观点是:“个人的自由,以不侵犯他人的自由为自由。”爱尔兰剧作家萧伯纳的理解是:“自由意味着职责,那就是为何多数人畏惧它的缘故。”由此看来,世界从来没有什么不受约束的所谓自由,除非回到茹毛饮血、兽皮加身的原始社会之中，除非你抛弃了人的社会属性。每个人的自由，都是要受到伦理、道德、法律和婚姻、家庭的约束。自律是自由的前提，自由是自律的目的。因为只有充分自律，自己约束自己的行为，自觉遵守国家的法律，遵守各种规章制度，才能保证自己获得自由，否则就会失去自由。每一个成功者，都是高度自律的，有极强的时间观念和严格的时间表，知道每时每刻自己该做什么事情。总之，一句话，要想得到充分的自由，必须保持完全的自律。

【新思维】

人生需要哲学，生活需要辩证，伦理讲究正当、应然或者中庸。

自由或许是人生追求的最高境界，但必须有足够的自律支撑。也可以说，有多大的自律，就有多大的自由。

在职场适应期，他律在心中转化成自律，是度过适应期的标志；在个人事业期，自律成为一种信仰，就会取得重大成就；当职业上升到使命境界，自律就成为一种情怀。

自律是一种不可或缺的人格力量。真正的自律是一种信仰、一种自省、一种自警、一种素质、一种自爱、一种觉悟，它会让职业者发觉健康之美，感到幸福快乐、淡定从容、内心强大，永远充满积极向上的力量。

当然，自律也属于一种道德实践。当我们终极性地去探问道德，就达到了伦理的境界。伦理道德的践行，不再是社会规则的必须，而是实践生命的应然和必然。

《论语·为政》载："七十而从心所欲，不逾矩。"明代胡应麟《诗薮·内编·近体中》载："变则标奇越险，不主故常；化则神动天随，从心所欲。"从心，指的是顺从意愿，由衷，发自内心。从心所欲，就是按照自己的意思，想怎样便怎样。本文题目"从'心'所欲"，旨在提醒职业者从内心出发，按照良心的标准做人做事——把握伦理、坚持自律、跨越自由。

再拓展

1. 自省是自我评价、自我反省、自我批评、自我调控和自我教育。请你谈谈在自己进步的过程中，自省发挥了多大的作用。

2.《诗经》载："关关雎鸠，在河之洲。窈窕淑女，君子好逑。"《孟子·尽心上》载："君子之于物也，爱之而弗仁；于民也，仁之而弗亲。亲亲而仁民，仁民而爱物。"王阳明《大学问》载："何谓身？心之形体运用之谓也。何谓心？身之灵明主宰之谓也。何谓修身？为善而去恶之谓也。吾身自能为善而去恶乎？必其灵明主宰者欲为善而去恶，然后其形体运用者始能为善而去恶也。故欲修其身者，必在于先正其心也。"如你感兴趣，请整理中国传统文化中优秀的有益的伦理思想。

3. 2013年3月1日，习近平总书记在中央党校建校80周年庆祝大会暨2013年春季学期开学典礼上的讲话中指出："学史可以看成败、鉴得失、知兴替；学诗可以情飞扬、志高昂、人灵秀；学伦理可以知廉耻、懂荣辱、辨是非。"请谈谈对这句话的理解。

第七节　称“心”如意:豁达舍得从善感恩此心光明

◎人生活出了哲学的味道,才算是真正地有滋有味。真正的大工匠,不是满头大汗、满身油腻、满脸倦怠,也不是卑贱地讨好、生活的拮据、疲惫地挣扎,而是一种人格的伟大,他们拥有理性的人生,做事淡定从容。

◎如果完全局限于“小我”的个人利益上,人生的格局就会无限狭小,作茧自缚;突破“小我”,将“我”的视野、能力、服务扩展到身边的群体、单位、社会乃至世界,就会不断地丰富自己的人生,在服务他人中实现自己的价值,获得合理合法的回报。

◎不管是已成的大工匠,还是力争成为大工匠的人,只有光明其内心,让心灵丰满、充盈、滋润,才能身心合一、知行合一、思行合一,乃至天人合一,迎接、拥抱自己光明的未来。

【微案例】

靖奎，1914年2月3日生于北京顺义县一个农民家里，读过私塾，15岁在理发店当学徒，顺带学了按摩正骨。17岁时，他来到北京市区做"剃头"学徒工。出师后曾在地安门和清华大学拥有两家理发店。当年，靖奎的顾客不仅有普通的北京百姓，也有傅作义、马占山、尚小云、谭富英等社会知名人士。

50年代后期，两个理发店因公私合营上交。后来，他一直居住在景山西街的高卧胡同，走街串巷给人理发。

90多岁时，靖奎在体力允许的情况下还坚持骑着三轮车走街串巷上门给行动不便的老主顾剃头，直到他400多个老主顾都相继离世。

2006年，靖大爷以93岁的高龄出演了电影《剃头匠》的主角敬大爷，成为了世界上最年长的主演，该电影还荣获第37届印度果阿国际电影节最佳影片奖——金孔雀奖。他的本色出演不仅让社会重新认识了传统手艺人的工匠精神，更让观众理解了人生的真正意义——乐知天命、知足常乐、恬淡平凡，工匠人的生活本身就是哲学。

他一生都在坚守一份让别人更加干净、愉悦的工作，而他自己的人生虽无大富大贵，但却凭着自己的手艺赢得人们的尊重，用一颗淡然的心健康活过100岁。

2014年10月31日上午9时20分许，传奇理发师靖奎逝世，享年101岁，正像他在电影《剃头匠》中说的，"走得干干净净，利利索索"。

【大讨论】

人生活出了哲学的味道，才算是真正地有滋有味。真正的大工匠，不是满头大汗、满身油腻、满脸倦怠，也不是卑贱地讨好、生活的拮据、疲惫地挣扎，而是一种人格的伟大，他们拥有理性的人生，做事淡定从容。

其一，豁达与舍得

法国剧作家尚福尔说："使自己快乐也使他人快乐，别伤害自己也别伤害他人，我以为这就是伦理学的全部意义。"人生要经得起挫折，必须能屈能伸，知进知退；要成大事，必须不计较一城一地的得失，得之淡然，失之泰然；要坦然地面对失败，必须心胸开阔，处事乐观，不以物喜，不以己悲，即使到了山穷水尽，仍能坚信柳暗花明。豁达，主要指心胸开阔，性格开朗，能容人容事。豁达是一种生活的态度，更是一种待人处事的思维方式。真正的豁达，靠的是时间的沉淀，阅历的积累，是一种开放的心态，是一种对人待事宽容大度、心胸宽阔的处世态度，它会用尊重事实的态度看待一切，坦然面对现实。应该说，所有的抑郁症患者，很多的矛盾冲突，应该都与心理不豁达有关。与豁达紧密相关的是舍得，舍得就是愿意付出，不吝惜。人生往往每时每刻都在为舍得而纠结，而生活的哲学却告诉我们，有舍才有得，不舍不得，大舍大得，小舍小得。舍得就是一种人生智慧和态度，是拥有超越境界对已得和可得的东西进行决断的情怀和智慧。人生到了30岁，或者职业活动进入事业期，对舍得的自我选择就特别重要，对目的性的把握就特别关键，要清楚自己"要什么""干什么"，自己能干的事情其实很多，聚焦到每一个点上就特别重要，这样才能有所成就。聚焦本身就是舍得的过程，往往舍弃的越多在聚焦点上的收获就越多，什么也舍不得什么都揽着，往往会顾此失彼，最后导致一事无成。背着沉重的包袱赶路不是明智之举，舍弃不等于失去，舍小得往往会获大利，急流勇退的目标是更大的收获，人人都想"有所为"，但基础却是"有所不为"。英国唯物主义哲学家培根说："对一个人的评价，不可视其财富出身，更不可视其学问的高下，而是要看他的真实的品格。"豁达是个人对世间万物的应对态度，舍得是处理纷纭事物的智慧。

其二，格局与大我

与豁达和舍得密切相关的是格局。马云说："做企业赢在细节，输在格局。"从字义上理解，格，用于形容物体的空间结构和形式；局，指的是布局、分布、摆放、安置位置。格是对认知范围内事物的认知程度，局是指认知范围内所做事情以及事情的结果，合起来称之为格局。人们常说，"心有多大，舞台就有多大"，再深一步，就是"格局有多大，舞台就有多大"。著名文化学者于丹说："成长问题关键在于自己给自己建立生命格局。"大格局才有大作为。成功者的背后往往隐藏着大格局，大格局才有大方向，才有大器量，才有大志向。在成长过程中，很多人小时候为讨不着一件玩具或因同学之间的一个小矛盾而不能释怀，过后想想，这顶多属于成长中的烦恼或者记忆，现在看来都不是事，问题就是当时的格局太小。孙中山先生在《社会主义之派别与方法》中写道："个人社会，本大我小我之不同，其理可互相发明，而未可以是非之也。"瑞士心理学家荣格把自我分为"大我"和"小我"，他把"大我"比作一个圆的圆周，而"小我"就是这个圆的圆心。如果完全局限于"小我"的个人利益上，人生的格局就会无限狭小，作茧自缚；突破"小我"，将

"我"的视野、能力、服务扩展到身边的群体、单位、社会乃至世界,就会不断地丰富自己的人生,在服务他人中实现自己的价值,获得合理合法的回报。习近平总书记对广大知识分子寄予的殷切期望是"胸怀大局、心有大我"。心有大我,必须超越小我,必须顾全大局,必须担当大任。

其三,感恩与分享

美国戴尔公司董事会主席迈克尔·戴尔说:"我心里很明白,我能取得这样的成功是因为很多人的帮助,而我也巧妙地利用自己是站在别人的肩膀上这个事实取得了属于自己的事业,这也是我管理思想的精髓所在。"长江集团创办人李嘉诚说:"假如今日没有那么多人替我办事,我就算有三头六臂,也没有办法应付那么多的事情,所以成就事业最关键的是要有人能够帮助你,乐意跟你工作,这就是我的哲学。"这是一种感恩的心态,蕴含着职场生活的大智慧。按《现代汉语词典》的解释,感恩是对别人所给的恩惠表示感激,是对他人帮助的回报。生活中我们发现,有些人心无感恩之念,常怀贪婪之意,一味地索取,不知道回报,这样陷于"小我"的桎梏中不能自拔,就导致了他们一辈子都没有出息。感恩是积极向上的思考和谦卑的态度,是自发性的行为,是一种处世哲学。只有懂得感恩自己的父母,感恩自己的家人、亲戚、朋友、老师,感恩自己的单位,感恩这个社会、这个国家,才能形成积极的人生态度。心中常存感激,常思回报,能激发生命的动力,坚定人生的信念,心路才能越走越宽。职场作家赵晓璃在《从极简到极致:在擅长的领域做一个厉害的人》中写道:"职场是人和人构成的江湖,在这个江湖里,你心里能装下多少人又能影响多少人,直接决定了你的江湖地位和威望。"这就涉及与感恩相关的分享话题。分享,指的是和别人共同享受。互联网时代就是分享的时代,学会分享使人进步,自我封闭必然落伍。分享就是学习,分享就是创造机遇,分享就是赢得成功。现在有些人不愿意分享,主要源于封闭的小农经济思想,总是怕别人享用自己的成果,担心自己被超越,这本身就是不自信的表现。作为一名有成就的大工匠,在传经验、带队伍时才能发挥自己更大的价值,在博大无私的分享中才能促使事业整体进步,其实即使自己倾囊相授,弟子们由于个人禀赋、工作经验、思维方式等个性差异,也很难在某种程度上达到师傅的高度。日本三洋电机公司总经理井植熏的境界是:"人应当像蚯蚓那样,永远不知辛劳地在漆黑的泥土中探索,把自己的全部心血奉献给耕耘的事业,为后人留下一片片松软的沃土。"懂得分享的人生才会更幸福,才会迎来更精彩的人生。

其四，健康与善良

周恩来总理说："只有身体好才能学习好、工作好，才能均衡地发展。"英国唯物主义哲学家培根说："健康的身体乃是灵魂的客厅，有病的身体则是灵魂的禁闭室。"著名的荷兰哲学家斯宾诺莎也感慨过"保持健康是做人的责任"。有时候，我们在想，孔子和孟子为什么能获得如此高的成就呢？除了个人的努力，还有一个重要的原因是活得时间长，孔子享年73岁，孟子享年84岁，在当时都是高寿，毕竟成果需要时间来支撑。受片面的影视作品影响，在大家的认知中，大工匠的社会形象就是蓬头垢面、浑身是病、操劳过度而英年早逝，其实不是这样，真正的大工匠是懂得生活情趣并身心健康的人，是遵循规律理性生活的人，是懂得辩证地看风起云生的人。与健康息息相关的是人的善良，心存善良，就会以他人之乐为乐，乐于扶贫济困，这样心中就常有欣慰之感；就会与人为善，乐于友好相处，这样心中就常有愉悦之感；就会光明磊落，乐于对人敞开心扉，这样心中就常有轻松之感。科学家在神经化学领域的研究中发现了这样一种现象：当人心怀善念、积极思考时，人体内会分泌出令细胞健康的神经传导物质，免疫系统就会很强健，人也就不容易生病。常言道："不做亏心事，不怕鬼敲门。"从本质上说，所有的慢性病应该都与心理有关，心里存有亏心事长久排解不开，就会郁结成病。

【新思维】

如果我们为新时代的大工匠画像，他们应该是充满自信、豁达开朗、淡定从容、从善如流、积极进取、德艺双馨的。

大工匠，不仅要有高超的技艺、丰硕的成果，还要有从容、优雅的生活；大工匠，不仅要有锐意进取的干劲、与时俱进的学习态度，还要有豁达的心胸、善良的品性；大工匠，不仅要敢于竞争、力争第一，还要有感恩的心态、舍得的精神。

嘉靖七年的隆冬，在江西开往浙江的航船上，一代"心学"宗师王阳明在留下遗言"此心光明，亦复何言"后安然而逝。不管是已成的大工匠，还是力争成为大工匠的人，只有光明其内心，让心灵丰满、充盈、滋润，才能身心合一、知行合一、思行合一，乃至天人合一，迎接、拥抱自己光明的未来。

晋陶潜《时运》载："人亦有言，称心易足。挥兹一觞，陶然自乐。"称心，指的是适意，合乎心愿，产生愉快感和满意的心情。宋朱敦儒《感皇恩》载：

“称心如意，剩活人间几岁？”称心如意，形容心满意足，事情的发展完全符合心意。本文题目“称‘心’如意”，旨在提示广大职业者，只有做到豁达舍得、从善感恩、此心光明，称自己的心如自己的意，才能在事业上有所成就。

再拓展

1. 健康是指一个人在身体、精神和社会等方面都处于良好的状态。现代人的健康内容包括：躯体健康、心理健康、心灵健康、社会健康、智力健康、道德健康、环境健康等。请评估自身的健康状况并为自己保持健康制定一份方案。

2.《论语》载：“己所不欲，勿施于人。”“己欲立而立人，己欲达而达人。”“君子尊贤而容众，嘉善而矜不能。”《周易·文言传》载：“积善之家必有余庆，积不善之家必有余殃。”如你感兴趣，请梳理中国传统文化中的良善文化。

3. 2015年1月12日上午，习近平总书记在同中央党校第一期县委书记研修班学员座谈时表示“当县委书记时年轻想办好事，老熬夜，经常是通宵达旦地干，因而差不多一个月得大病一场”，后来他感觉到这么干也长不了，就摆顺心态。此后他做到晚上12点就睡大觉，第二天重新来过。请谈谈对这些话的理解。

第八节　安“心”如愿:工匠精神与人文素养的辩证关系

为什么要弘扬工匠精神？工匠精神的培育与人文素养的养成有什么关系？这些都是需要我们认真思考的问题。

【小概念】

◎工匠精神

工匠,有工艺专长的匠人。专注于某一领域,针对这一领域的产品研发或加工过程全身心投入,精益求精、一丝不苟地完成整个工序的每一个环节,可称其为工匠。

精神,指的是人的意识、思维活动和一般心理状态。有的人说是生物体脑组织所释放的一种不可见的暗能量。

工匠精神是一种职业精神,它是职业道德、职业能力、职业品质的体现,是从业者的一种职业价值取向和行为表现。工匠精神的基本内涵包括敬业、精益、专注、创新等方面的内容。

◎人文素养

人文,就是人类文化中的先进部分和核心部分,即先进的价值观及其规范。是人站在自身或者其他的角度,用自己或别人提出的方法,对世界中已知或未知存在的客观事物或现象进行理性地思考而总结出来的符合世界发展规律的、又能被大众接受的属于个人主观的知识点。人文的核心是“人”,以人为本,关心人,爱护人,尊重人。

素养,所谓由训练和实践而获得的一种道德修养。从广义上讲,包括道德品质、外表形象、知识水平与能力等各个方面。

人文素养,即人文科学的研究能力、知识水平和人文科学体现出来的以人为对象、以人为中心的精神——人的内在品质。

【大讨论】

工匠精神的时代价值。党的十九大明确提出:“建设知识型、技能型、创新型劳动者大军,弘扬劳模精神和工匠精神,营造劳动光荣的社会风尚和精益求精的敬业风气。”工匠精神是中国制造前行的精神源泉,没有劳模群体,难育大国工匠;没有大国工匠,难有大国重器。工匠精神是员工个人成长的道德指引,尊重员工的价值、启迪员工的智慧、实现员工的发展,不仅是员工个人成长的强烈需求,也是现代企业的责任和使命;工匠精神是企业竞争发展的品牌资本,是企业品牌内涵的重要体现,也是企业品牌知名度、美誉度以及顾客忠诚度培育的有效途径,更是企业品牌资本价值增值的重要来源;工匠精神是社会文明进步的重要尺度,从精神文明来看,作为一种职业精神,本质上它是同社会主义核心价值观,特别是同其中的“敬业”“诚信”要求高度契合的,从物质文明来看,工匠精神在物质文明的创造过程中可以发挥强大的精神动力及智力支持作用。

工匠精神的精神内涵。一是敬业。从业者基于对职业的敬畏和热爱而产生的一种全身心投入的认认真真、尽职尽责的职业精神状态。二是精益。从业者对每件产品、每道工序都凝神聚力、精益求精、追求极致的职业品质。三是专注。从业者内心笃定而着眼于细节的耐心、执著、坚持的精神。四是创新。从业者追求突破、追求革新的创新内蕴。

人文素养的精神实质。人文,指的是人文科学;素养,指的是“能力要素”和“精神要素”组合。即人文科学的研究能力、知识水平和人文科学体现出来的以人为对象、以人为中心的精神——人的内在品质。一个人的精神世界有三大支柱:科学、艺术、人文。科学追求的是真,给人以理性,科学使人理智;艺术追求的是美,给人以感性,艺术让人富有激情;人文追求的是善,给人以悟性,人文中的信仰使人虔诚。人文素养的核心内容是对人类生存意义和价值的关怀,本质上是一种为人处世的基本的“德性”“价值观”和“人生哲学”,科学精神、艺术精神和道德精神均包含其中。它追求人生和社会的美好境界,推崇人的感性和情感,看重人的想象性和生活的多样化。主张思想自由和个性解放是它的鲜明标志,它以人的价值、人的感受、人的尊严为万物的尺度,以人来对抗神,对抗任何试图凌驾于人的教义、理论、观念之上的东西,对抗所有屈人身心的神圣。

【新思维】

职业首先基于人而存在，工匠首先是人，这就离不开人文。真正的“工匠精神”应该是职业精神、职业技能、人文素养三者的统一。

其一，工匠精神与人文素养是中国传统文化的宝贵财富

我们必须要明确一点，工匠精神与人文素养不是舶来品，不是德国、日本的文化专利，而是中华民族历经几千年铸就的传统美德。

工匠是我国传统技术人员的总称，在古代被称为“百工”。工匠精神是手工业者在制造与生产的过程中形成的道德标准、精神品质与工作态度。我国的物质文明在先秦时期已经非常发达，技术文明的发达程度在《考工记》《天工开物》《齐民要术》等古籍中均有详细的记载。

中华民族历来有“敬业乐群”“忠于职守”的传统，敬业是中国人的传统美德，也是当今社会主义核心价值观的基本要求之一。中国自古形成了“以善为美”的价值理想、“执著坚定”的职业取向、“精益求精”的职业态度、“行知一体”的职业伦理规范，而“术业有专攻”，表达的是一旦选定行业，就一门心思扎根下去，心无旁骛，在一个细分产品上不断积累优势，在各自领域成为“领头羊”。工匠精神本质上是对中国传统文化当中坚韧和创造精神的延续，其内涵是一丝不苟、心无旁骛，锲而不舍、百折不挠，精益求精、追求卓越，敢为人先、勇于创新。

早在春秋时期，孔子就主张人在一生中始终要“执事敬”“事思敬”“修己以敬”。“执事敬”是指行事要严肃认真不怠慢，“事思敬”是指临事要专心致志不懈怠，“修己以敬”是指加强自身修养，保持恭敬谦逊的态度。

至于人文素养，在五千多年的文明进程中，中华民族创造了源远流长、博大精深、灿烂辉煌的传统文化，在世界文明史上独树一帜、绝无仅有。《尚书》载：“惟人，万物之灵。”《礼记》载：“故人者，天地之心也，五行之端也。”中国传统文化的人文精神把人的道德情操的自我提升与超越放在首位，注重人的伦理精神和艺术精神的养成等，人格自我完善的观念深入人心。中华优秀传统文化，体现了中华民族自古以来在建设家园的奋斗中注重精神追求、注重理性思维、注重文明境界。中华文化独一无二的理念、智慧、气度、神韵，积淀着中华民族最深沉的内在追求，代表着中华民族独特的精神标识，是中华民族生生不息、发展壮大的丰厚滋养。

其二，工匠精神需要人文素养的强力支撑

中国传统文化中的“工匠精神”，体现的是企业或个人对产品质量精益求精的态度，它作为一种人文素养和精神品质，恰是未来中国提升产品质量的软实力。

工匠精神必须从专业性、职业性和人文性三个特征来把握，缺乏人文素养的支撑，工匠精神就不复存在。工匠精神是一切劳动者在“制作或工作中追求精益求精的态度与品质”，工匠精神必须被归纳为一种工作态度和精神品质，本质上是一种人文素养或职业智慧。工匠精神应该是指工匠在高超职业技能和良好人文修养结合下形成的一种精神理念，它既体现为工匠的气质，又体现为产品的品质。具体而言，它包括工匠对职业的热爱与专注，认真的态度与革新的精神，其最高境界为“道技合一”。工匠精神理应成为一种文化，一种理念，更应是一种价值取向。

如何结合工匠精神培育职场人文素养？其一，要确立做人的基本品德，其核心有三点：知耻、守信和气节。其二，要培养审美情趣与艺术精神。其三，以积极的心态应对环境，潇洒地对待人生。其四，注重涵养，虚心地待人接物。其五，最终把人文素养体现在对于生命的意义和人生价值的认定中。

其三，人文素养体现在职业活动中即为工匠精神

爱岗敬业、劳动光荣的信念，遵纪守规、严格自律的坚持，就是体现。

发自肺腑、专心如一的热爱，废寝忘食、尽心竭力的付出，就是体现。

锲而不舍、臻于至善的追求，出类拔萃、巧夺天工的卓越，就是体现。

冰心一片、物我两忘的境界，雷打不动、脚踏实地的淡定，就是体现。

《墨子·亲士》载：“吾闻之曰：‘非无安居也，我无安心也。’”安心，安定的心情。本文题目安“心”如愿，旨在提醒职业者不能将工匠精神与人文素养割裂开，只有将两者有机地结合，才能安定心灵、实现愿望。